数控加工技术训练

（第2版）

主　编　白桂彩　姜爱国
副主编　王志慧　姚晨光　熊正浩
参　编　唐　艳　严文杰
主　审　赵光霞

北京理工大学出版社
BEIJING INSTITUTE OF TECHNOLOGY PRESS

内容简介

本书共分三个模块，分别为数控车削加工、数控铣削加工和综合练习部分，其中模块一包括操作数控车床、车削简单台阶轴、车削复杂台阶轴三个项目，模块二包括操作数控铣床、铣削简单型面、铣削复杂型面三个项目，模块三包括数车综合练习、数铣综合加工和车铣综合加工三个项目。每个项目均以任务驱动为主导展开叙述，实践性强，突出理论和实践相结合。

本书适合职业院校数控、模具、机电类专业学生参加国家职业技能鉴定等级考试及培训使用，也可作为数控车铣床技术工人的培训教材。

图书在版编目（CIP）数据

数控加工技术训练 / 白桂彩，姜爱国主编. —2版. —北京：北京理工大学出版社，2023.7重印

ISBN 978-7-5682-7794-5

Ⅰ.①数…　Ⅱ.①白…②姜…　Ⅲ.①数控机床-加工-职业教育-教材　Ⅳ.①TG659

中国版本图书馆CIP数据核字（2019）第242914号

出版发行 / 北京理工大学出版社有限责任公司
社　　址 / 北京市海淀区中关村南大街5号
邮　　编 / 100081
电　　话 / （010）68914775（总编室）
（010）82562903（教材售后服务热线）
（010）68944723（其他图书服务热线）
网　　址 / http：//www.bitpress.com.cn
经　　销 / 全国各地新华书店
印　　刷 / 定州启航印刷有限公司
开　　本 / 787毫米×1092毫米　1/16
印　　张 / 16.5
字　　数 / 370千字
版　　次 / 2023年7月第2版第3次印刷
定　　价 / 39.50元

责任编辑 / 陆世立
文案编辑 / 陆世立
责任校对 / 周瑞红
责任印制 / 边心超

图书出现印装质量问题，请拨打售后服务热线，本社负责调换

前言

FOREWORD

本教材全面贯彻落实党的二十大精神，依据中等职业学校人才培养方案及课程教学标准中关于本课程的要求，参照数控加工专业相关国家职业标准和行业技能鉴定规范的最新变化，结合中等职业学校开展职业技能训练的实际情况和教学需求在第一版基础上修订而成。

本教材突出了职业教育的特点，结合中职学生培养目标，瞄准“提高学生实践能力”这一中心任务，对理论知识的广度和深度进行合理控制，增加生产实用知识的比例。按照职业成长规律，任务设置从简单到复杂，知识由浅入深。全书分为三个模块，九个项目，若干个任务。任务实施步骤清晰，引导学生在“做”任务的同时，弄懂、消化知识，掌握操作技能。旨在让学生在完成任务的过程中，掌握书本知识，激发学生学习的主动性，增强学生自主学习能力，以培养学生的创新精神，落实二十大报告提出的“必须坚持守正创新”精神。具体特色如下：

1. 坚持全面育人理念。教材编写组根据二十大报告提出的“全面贯彻党的教育方针，落实立德树人根本任务，培养德智体美劳全面发展的社会主义建设者和接班人”“在全社会弘扬劳动精神、奋斗精神、奉献精神、创造精神、勤俭节约精神，培育时代新风新貌”，深入挖掘课程思政元素，在激发学生学习兴趣的同时也培养了爱国情怀。

2. 注重工作任务导向。教材体现了以案例和项目为载体、职业实践为主线的模块化课程改革理念，遵循职业教育规律和技能人才成长规律，强化学生职业素养的养成和专业知识的积累，有效将劳动精神、创造精神、职业精神和工匠精神通过项目融入教材。注重爱岗敬业、沟通合作等素质和能力的培养以及质量、安全和环保意识的养成。

3. 服务多元立体学习。教材注重体现信息技术与课程的融合，配套建设了丰富的学习资源，有PPT、教案、习题及答案、虚拟仿真软件、微课视频等，方便学生学习和教师使用。

本教材由江苏省连云港工贸高等职业技术学校白桂彩正高级讲师、无锡交通高等职业技术学校姜爱国高级实习指导教师担任主编，由江苏省连云港工贸高等职业技术学校王志慧、江苏省无锡机电高等职业技术学校姚晨光、连云港连利福思特表业有限公司高级工程师熊正浩担任副主编，由连云港港口集团的“江苏大工匠”唐艳、申锡机械有限公司数控大师严文杰担任参编，由江苏联合职业技术学院镇江分院赵光霞正高级讲师担任主审。具体分工如下：白桂彩编写模块一项目一、项目二、项目三；王志慧编写模块三项目一；姜爱国编写模块二项目一、模块三项目二任务一和项目三任务一；姚晨光编写模块二项目二和项目三；严文杰编写模块三项目二任务二；熊正浩编写模块三项目三任务二以及教材中任务的评价；白桂彩、唐艳负责课程思政设计及相关视频案例的编辑。教材的统稿由白桂彩完成。教材中选取了大量典型实例，是编者多年实践和教学经验的结晶。

本教材在编写修订过程中得到了企业和学校许多同志的帮助与支持，同时参考了许多文献，在此向文献的编者及所有同志表示衷心感谢。由于编者水平有限，不妥之处在所难免，恳请读者批评指正。

编 者

课程思政教学设计方案

习近平总书记强调："要坚持把立德树人作为中心环节，把思想政治工作贯穿教育教学全过程，实现全程育人、全方位育人"。"数控加工技术训练"课程作为装备制造类专业人才培育的重要环节，技术性强、实践性强，备受学生青睐，对学生的职业生涯规划、价值观念树立等都有着潜移默化的影响。教材将与"数控加工技术训练"相关课程的思政元素进行了挖掘凝练，形成了"数控加工技术训练"课程思政设计案例，希望教师能够将内容与实训教学内容结合，将"工匠精神、创新精神、理想信念、社会主义核心价值观"等落实、落细于任务教学过程中，使学生通过"数控加工技术训练"教学环节的学习，将技能习得与价值观的形成相互融合，职业技能和职业精神培养相互促进，将学习成才和健康成长相互统一。在任务实施过程中，建议教师通过言传身教，将以劳动最光荣、劳动有价值、劳动塑品格，及细节决定成败、精益求精、严谨专注、持续创新等为核心的工匠精神的追求和体现，潜移默化地融于训练过程，实现润物无声的思政育人效果。

一、课程思政重点关注学生职业素养的培养

针对装备制造类专业特点与学生将来从事的工作，注重开展工程伦理教育，培养学生的工匠精神、家国情怀和使命担当。结合"数控加工技术训练"课程特点，在各个教学环节无缝融入课程思政元素，重点培养学生以下职业素养：

（1）守纪律、讲规矩、明底线、知敬畏；

（2）安全无小事，增强安全观念，遵守组织纪律；

（3）培养学生的质量和经济意识；

（4）领悟吃苦耐劳、精益求精等工匠精神的实质；

（5）培养动手、动脑和勇于创新的积极性；

（6）培养学生耐心、专注的意志力；

（7）培养安全与环保责任意识；

（8）培养学生严谨求实、认真负责、踏实敬业的工作态度；

（9）培养家国情怀，坚守职业道德和社会主义核心价值观。

序号	项目任务	课程思政目标	实施案例要求
1	模块一项目一 操作数控车床	理解精益求精、专注、责任和创新求实的工匠精神本质	1. 介绍《中国制造 2025》战略和我国制造业领先世界成果，分析工匠精神、技术技能人才匮乏的现实问题； 2. 选取大国工匠杨峰，“数控操作者航天逐梦”案例，让精益求精、严谨、耐心、专注、坚持、专业、敬业、情怀的工匠精神感染熏陶学生
2	模块一项目二 车削简单台阶轴	严格实施 5S 管理，注重安全与素养；基础环节注重细节、脚踏实地、执著专注、精益求精，打好基础	1. 挑选数控大国工匠江碧舟“数控加工技师学生，让技术成为肌肉记忆”案例，强化工匠精神的培育； 2. 通过安全事故，比如天津港和盐城响水爆炸事故等反面案例，分析由于责任缺失、忽略细节导致的具体安全问题； 3. 讲解现实加工中错误操作引发的安全事故，强调《安全生产与防护》
3	模块一项目三 车削复杂台阶轴	落实 5S 管理，不断在重复和积累中提升技能水平和效益质量，落实质量标准与要求，体会到“热爱、坚持，永无止境地追求”	1. 引入工匠人物蒋楠“责任担当”案例，“从数控小学生到数控大学生”，落实独立解决问题能力的训练，用心干好活，实践出真知； 2. 用“工匠精神”，精益求精地推动提质增效、焕发生机，从实践中积累提升和创新
4	模块二项目一 操作数控铣床	落实守纪律、讲规矩、明底线、知敬畏；进一步明确安全无小事，增强安全观念，遵守组织纪律；进一步理解精益求精、专注、责任和创新求实的工匠精神本质	1. 选取大国工匠曹彦生“为导弹‘雕刻’翅膀”案例，“一斤铝合毛坯金铣加工到 3 克，精度为头发丝的十六分之一”，强化工匠精神； 2. 大国工匠曹彦生成长过程中，曾经心气浮躁，铣削平面失误险些酿成大错，让学生意识到“简单的工作是对心态与技能的锤炼”，明底线、知敬畏； 3. 感受学习大国工匠曹彦生发明的“圆弧面加工法”以及“对刀装置”技术的进程，将成为滋养学生创新精神、夯实创新底蕴、塑造创新品格的进程
5	模块二项目二 铣削简单型面	落实培养动手、动脑和勇于创新的精神；落实学生严谨求实、认真负责、踏实敬业的工作态度	1. 选取工匠人物崔克诚案例，“数控达人”的追梦赤子心，崔克诚发明大口径螺纹加工技术，采用先进的铣螺纹代替传统的攻螺纹方法。培养动手、动脑和勇于创新的积极性； 2. 加强职业道德、职业素养、职业行为习惯培养
6	模块二项目三 铣削复杂型面	落实做事严谨、一丝不苟；进一步落实吃苦耐劳、精益求精等工匠精神实质	1. 国家对新时代青年的要求和职业教育的政策指导：落实工匠精神。精益求精提升质量和产品竞争力，打破国外技术垄断与卡脖子技术；践行知行合一、劳动育人，高技能创新型的人才； 2. 引入大国工匠常晓飞，数控微雕为国保驾护航。“用绣花针为蚂蚁缝合”的技术，把不可能变为可能，沉淀下来追求极致的状态，激励学生既要掌握科学系统的理论知识和丰富的经验技术，又要拥有应用技术解决实际问题及知识迁移创造的能力

续表

序号	项目任务	课程思政目标	实施案例要求
7	模块三项目一 数车综合练习	落实5S管理和千锤百炼，在不断重复和积累中提升技能水平和效益质量；进一步落实质量标准与要求，体会到“光鲜亮丽的背后，是你想象不到的汗水与努力”	1. 沈健英，世界技能大赛数控车项目，巾帼不让须眉，一直追赶比自己强的人。15岁开始学数控车。每天练习14小时，完成3个精度比头发丝还细的零件； 2. 培养学生耐心、专注、不服输永不言放弃，一直向前的心，一直努力做到完美； 3. 培养职业精神、工匠精神、劳模精神
8	模块三项目二 铣削综合加工	落实爱国精神、使命担当精神和社会主义核心价值观的涵养	1. 引入C919大飞机背后的故事，要坚信中国道路，坚信中国大飞机道路； 2. 引入周颖峰案例，技能激发创造力成就数控技能大师，培养学生脚踏实地、刻苦钻研、苦练技能； 3. 学生在铣削飞机模型任务中，涵养爱国精神、社会主义价值观
9	模块三项目三 车铣综合加工	落实家国情怀、文化自信、传统文化的传承创新	1. 引入孙耀恒案例，全国技术能手，情系数控，匠心筑梦； 2. 引入空竹杂技演变历史及未来发展，弘扬优秀传统文化和核心价值观，激励学生肩负起时代使命，立志成才； 3. 学生在铣削空竹任务中，涵养学生的家国情怀、文化自信及对传统文化传承与创新
10	任务总结阶段		课程思政研讨

二、融入“课程思政”教学内容

1.《大国工匠》案例引入工匠精神

数控加工技术在加工制造领域具有重要的作用，是开展课程思政的主渠道。课程思政案例一“工匠人物”视频资源如表0–1所示、“工匠精神”案例如表0–2所示，教师可以根据教学引入环节选取恰当的案例，案例宜精不宜多，重在入脑入心，落到行动上，通过案例激发学生的学习积极性、主动性，培育工匠精神。

表0–1 “工匠人物”视频资源列表

序号	工匠人物	视频案例二维码	备注
1	杨峰 数控机床操作者，航天逐梦人		
2	江碧舟 让技术成为“肌肉记忆”		

序号	工匠人物	视频案例二维码	备注
3	蒋楠 从数控小学生到大学生 只因热爱，所以坚持		
4	曹彦生 一斤铝合金铣加工到 3 克 为导弹“雕刻”翅膀		
5	崔克诚 数控达人的追梦赤子心		
6	常晓飞 数控微雕为国保驾护航		
7	沈健英 数控车项目一直追赶比自己强的人		
8	周颖峰 技能激发创造力成就数控技能大师		
9	孙耀恒 情系数控，匠心筑梦		
10	夏立 机床的母机从何而来 0.002 毫米的追求		

表 0-2 "工匠精神"案例列表

序号	课程思政案例	案例二维码	备注
1	永不放弃：C919 大飞机背后的故事		
2	我国空竹杂技演变历史及未来发展		
3	5S 管理的强大		
4	大国工匠▪夏立 一丝一毫提升"中国精度"		
5	大国工匠▪曹彦生 怀有对数控浓厚的兴趣，分毫不差，为航天之翼"雕刻"翅膀		
6	大国工匠▪胡双钱 数控机加车间钳工组组长，本领过人的飞机制造师		
7	胡洋 "鲲鹏"机身数字化装配领军人		
8	江碧舟 让技术成为"肌肉记忆"		

序号	课程思政案例	案例二维码	备注
9	刘云清 20 年扎根一线，自主研发数控珩磨机，成就“智造”专家		
10	大国工匠 • 杨峰 献身航天，守好火箭的心脏		

2. 挖掘历史文化，建立文化自信

选取素材，展示我国古代在制造领域的先进人物和案例，建立学生的文化自信，民族自豪感，社会主义核心价值观。

（1）文献巨著。

《考工记》保留有先秦大量的手工业生产技术、工艺美术资料。直至唐宋时期，中国的制造业水平一直也是周边国家学习的榜样。北宋主管皇家工匠的将作监李诫编纂的《营造法式》将零件标准化。此外，也有《齐民要术》《天工开物》等记录制造工艺的书籍。

（2）历史人物。

世界级科学巨匠—“科圣”墨子：《墨经》代表着当时中国甚至是世界科技发展的最高水平，墨子是科学史上首位在力学、光学、数学、物理学、天文学等自然科学以及军事技术、机械、土木工程等诸多方面都取得精深造诣的人。他在自然科学方面所取得的成就，足以使当时世界上所有科学家望尘莫及。

人类发明巨匠—鲁班：“巧人”鲁班的发明创造

鲁班创造发明的斗拱、鲁班锁等早已成为中华民族智慧的象征。2010 年上海世博会中国主题馆建筑“中国红”就是使用的斗拱造型，山东馆展厅内的主要标志中，一个是孔子行教像，另一个就是鲁班锁。另外，大国工匠曹彦生，选用加工精度要求极高的鲁班锁（十二个零散的零件组成，拥有高达一百多个面的立方体）来磨练自己的技术与耐心。

（3）空竹源考。

空竹在我国最早的起源能够追溯到明代。具体的制作流程及玩法相关文献同样也出自明代，在古文献《帝京景物略》中对其进行了详细的记载，后在清代空竹的玩法及造型都更加接近于现代。在 18 世纪末期，空竹更是远渡重洋传入欧洲，据考证在拿破仑执政时期法国第一次出现了空竹，这也是空竹在海外最早的记录。

空竹的玩法与民俗活动有着密切的关系，其最终目的也是给人们带来娱乐价值。当空竹杂技艺术经历不断的完善及成熟后，其也由简单的民间杂耍向着艺术的方向演变。
空竹杂技经历了相当长的发展，因此其文化沉淀营造了相当深厚的发展底蕴。对空竹杂技进行创新发展，能够将我国的传统艺术发扬光大，将中华民族祖先的智慧结晶向世人进行展示。同时对于空竹杂技进行创新发展能够使得更多的青少年对我国的传统文化产生兴趣，对于我华夏文明的传承也是一种补充。

3. 开展课程思政研讨

在 6 个主题中选取 2 ～ 3 个主题研讨：在实现《中国制造 2025》和中华民族伟大复兴的强国梦的征程上，新时代青年的使命与担当。

主题 1：你心中的职业榜样是什么样？试结合典型人物、事件和案例进行说明。
要求：

（1）激发和弘扬榜样的爱国精神、民族意识、职业精神，让学生积极参与到思政育人环节中来。

（2）正确引导学生的职业认知与职业选择，塑造精益求精、追求卓越的理想。

主题 2：“《中国制造 2025》呼唤大国工匠”。

要求：

（1）精选《大国重器》《大国工匠》片段推送观看。

（2）展现中国制造的实力，让学生了解从事装备制造的重大意义。

（3）大国工匠引领，激发学生学习兴趣和精益求精的工匠精神。

主题 3：智能制造时代来临，数控加工技术的重要地位？

要求：

（1）结合国家发展、行业应用等现实情况进行归纳总结。

（2）掌握数控技加工技术的重要性以及在高尖技术领域的关键性。

主题 4：“一起来为中国制造点赞！”，我们应该做些什么？

要求：

（1）结合项目实施中自己所得、所学、所感，谈谈未来能做的事情。

（2）结合项目实施过程的要求与训练，谈谈自己思想转变的情况。

主题 5：安全与责任意识教育，对天津港和盐城响水爆炸事故讨论。

（1）由于责任缺失、忽略细节造成事故的原因等。

（2）如何从自身做起。

主题 6：结合总书记对广大青年学生“空谈误国、实干兴邦”的鼓励，对比国内外“百年企业”数量，探讨影响企业发展的深层原因。

（1）分析目前我国技术技能人才匮乏的深层原因。

（2）分析我国行业缺乏执着专注精神的现实问题。

（3）如何弘扬劳模精神和工匠精神，营造劳动光荣的社会风尚和精益求精的敬业风气，为企业提质增效、焕发生机。

CONTENTS

模块一　数控车削加工

模块二　数控铣削加工

模块一

数控车削加工

项目一

操作数控车床

本项目包含三个任务：认识数控车床操作面板、编辑程序、安装车刀与对刀。通过本项目的学习，可以认识数控车床的操作面板功能，学会程序的输入和编辑，能正确安装车刀，并学会对刀。

任务一 认识数控车床操作面板

想要正确、熟练地操作数控车床，首先必须要了解数控车床的操作面板，并能熟练地操作其面板。

任务目标

• 简单了解数控车床的组成、工作原理、类型特点；

• 了解典型的数控系统；

• 熟悉数控车床的操作面板，掌握各功能键的功能；

• 能通过面板来操作车床。

任务描述

能认识图 1-1-1 所示的 FANUC Series 0i Mate-TC 操作面板，并会常用的操作。

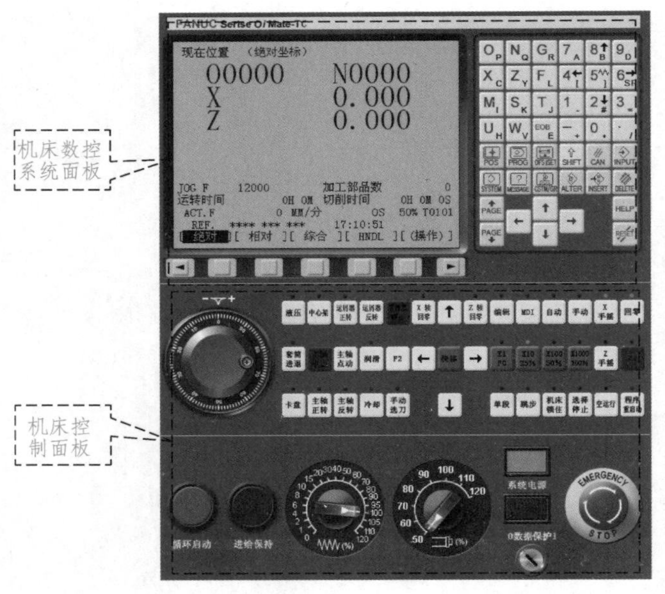

图 1-1-1 FANUC Series 0i Mate-TC 数控车床操作面板

知识链接

数控车床操作面板是数控车

床的重要组成部件。数控车床的类型和数控系统的种类很多，各生产厂家设计的操作面板也不尽相同，但操作面板中各种旋钮、按钮和键盘的基本功能与使用方法基本相同。本任务以 FANUC 系统为例，简单介绍了数控车床操作面板上各个按键的基本功能与使用方法。

认识数控面板

1. 数控系统面板

FANUC Series 0i Mate-TC 数控系统面板如图 1-1-2 所示。

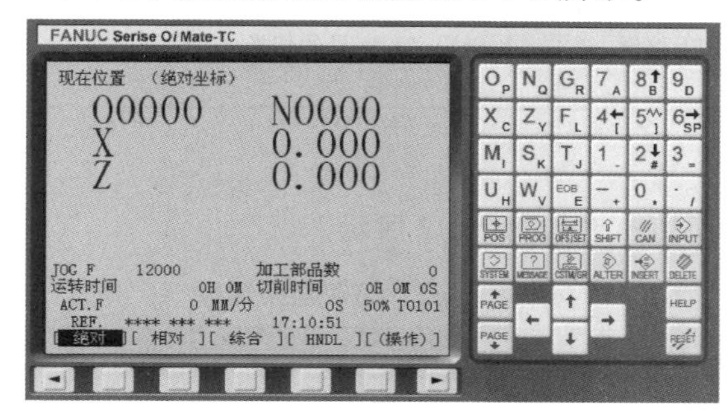

图 1-1-2　FANUC Series 0i Mate-TC 数控系统面板

(1)数字/字母键

数字/字母键(图 1-1-3)用于输入数据到输入区域，系统自动判别取字母还是取数字。字母和数字通过上挡键切换输入，如 O—P、7—A。

图 1-1-3　数字/字母键(MDI 编辑器)

(2)编辑键

数控系统面板的编辑键如表 1-1-1 所示。

表 1-1-1　编辑键

序号	示意图	名　称	功　　能
1	 ALTER	替换键	用输入的数据替换光标所在的数据
2	 DELETE	删除键	删除光标所在的数据，或者删除一个程序或者删除全部程序

续表

序号	示意图	名　称	功　　能
3	INSERT	插入键	把输入区之中的数据插入当前光标之后的位置
4	CAN	取消键	消除输入区内的数据
5	EOB E	回车换行键	结束一行程序的输入并且换行
6	SHIFT	上挡键	用于数字和字母的切换

(3)页面切换键

数控系统面板的页面切换键如表 1-1-2 所示。

表 1-1-2　页面切换键

序号	示意图	名　称	功　　能
1	PROG	程序键	按下该键，进入程序显示与编辑页面
2	POS	位置键	按下该键，进入位置显示页面。位置显示有三种方式，可用 PAGE 键选择
3	OFS/SET	刀具偏置设定键	按下该键，进入参数输入页面。按第一次进入坐标系设置页面，按第二次进入刀具补偿参数页面。进入不同的页面以后，可用 PAGE 键进行切换
4	SYSTEM	系统键	按下该键，进入系统参数设置页面
5	CSTM/GR	图形显示键	按下该键，进入图形参数设置页面
6	HELP	帮助键	按下该键，进入系统帮助页面
7	RESET	复位键	解除当前状态、设置加工程序、机床紧急停止时，可使用该键

(4)翻页键

数控系统面板的翻页键如表 1-1-3 所示。

表 1-1-3　翻页键

序号	示意图	名　称	功　　能
1	↑PAGE	翻页键	向上翻页
2	PAGE↓		向下翻页

(5)光标移动键

数控系统面板的光标移动键如表 1-1-4 所示。

表 1-1-4　光标移动键

序号	示意图	名　称	功　　能
1	↓	光标移动键	向下移动光标
2	↑		向上移动光标
3	←		向左移动光标
4	→		向右移动光标

(6)输入键

输入键INPUT用于把输入区内的数据输入参数设置页面。

2. 车床控制面板

车床控制面板功能键如表 1-1-5 所示。

表 1-1-5　车床控制面板功能键

序号	示意图	名　称	功　　能
1	自动	自动方式	自动加工模式
2	编辑	编辑方式	可输入、输出程序，也可对程序进行修改或删除
3	MDI	MDI 模式	手动数据输入方式
4	X手摇　Z手摇	手轮方式	手摇进给
5	手动	手动方式	手动连续移动车床

续表

序号	示意图	名 称	功 能
6	回零	回零	回参考点
7	循环启动	程序运行控制按钮	按下此键，程序运行开始(模式选择旋钮在"自动"和"MDI"位置时按下此键有效，其余时间按下无效)
8	进给保持	进给保持	按下此键，程序停止运行
9	主轴正转	主轴正转	手动方式下，按下此键可以使机床正转
10	主轴反转	主轴反转	手动方式下，按下此键可以使机床反转
11	主轴停止	主轴停止	手动方式下，按下此键可以使机床停止转动
12	↑ ← 快移 → ↓	手动移动机床各轴按钮	手动移动车床各轴，按下"快移"键时，实现手动快速移动
13	X1 F0 X10 25% X100 50% X1000 100%	增量进给倍率选择	选择移动机床轴时，每一步的距离：×1为0.001 mm，×10为0.01 mm，×100为0.1 mm，×1 000为1 mm。置光标于按钮上，单击选择
14		进给率调节旋钮	调节程序运行中的进给速度，调节范围为0～120%。置光标于旋钮上，单击即转动
15		主轴转速倍率调节旋钮	调节主轴转速，调节范围为0～120%
16		手轮	把光标置于手轮上，选择轴向，按下鼠标左键，移动鼠标，手轮顺时针转，相应轴往正方向移动；手轮逆时针转，相应轴往负方向移动
17	单段	单步执行开关	每按一次此键，程序启动执行一条程序指令
18	跳步	程序段跳读	自动方式下按下此键，跳过程序段开头带有"/"的程序

续表

序号	示意图	名 称	功 能
19	机床锁住	机床锁住	按下此键，机床各轴被锁住，只能程序运行
20	选择停止	选择停止	自动方式下，遇有 M01 程序停止
21	空运行	空运行	按下此键，各轴以固定的速度运动
22	程序重启动	程序重启动	由于刀具破损等原因自动停止后，程序可以从指定的程序段重新启动
23	冷却	切削液开关	按下此键，切削液开；再按一下，切削液关
24	EMERGENCY STOP	紧急停止按钮	加工中发生意外事故，机床需要立即停止，或者机床加工终止，电源切断的时候，按下此键

安全操作规程

1. 安全操作基本注意事项

想一想：

在车间实习时，和其他工种一样应该注意哪些基本的安全操作规程？

2. 工作前的准备工作

1)机床工作前要有预热，认真检查润滑系统工作是否正常，如机床长时间未开动，可先采用手动方式向各部分供油润滑。

2)使用的刀具应与机床允许的规格相符，有严重破损的刀具要及时更换。

3)调整刀具所用工具不要遗忘在机床内。

4)大尺寸轴类零件的中心孔是否合适，如中心孔太小，工作中易发生危险。

5)刀具安装好后应进行一、二次试切削。

6)检查卡盘夹紧工作的状态。

7)机床开动前，必须关好机床防护门。

3. 工作过程中的注意事项

1)禁止用手接触刀尖和铁屑，铁屑必须要用铁钩子或毛刷来清理。

2)禁止用手或其他任何方式接触正在旋转的主轴、工件或其他运动部位。
3)禁止在加工过程中测量、变速，更不能用棉丝擦拭工件，也不能清扫机床。
4)机床运转中，操作者不得离开岗位，发现机床出现异常现象应立即停车。
5)经常检查轴承温度，温度过高时应找有关人员进行检查。
6)在加工过程中，不允许打开机床防护门。
7)严格遵守岗位责任制，机床由专人使用，他人使用须经本人同意。
8)工件伸出车床 100 mm 以外时，须在伸出位置设防护物。

想一想：

在数控车床加工过程中，除了上述的这些安全注意事项外，还有哪些需要特别注意，发生意外紧急事故，应该如何应对？

4. 工作完成后的注意事项

1)清除切屑，擦拭机床，使机床与环境保持清洁状态。
2)注意检查或更换磨损坏了的机床导轨上的油擦板。
3)检查润滑油、切削液的状态，及时添加或更换。
4)依次关掉操作面板上的电源和总电源。

提示：

1)关机时，要等主轴停转 3 min 后方可关机。
2)未经许可，禁止打开电器箱。
3)对于各手动润滑点，必须按说明书要求润滑。
4)修改程序的钥匙，在程序调整完后，要立即拔出，以免无意改动程序。
5)若机床数天不使用，则应每隔一天对 NC 及 CRT 部分通电 2～3 h。

任务实施

熟悉数控系统和车床面板的各个按钮的功能后，按照任务操作车床。

机床开启

开启步骤：打开机床电源开关→开启系统电源→旋起急停按钮→回机床参考点。

回参考点

控制机床运动的前提是建立机床坐标系，为此，系统接通电源、复位后首先应进行机床各轴回参考点操作，操作方法如下：

1)如果系统显示的当前工作方式不是回零方式，则按下控制面板上的“回零”按键，确保系统处于回零方式。

2)选择各轴，按下对应回零键，即回参考点。

3)按数控系统面板 POS 键，CRT 显示屏显示“X 0.000”、“Z 0.0000”，如图 1-1-4 所示。

所有轴回参考点后，即建立了机床坐标系。

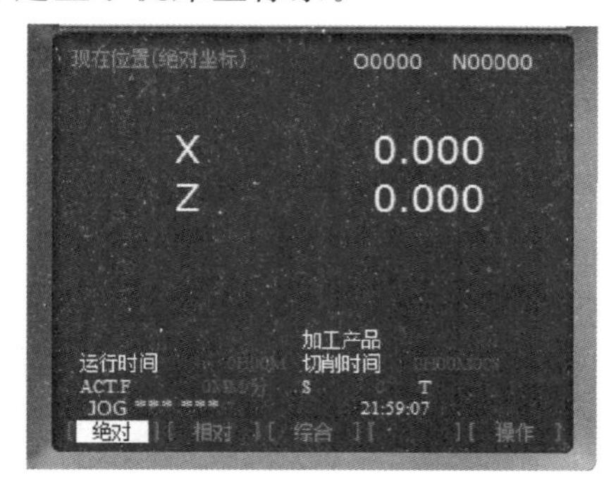

图 1-1-4　回零显示

开、关主轴

1)置模式旋钮于“手动”位置(工作方式为手动方式)。

2)分别按“主轴正转”键和“主轴反转”键，并且观察主轴的旋转情况。

3)按“主轴停止”键，主轴停止转动。

想一想：

要让主轴停止转动，还有哪些方法?

刀架移动

1)将工作方式设置为手动方式。

2)分别按←键和→键，观察刀架的移动方向。

3)分别按↑键和↓键，观察刀架的移动方向。

手轮进给

手轮方式用于微量调整，如用在对基准操作中。

1)置模式旋钮于“X 手摇”、“Z 手摇”位置(工作方式为手轮方式)。

2)分别按增量进给倍率选择键“×1 F0”、“×10 25%”、“×100 50%”、“×

1 000 100%”。

3)顺时针或逆时针转动手轮，观察坐标的变化。

关机

将刀架移到参考点位置→按下急停按钮→关闭系统电源→关闭机床电源开关。

任务评价

完成上述任务后，认真填写表 1-1-6 所示的“认识数控车床评价表”。

表 1-1-6 认识数控车床评价表

组别			小组负责人	
成员姓名			班级	
课题名称			实施时间	
评价指标	配分	自评	互评	教师评
会正确开机	10			
独立完成机床回零操作	15			
会操作手轮	15			
会操作刀架移动	10			
会关机	10			
课堂学习纪律、安全文明生产	20			
着装是否符合安全规程要求	20			
总　计	100			
教师总评 (成绩、不足及注意事项)				
综合评定等级(个人 30%，小组 30%，教师 40%)				

练习与实践

1)叙述数控车床回零操作过程。

2)开机和关机的顺序是什么?

3)机床在工作前需要做哪些准备?

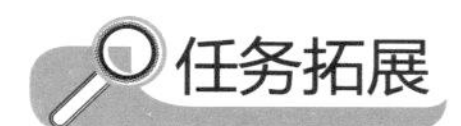

任务拓展

阅读材料一——数控车床的组成

1. 数控车床系统的基本组成

数控车床的种类很多，但任何一种数控车床系统都由加工程序、数控系统、伺服系统、检测反馈系统及车床本体等装置组成，如图 1-1-5 所示。

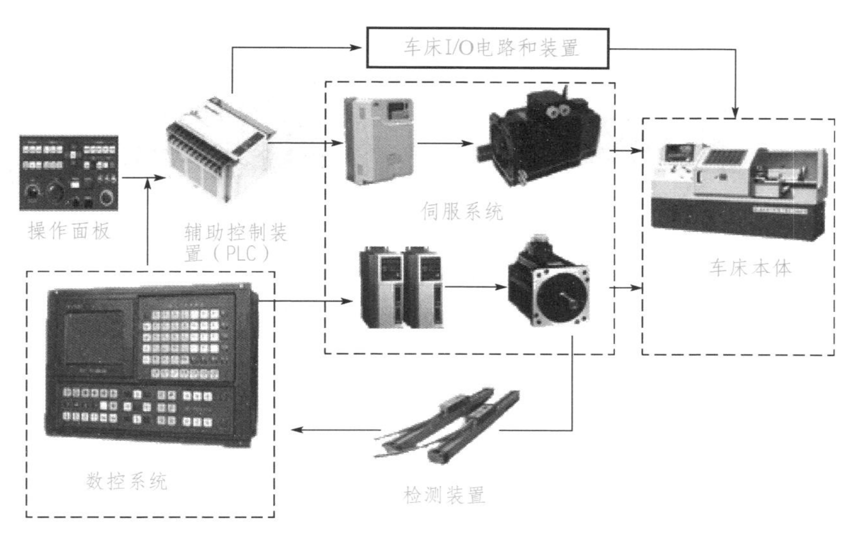

图 1-1-5　数控车床系统的组成

2. 数控车床本体的基本组成

以数控卧式车床为例，数控车床本体由床身及导轨部件、主轴箱部件、纵横向进给机构、刀架部件、尾座部件、液压系统、润滑系统、冷却系统等构成，如图 1-1-6 所示。

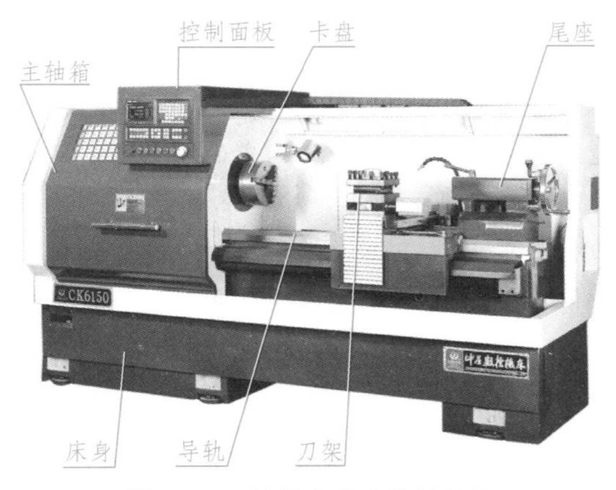

图 1-1-6　数控车床本体的结构

阅读材料二——常见的数控车床

常见的数控车床有双轴立式数控车床、普通卧式数控车床，如图 1-1-7 所示。

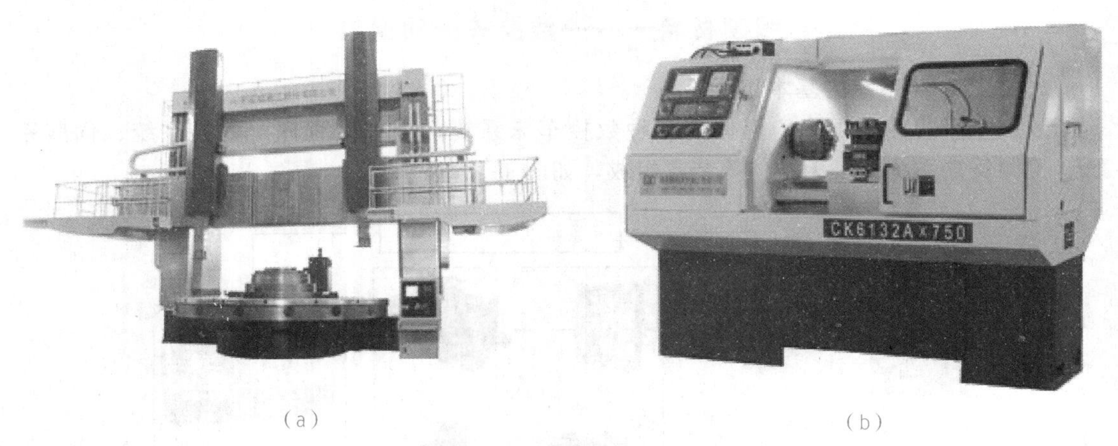

(a) (b)

图 1-1-7 常见数控车床

(a)双轴立式数控车床；(b)普通卧式数控车床

任务二 编辑程序

数控编程是数控加工的重要步骤。用数控车床对零件进行加工时，要按照加工工艺要求，根据所用数控车床规定的指令代码及程序格式，将刀具的运动轨迹、位移量、切削用量以及相关辅助动作(包括换刀、主轴正/反转、切削液开/关等)编写成加工程序，输入数控装置中，从而指挥车床加工零件。

任务目标

- 在熟悉了车床的控制面板之后，要了解车床的坐标系；
- 学会程序输入、程序修改；
- 会调用已经输入的程序；
- 掌握数控加工程序的基本格式，并会模拟加工。

任务描述

要求学生通过学习数控车床的程序编辑功能后，读懂表 1-1-7 中的轴头零件图，并把表中的程序输入数控车床，能按照要求修改程序。

表 1-1-7 零件的加工程序

以经济型数控车床加工图示工件(毛坯直径为 ϕ50 mm)	φ49 100		
	段号	内容	说明
程序名	O0001;		程序头
程序内容	N10	M03 S800;	主轴旋转，转速 800 r/min
	N20	T0101;	调用刀具
	N30	G00 X52 Z0;	快速移动到车端面起刀点
	N40	G01 X-1 F0.2;	按 F0.2 进给量切削端面
	N50	G00 X49 Z2;	快速移动到车外圆起刀点
	N60	G01 Z-100;	进给车外圆，长 100 mm
	N70	X51;	退回 X51 位置
	N80	G00 X60 Z150;	快速移动到换刀点
程序结束	N90	M30;	程序结束

知识链接

在数控编程时，为了描述车床的活动，简化程序编制的方法及保证记录数据的互换性，数控车床的坐标系和运动方向均已标准化。

数控车床的坐标系及运动方向

对于数控车床的坐标系及其运动方向，我国机械工业部标准与国际标准(ISO)等效。

1. 确定坐标系

数控车床坐标系采用标准右手笛卡儿直角坐标系，符合右手法则，如图 1-1-8 所示。数控车床的坐标系以径向为 X 轴方向，纵向为 Z 轴方向。

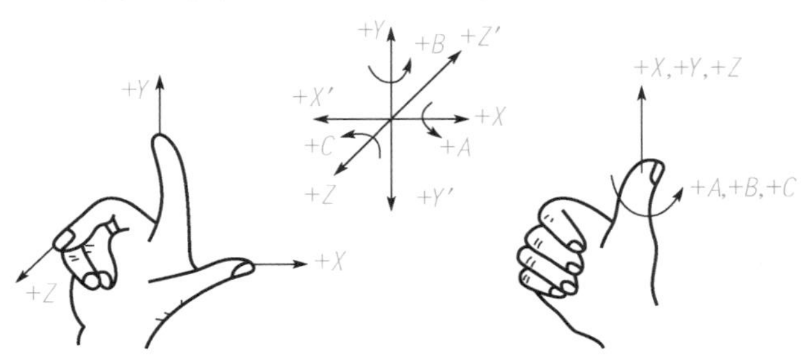

图 1-1-8 右手直角笛卡儿坐标系

经济型普通卧式前置刀架数控车床：

Z 坐标——指向主轴箱的方向为 Z 轴负方向，而指向尾架的方向为 Z 轴的正方向。

X 坐标——X 轴的正方向指向操作者的方向，负方向为远离操作者的方向。

Y 坐标——Y 轴的正方向应该垂直指向地面(编程中不涉及 Y 坐标)。

图 1-1-9 所示为数控车床的坐标系。

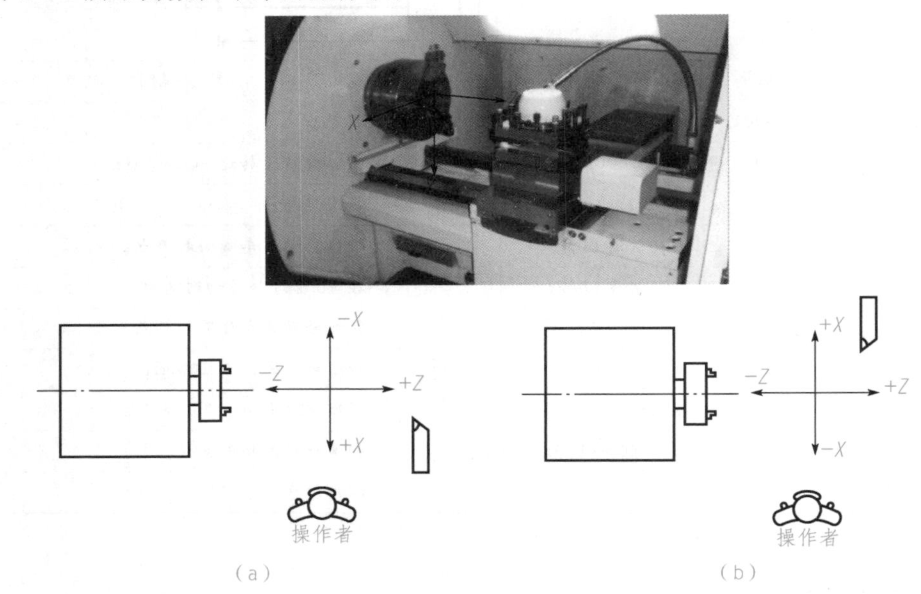

图 1-1-9　数控车床的坐标系

(a)前置刀架数控车床坐标系；(b)后置刀架数控车床坐标系

在按绝对坐标编程时，使用代码 X 和 Z；按增量坐标(相对坐标)编程时，使用代码 U 和 W。也可以采用混合坐标指令编程，即同一程序中，既出现绝对坐标指令，又出现相对坐标指令。

U 和 X 坐标值在数控车床的编程中一般是以直径方式输入的，即按绝对坐标系编程时，X 输入的是直径值；按增量坐标编程时，U 输入的是径向实际位移值的两倍，并附上方向符号(正向可以省略)。

2. 原点

(1)机械原点(参考点)

机械原点是由生产厂家在生产数控车床时设定在机床上的，它是一个固定的坐标点。每次在操作数控车床的时候，起动机床之后，必须首先进行机械原点回归操作，使刀架返回到机床的机械原点。

一般地，根据机床规格不同，X 轴机械原点比较靠近 X 轴正方向的超程点；Z 轴机械原点比较靠近 Z 轴正方向超程点。

(2)编程原点

编程原点是指程序中的坐标原点，即在数控加工时，刀具相对于工件运动的起点，所以也称为“对刀点”。

在编制数控车削程序时，首先要确定作为基准的编程原点。对于某一加工工件，编程原点的设定通常是将主轴中心设为 X 轴方向的原点，将加工工件的精切后的右端面或精切后的夹紧定位面设定为 Z 轴方向的原点，如图 1-1-10 所示。

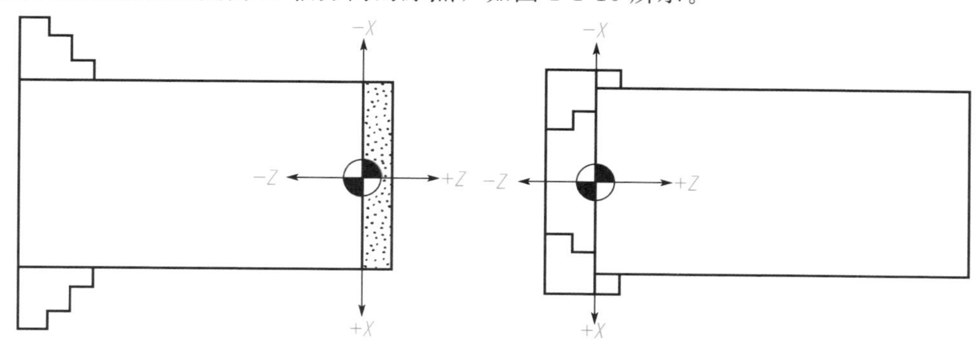

图 1-1-10　编程原点

以机械原点为原点建立的坐标系一般称为机床坐标系，它是一台机床固定不变的坐标系；而以编程原点为原点建立的坐标系一般称为工件坐标系或编程坐标系，它的位置随着加工工件的改变而改变。

程序结构与格式

程序是控制机床的指令，必须先了解程序的结构，才能读懂程序。

1. 程序的结构

下面以表 1-1-7 中简单的数控车削程序为例，分析加工程序的结构。程序大致分成程序名(程序号)、程序内容和程序结束三个部分。

2. 程序段结构

程序段结构如下：

N_	G_	X_　Y_　Z_	F_	S_	T_	M_
程序号	准备功能	坐标值	进给速度	主轴速度	刀具	辅助功能

例如：

```
N50 G01 X30.0 Z40.0 F100;
```

常用准备功能指令如表 1-1-8 所示。

表 1-1-8　常用准备功能指令

序号	代码	功能简介	序号	代码	功能简介
1	G00	快速点定位	17	G66	宏程序模态调用
2	G01	直线插补	18	G67	宏程序模态调用取消
3	G02	顺向圆弧插补	19	G71	粗车循环
4	G03	逆向圆弧插补	20	G72	平端面粗车循环
5	G04	暂停	21	G73	多重复合循环

续表

序号	代码	功能简介	序号	代码	功能简介
6	G20	英寸输入	22	G74	端面切槽循环
7	G21	毫米输入	23	G75	径向切槽循环
8	G27	返回参考点检测	24	G76	螺纹复合循环
9	G28	返回参考点	25	G90	内、外圆切削循环
10	G32	螺纹切削	26	G92	螺纹切削循环
11	G34	变距螺纹切削	27	G94	端面切削循环
12	G40	刀尖半径补偿取消	28	G96	恒线速度
13	G41	刀尖半径左补偿	29	G97	转速
14	G42	刀尖半径右补偿	30	G98	每分钟进给
15	G50	坐标系设定或最高限速	31	G99	每转进给
16	G65	宏程序非模态调用			

常用的 M 功能代码如表 1-1-9 所示。

表 1-1-9 M 功能代码一览表

代码	是否模态	功能说明	代码	是否模态	功能说明
M00	非模态	程序停止	M03	模态	主轴正转起动
M01	非模态	程序选择停止	M04	模态	主轴反转起动
M02	非模态	程序结束，光标止于程序末尾	M05	模态	主轴停止转动
M30	非模态	程序结束，光标返回程序起点	M07	模态	切削液打开
M98	非模态	调用子程序	M08	模态	切削液打开
M99	非模态	子程序结束	M09	模态	切削液停止

想一想：

模态和非模态有何不同？

提示：

程序段的中间部分是程序段的内容，主要包括准备功能字、尺寸功能字、进给功能字、主轴功能字、刀具功能字、辅助功能字等，但并不是所有程序段都必须包含这些功能字，有时一个程序段内可仅含有其中一个或几个功能字。例如：

```
N10 G01 X100.0 F100;
N80 M05;
```

任务实施

在打开机床电源之后，按照下面的方法输入表 1-1-7 中的程序，如表 1-1-10 所示。

输入程序

阅读表 1-1-7 中的程序，按照表 1-1-10 中的操作步骤，在数控系统中输入该程序。

表 1-1-10　数控车削程序输入

序号	操作步骤	输入步骤
1	打开数控系统	按数控系统面板上的系统上"系统上电"键，打开数控系统，并按下急停按钮
2	准备输入程序	把工作方式设置为编辑方式，再按数控系统面板的 PROG 键，进入程序编辑页面，准备输入程序
3	输入程序头	在数控系统依次按下以下按键：O→0→0→0→1→EOB→INTER
4	输入第一行	N→1→0→M→0→3→S→8→0→0→EOB→INTER
5	输入第二行	N→2→0→T→0→1→0→1→EOB→INTER
6	输入第三行	N→3→0→G→0→0→X→5→2→Z→0→EOB→INTER
7	输入第四行	N→4→0→G→0→1→X→—→1→F→0→.→2→EOB→INTER
8	输入第五行	N→5→0→G→0→0→X→4→9→Z→2→EOB→INTER
9	输入第六行	N→6→0→G→0→1→Z→—→1→0→0→EOB→INTER
10	输入第七行	N→7→0→X→5→1→EOB→INTER
11	输入第八行	N→8→0→G→0→0→X→6→0→Z→1→5→0→EOB→INTER
12	输入第九行	N→9→0→M→3→0→EOB→INTER

修改程序

程序的修改操作主要用到 ALT、INSERT、DELETE 三个键。按照表 1-1-11，在数控系统内修改输入的程序。

表 1-1-11　程序的修改、删除编辑

序号	操作要求	操作步骤
1	将第一行的"S800"替换为"S900"	①使用光标移动键，把光标移至"S800"位置； ②输入 S→9→0→0； ③按 ALT 键，完成替换修改
2	在第六行的"Z－100"后插入"F0.1"	①使用光标移动键，把光标移至"Z－100"位置； ②输入 F→0→.→1； ③按 INSERT 键，完成插入修改
3	删除第八行的"Z150"后的"；"	①使用光标移到键，把光标移动至"Z150"后的"；"处； ②按 DELETE 键，完成删除修改

删除程序

1)进入编辑方式→按 PROG 键→输入要删除的程序名(如 O0001)→按 DELETE 键。

2)输入 O－9999→按 DELETE，则删除全部程序。

试运行程序

1)试运行程序时，机床和刀具不切削零件，仅运行程序。

①将工作方式设置为自动方式。

②选择一个程序(如 O0001)后按↓键调出程序。

③按“循环启动”按钮启动程序。

2)单段运行。

①按下单步执行开关。

②程序运行过程中，每按一次“循环启动”按钮执行一条指令。

任务评价

完成上述任务后，认真填写表 1-1-12 所示的“数控车床程序编辑操作评价表”。

表 1-1-12　数控车床程序编辑操作评价表

组别			小组负责人	
成员姓名			班级	
课题名称			实施时间	
评价指标	配分	自评	互评	教师评
会正确输入给定的数控程序	20			
会对程序字段进行替换、插入、删除等修改	25			
熟悉程序段的组成	10			
会调用已有的程序	10			
课堂学习纪律、安全文明生产	15			
着装是否符合安全规程要求	15			
能实现前后知识的迁移，与同伴团结协作	5			
总　计	100			
教师总评 (成绩、不足及注意事项)				
综合评定等级(个人 30%，小组 30%，教师 40%)				

练习与实践

一、选择题

1)在 FANUC 系统中，(　　)用于程序全部结束，切断机床所有动作。

A. M01　　B. M00　　C. M02　　D. M30

2)在使用数控车床时，必须把主电源开关扳到(　　)位置。

A. IN　　B. ON　　C. OFF　　D. OUT

3)数控车床回零时，要(　　)。

A. X 轴、Z 轴可同时回零　　B. 先刀架回零

C. 先 Z 轴回零，后 X 轴回零　　D. 先 X 轴回零，后 Z 轴回零

二、实训题

把下面的程序输入系统，并按要求进行修改。

```
O1102;
N10 T0101;
N15 M03 S500;              (用"S650"替换"S500")
N20 G00 X50 Z100;
N30 G00 X26 Z2;
N40 G01 X24.5 F0.2 ;
N50 G01 Z-110;              (删除"G01")
N60 G00 X26;
M30;
```

任务拓展

阅读材料一 ——程序结构

对于初学者来说，程序中每个指令的意义可能还不理解，但我们可以看出它大致分成程序名(程序号)、程序内容和程序结束三个部分。

1. 程序名(程序号)

程序号为程序开始部分。在数控装置中，程序的记录是靠程序号来辨别的，调用某个程序可通过程序号来调出，编辑程序也要首先调出程序号。

FANUC 系统程序名是 O××××。××××是四位正整数，可以为 0000～9999，如 O2255。程序名一般要求单列一段且不需要段号。

2. 程序内容

程序内容是整个程序的核心，由许多程序段组成，每个程序段由一个或多个指令组成，表示数控机床要完成的全部动作。每个程序段一般占一行，用“;”作为每个程序段的结束代码。

3. 程序结束

以程序结束指令 M02 或 M30 作为整个程序结束的符号，以结束整个程序。

阅读材料二——程序段结构

1. 顺序号字 N

顺序号又称程序段号或程序段序号。顺序号位于程序段之首，由顺序号字 N 和后续数字组成。

在大部分系统中，顺序号仅用于指示“跳转”或“程序检索”的目标位置。因此，它的大小及次序可以颠倒，也可以省略。程序段在存储器内以输入的先后顺序排列，而程序的执行是严格按信息在存储器内的先后顺序逐段执行的，也就是说，执行的先后次序与顺序号无关。但是，当顺序号省略时，该程序段将不能作为“跳转”或“程序检索”的目标程序段。

顺序号也可以由数控系统自动生成，程序段号的递增量可以通过机床参数进行设置，一般可设定增量值为 10，以便在修改程序时方便进行插入操作。

2. 准备功能字 G

准备功能字的地址符是 G，又称为 G 功能或 G 指令，是用于建立机床或控制系统工作方式的一种指令。

3. 尺寸字

尺寸字用于确定机床上刀具运动终点的坐标位置。

在尺寸字中，第一组 X、Y、Z、U、V、W、P、Q、R 用于确定终点的直线坐标尺寸；第二组 A、B、C、D、E 用于确定终点的角度坐标尺寸；第三组 I、J、K 用于确定圆弧轮廓的圆心坐标尺寸。在一些数控系统中，还可以用 P 指令确定暂停时间，用 R 指令确定圆弧的半径等。

4. 进给功能字 F

进给功能字的地址符是 F，又称为 F 功能或 F 指令，用于指定切削的进给速度。对于车床，F 可分为每分钟进给和主轴每转进给两种；对于其他数控机床，一般只用每分钟进给。F 指令在螺纹切削程序段中常用来指令螺纹的导程。

5. 主轴转速功能字 S

主轴转速功能字的地址符是 S，又称为 S 功能或 S 指令，用于指定主轴转速，单位为 r/min。对于具有恒线速度功能的数控车床，程序中的 S 指令用来指定车削加工的线速度值。

6. 刀具功能字 T

刀具功能字的地址符是 T，又称为 T 功能或 T 指令，用于指定加工时所用刀具的编号。对于数控车床，其后的数字还兼做指定刀具长度补偿和刀尖半径补偿用。

7. 辅助功能字 M

辅助功能字的地址符是 M，后续数字一般为两位整数，又称为 M 功能或 M 指令，主要用于控制零件程序的走向，以及数控机床辅助装置的开关动作。

M 功能有非模态 M 功能和模态 M 功能两种形式。

(1)非模态 M 功能(当段有效代码)：只在书写了该代码的程序段中有效。

(2)模态 M 功能(续效代码)：一组可相互注销的 M 功能，这些功能在被同一组的另一个功能注销前一直有效。

模态 M 功能组中包含一个默认功能，系统上电时将被初始化为该功能。

M 功能还可分为前作用 M 功能和后作用 M 功能两类。其中前作用 M 功能在程序段编制的轴运动之前执行；后作用 M 功能在程序段编制的轴运动之后执行。

M00、M02、M30、M98、M99 用于控制零件程序的走向，是 CNC 内定的辅助功能，不由机床制造商设计决定，即它与 PLC 程序无关。

其余 M 代码用于机床各种辅助功能的开关动作，其功能不由 CNC 内定，而是由 PLC 程序指定，所以有可能因机床制造厂不同而有差异，使用时须参考机床使用说明书。

任务三　安装车刀与对刀

数控车床刀具种类繁多，功能互不相同。根据不同的加工条件正确选择刀具并能对其进行正确安装及对刀是一个重要环节。数控车床车刀安装得正确与否，将直接影响切削能否顺利进行和工件的加工质量。

任务目标

- 能够认识各种用途的车刀；
- 能正确地安装选用出来的车刀，熟练完成对刀工作；
- 会根据车削的几何特征，选择合适的车刀；
- 了解选择切削刀具与切削用量的方法。

任务描述

正确安装 90°外圆车刀(图 1-1-11)，并完成对刀操作。

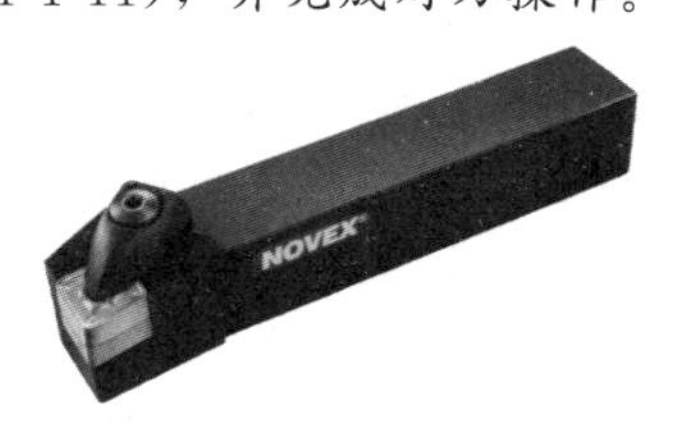

图 1-1-11　外圆车刀

知识链接

车刀由刀头(刀片)和刀杆两部分组成，可以用来车外圆、内孔、端面等，也可以用来车槽和切断。车刀按用途分外圆车刀、内孔车刀、端面车刀、切断车刀、成形车刀和螺纹车刀等。

数控车床常用刀具

数控车床常用刀具如表 1-1-13 所示。

表 1-1-13 数控车床常用刀具

类型	示意图	主偏角	适用范围
外圆车刀		45°、55°、60°、75°、85°、90°、93°	外圆粗车、精车
端面车刀		45°、60°、75°、90°、93°、95°	端面粗车、精车
内圆车刀		60°、75°、85°、90°、93°	内孔粗车、精车
切断车刀			车外圆槽、工件切断
螺纹车刀			外螺纹车削
切内槽刀			内孔槽及内螺纹越程槽加工

数控车床可转位刀具

数控车床能兼做粗、精加工。为使粗加工能以较大切削深度、较大进给速度进行，要求粗车刀具强度高、耐用度好。精车首先要保证加工精度，所以要求刀具的精度高、耐用度好。为减少换刀时间和方便对刀，提高生产效率与加工质量，应可能多地采用可转位涂层刀片的机夹刀，如图 1-1-12 所示。可转位车刀是近年来国内外大力发展和广泛应用的先进刀具之一。当一个刀刃磨钝后，只需将刀片转过一个角度，即可继续车削，提高了刀杆的利用率。可转位刀具的应用范围很广，包括各种车刀、镗刀、铣刀、外表面拉刀、大直径深孔钻和套料钻等。

图 1-1-12 常用可转位刀具

想一想：

你能说出图 1-1-12 中的车刀类型吗？分别用于加工哪种几何特征表面？

1. 数控车床可转位刀具的特点

数控车床所采用的可转位车刀，其几何结构是通过刀片结构形状和刀体上刀片槽座的方位安装组合形成的，与通用车床相比一般无本质的区别，其基本结构、功能特点是相同的。但数控车床的加工工序是自动完成的，因此对可转位车刀的要求又有别于通用车床所使用的刀具，具体要求和特点如表 1-1-14 所示。

表 1-1-14 数控车床可转位车刀的具体要求和特点

要求	特点	优点
精度高	采用 M 级或更高精度等级的刀片； 多采用精密级的刀杆； 用带微调装置的刀杆在机外预调好	保证刀片重复定位精度，方便坐标设定，保证刀尖位置精度
可靠性高	采用断屑可靠性高的断屑槽型或有断屑台和断屑器的车刀； 采用结构可靠的车刀，采用复合式夹紧结构和夹紧可靠的其他结构	断屑稳定，无紊乱和带状切屑；能适应刀架快速移动和换位以及整个自动切削过程中夹紧不得有松动的要求
换刀迅速	采用车削工具系统； 采用快换小刀夹	迅速更换不同形式的切削部件，完成多种切削加工，提高生产效率
刀片材料	刀片较多采用涂层刀片	满足生产节拍要求，提高加工效率
刀杆截面	刀杆较多采用正方形刀杆，但因刀架系统结构差异大，有的需采用专用刀杆	刀杆与刀架系统匹配

2. 数控刀片常用的材料

在车削的过程中，车刀的切削部分是在较大的切削抗力、较高的切削温度和剧烈的摩擦条件下进行工作的。车刀的切削部分是否具备优良的切削性能，直接影响了车刀的寿命长短和切削效率的高低，也影响加工质量的好坏，因此车刀的切削部分材料应该满足以下要求：

1)应该具有高硬度，刀具材料的硬度高于工件材料的硬度 1.3 倍。

2)应该具有耐磨性。

3)应该具有耐热性。

4)应该具有足够的强度和韧性。

5)应该具有良好的工艺性。

近代金属切削刀具材料从碳素工具钢、高速钢发展到今日的硬质合金、立方氮化硼等超硬刀具材料，切削速度从每分钟几米飚升到千米乃至上万米。数控机床和难加工材料的不断发展，对刀具材料提出更高要求。要实现高速切削、干切削、硬切削必须有好的刀具材料。在影响金属切削发展的诸多因素中，刀具材料起着决定性作用。刀具的主要材料如表 1-1-15 所示。

表 1-1-15 刀具的主要材料

材料	主要特征	用途
高速钢	高速钢又称锋钢，是以钨、铬、钒、钼为主要合金元素的高合金工具钢。高速钢淬火时的硬度为 63～67HRC，其红硬温度为 55 ℃～600 ℃，允许的切削速度为 25～30 m/min。有较高的抗弯强度和冲击韧性	高速钢可以进行铸造、锻造、焊接、热处理，有良好的磨削性能，刃磨质量较高，多用来制造形状复杂的刀具，如钻头、铰刀、铣刀等，也常用作低速精加工车刀和成形车刀。 常用的高速钢牌号为 W18Cr4V 和 W6Mo5Cr4V2 两种
硬质合金	硬质合金是用高耐磨性和高耐热性的 WC(碳化钨)、TiC(碳化钛)和 Co(钴)的粉末经高压成形后再进行高温烧结而制成的，其中 Co 起粘结作用。硬质合金具有较高的硬度(70～175HRC)，良好的耐磨、耐热和耐高温(850 ℃～1 000 ℃)的性能，因此其切削速度比高速钢刀提高 23 倍，主要用于高速切削，切削速度可达 100～300 m/min	硬质合金可转位刀具几乎覆盖了所有的刀具品种，具有较高的耐磨性，而且韧性较高(和超硬材料相比)，但较脆，不耐冲击，工艺性不如高速钢，因此，通常将硬质合金制成各种形状的刀片，焊接或夹固在刀体上使用。 常用的硬质合金有钨钴类(YG 类)、钨钛钴类(TY 类)和钨钛钽(铌)类(YW 类)硬质合金三类
涂层刀具材料	这种材料是在韧性比较好的硬质合金或高速钢基体上，涂覆一层硬质和耐磨性极高的难熔金属化合物而得到的刀具材料	通过涂层，刀具既具有基体材料的强度和韧性，又具有很高的耐磨性。常用的涂层材料有 TiC、TiN、Al_2O_3 等
陶瓷	陶瓷车刀是由氧化铝粉末，掺加少量元素，再经由高温烧结而成的，刀片硬度可达 78HRC 以上，能耐 1 200 ℃～1 450 ℃高温，故能承受较高的切削速度	陶瓷车刀的抗弯强度低，怕冲击，易崩刃。陶瓷车刀主要用于钢、铸铁、高硬度材料及高精度零件的精加工，只适合高速车削
金刚石	金刚石分为人造金刚石和天然金刚石两种。做切削刀具材料的大多是人造金刚石，其硬度极高，可达 10000HV(硬质合金仅为 1300～1800HV)，其耐磨性是硬质合金的 80～120 倍。但人造金刚石的韧性差，与铁族元素亲和力大	金刚石车刀可得到更为光滑的表面，主要用于铜合金或轻合金的精密车削，在车削时必须使用高速度，最低速为 60 m/min，通常为 200～300 m/min
立方氮化硼(CNB)	立方氮化硼是近年来推广的材料，是人工合成的一种高硬度材料，其硬度可达 7300～9000HV，可耐 1 300 ℃～1 500 ℃高温，与铁族元素亲和力小	立方氮化硼强度低，焊接性差。目前，立方氮化硼车刀主要用于加工冷硬铸铁、高温合金等一些难加工材料

车刀的安装要求

车刀安装是否正确，直接影响切削能否顺利进行及工件的加工质量。所以，安装车刀时，必须要注意以下几点。

1. 车刀的安装要求

车刀的安装要求如下：

1)刃磨角度不变。刀尖严格对准工件中心才能保证前角和后角不变；刀杆应该与进给方向垂直，以保证主偏角和副偏角不变，否则车削工件端面中心将会留下凸头并可能损坏刀具，如图 1-1-13 所示。

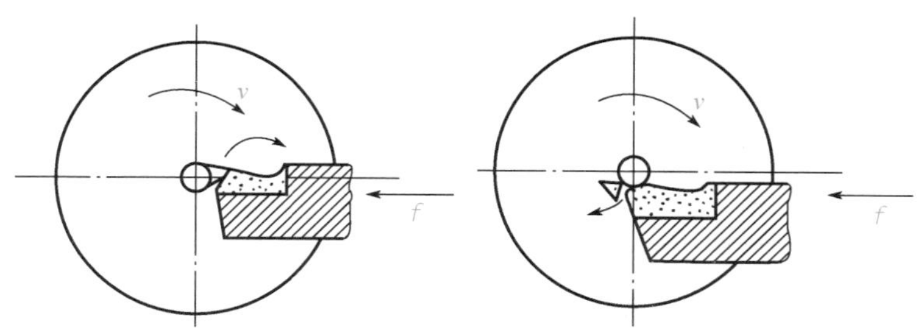

图 1-1-13　车刀刀尖不对准工件中心的后果

2)车刀伸出刀架的长度要适当，保证有较高的刚度。车刀安装在刀架上，一般伸出刀架的长度为刀杆厚度的 1～1.5 倍，不宜过长，也不能太短。

想一想：

为什么车刀安装时伸出刀架的长度不能太长，也不能太短？

3)至少要用两个螺钉压紧车刀，并轮流拧紧。旋紧时不得用力过大，以防损坏螺钉。

2. 垫片的使用方法

一般使用垫片使刀尖对准工件中心。垫片一般用长度为 150～200 mm 的垫片。车工应该自备一套各种厚度的垫片。垫片要垫实，片数要尽量少(一般为 1～2 片)，并与刀架边缘对齐。

3. 车刀刀尖对准工件回转中心的方法

车刀刀尖对准工件回转中心的方法主要有以下几种：

1)根据车床主轴中心高，用钢直尺测量装刀，如图 1-1-14 所示，这种方法比较简便。

图 1-1-14　用钢直尺测量对中心

2)利用车床尾座后顶尖对刀。

3)把车刀靠近工件端面，目测估计车刀高低，然后紧固车刀，试车端面，再根据端面中心来调整车刀。

4)车刀位置正确后，用专用扳手将前后两个螺钉逐个拧紧，刀架扳手不允许加套管，以防损坏螺钉。

任务实施

以 90°外圆车刀为例，先安装然后对刀。

工艺卡片识读

阅读表 1-1-16 所示的工艺卡片。

表 1-1-16 安装车刀工艺卡片

安装车刀和对刀训练工序卡片	零件图号	零件尺寸	材料	使用设备
		ϕ50 mm×100 mm	45 钢	CKA6140
工序号	工序内容			
1	在刀架 1 号位置安装 90°外圆车刀			
2	90°外圆车刀的对刀			
备注	工时	120 min		

安装 90°外圆车刀

车刀安装是否合适直接影加工的质量。安装车刀时，首先擦净车刀，然后将刀具放在刀架中的正确位置，保证刀杆中心线与进给方向垂直，并保证刀尖与工件回转中心一样高，最后轮流拧紧螺钉。

安装 90°外圆车刀的实施过程如表 1-1-17 所示。

表 1-1-17 安装 90°外圆车刀的实施过程

序号	安装步骤	要求
1	擦净刀架安装面、车刀和垫片	保证干净，不带铁屑和污物
2	将垫片和刀具放在刀架中	①垫片要平整，并与刀架边缘对齐，不超出或者缩进刀架边缘，尽量不超过两片； ②以车刀伸出长度不超过刀杆厚度的 1.5 倍为宜
3	刀杆中心线与进给方向垂直	刀杆中心线若与进给方向不垂直，则将改变车刀的主偏角和副偏角，车台阶时台阶将与工件轴线不垂直
4	轻微夹紧刀具	用两个以上螺钉将车刀压紧在刀架上
5	目测对刀	①身体半蹲，视线与刀尖平行，并与工件中心进行比较； ②因为没有压紧刀具，刀尖应略高于工件中心
6	夹紧刀具	轮流拧紧两个螺钉，且不可将某一螺钉拧得很紧再拧另一个

对刀

对刀是数控加工中的重要技能之一，对刀的准确性决定了零件的加工精度。数控车床常用试切法、机械式对刀仪、光学对刀仪进行对刀。其中，试切法对刀使用最广泛。

取一段 ϕ50 mm×100 mm 的棒料，安装在自定心卡盘上，棒料伸出长度为 60 mm。安装好 90°外圆车刀，并对其进行对刀操作。

1. 直接用刀具试切对刀

(1)Z 向对刀

1)进入手动方式→启动主轴→以 0.5mm左右的切削量切工件端面。

2)Z 向保持不动→X 向退出→停止主轴旋转。

3)按 OFFSET 键进入刀补设置页面→按“补正”键→按“形状”键→光标移 1 号刀补位置“G001”→输入“Z0”→按“测量”键，刀具 Z 向补偿值即自动输入几何形状中→T01 刀 Z 向对刀完成。

FANUC Series 0i 刀补设置如图 1-1-15 所示。

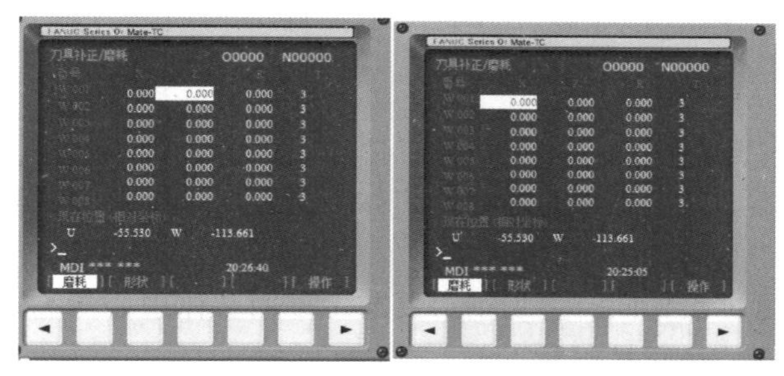

(a)

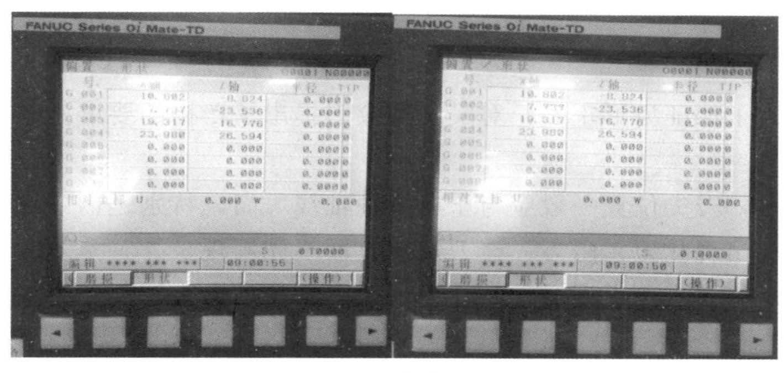

(b)

图 1-1-15 FANUC Series 0i 刀补设置

(a)FANUC Series 0i Mate-TC 刀补设置；(b)FANUC Series 0i Mate-TD 刀补设置

(2)X 向对刀

1)启动主轴→以 0.5 mm 左右的切削量切工件外圆一段。

2)X 向保持不动→Z 向退出→停止主轴旋转。

3)用千分尺测量试切部分的外圆半径，读取测量值，假设为 ϕ48.482 mm。

4)按 OFFSET 键进入刀补设置页面→按“补正”键→按“形状”键→光标移 1 号刀补位置“G001”→输入“X48.482”→按“测量”键，刀具 X 向补偿值即自动输入几何形状中→T01 刀 X 向对刀完成。

提示：

多把刀对刀操作时，每把刀按照上述方法对刀。但是，刀补值要设置在每把刀对应的刀补位置上。

常见刀具的安装

1. 外圆车刀的安装

1)车刀伸出刀架部分的长度(一般为刀杆厚度的 1～1.5 倍)应尽量短，以增强其刚性。车刀垫片一般不要超过两片，并与刀架边缘对齐，且至少用两个螺钉压紧。

2)车刀刀尖与工件中心等高。刀尖高于工件的轴线，刀具实际前角增大，切削力降低。

2. 切断刀的安装

1)切断刀一定要垂直于工件的轴线，刀体不能倾斜，以免刀具副后面与工件摩擦，影响加工质量。

2)刀体不宜伸出过长，同时主切削刃要与工件回转体中心等高，否则当切削无孔工件时，不能切削到中心，且容易折断车刀。

3)刀体底面如果不平，会引起副后角变化。

3. 螺纹车刀的安装

车螺纹时，为了保证齿形正确，对安装螺纹刀提出了严格的要求。

(1)刀尖高

装夹螺纹刀时，刀尖位置一般应与车床主轴轴线等高，特别是内螺纹车刀的刀尖高必须严格保证，以免出现扎刀、阻刀、让刀及螺纹面不光等现象。

高速切削时，为了避免出现振动和扎刀现象，其硬质合金车刀的刀尖应略高于车床主轴轴线 0.3 mm。

(2)刀头伸出的长度

刀头一般不要伸出过长，为刀杆厚度的 1～1.5 倍。内螺纹车刀的刀头加上刀杆后的径向长度应该比螺纹孔直径小 3～5 倍，以免退刀时碰伤牙顶。

任务评价

完成上述任务后，认真填写表 1-1-18 所示的“数控车床安装刀具与对刀评价表”。

表 1-1-18　数控车床安装刀具与对刀评价表

组别			小组负责人			
成员姓名			班级			
课题名称			实施时间			
评价指标			配分	自评	互评	教师评
学习准备	课前准备	资料收集、整理、自主学习	5			
学习过程	信息收集	能收集有效的信息	5			
	安装车刀和对刀	能识别常用的车刀，并判断是什么刀	10			
		安装刀具前，能擦净刀架、刀具和垫片	10			
		能正确安装刀具	20			
		能独立完成一把刀的对刀操作	20			
	问题探究	能在工作中发现问题，并用理论知识解释问题	5			
	文明生产	服从管理，遵守校规、校纪和安全操作规程	5			
	应变能力	能举一反三，提出改进建议或方案	5			
	创新程度	有创新建议提出	5			
	合作意识	能与同伴团结协作	5			
	严谨细致	认真仔细，不出差错	5			
总　计			100			
教师总评（成绩、不足及注意事项）						
综合评定等级(个人 30%，小组 30%，教师 40%)						

练习与实践

1)试判断图 1-1-16 所示操作属于哪些加工。

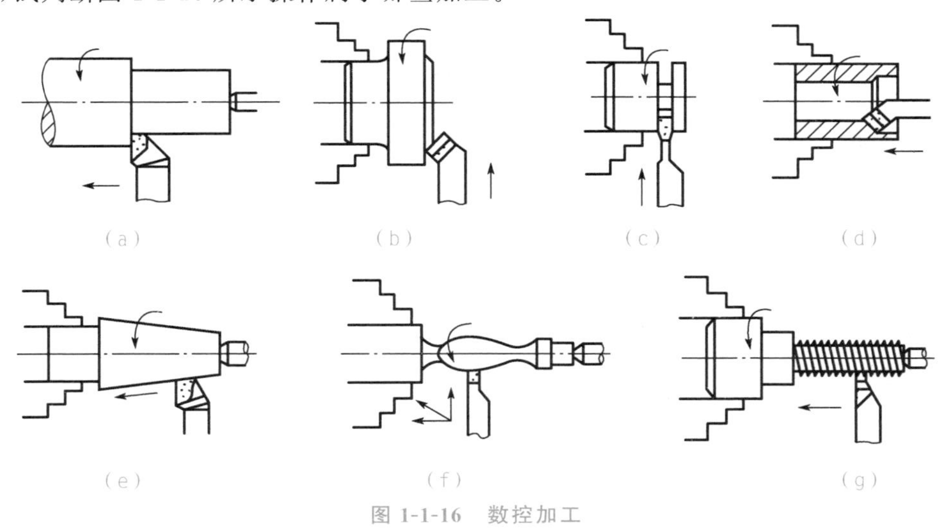

图 1-1-16　数控加工

2)数控车刀有哪些类型？各应用于什么场合？

3)试述车刀对准工件回转中心的方法有哪几种。

4)安装车刀的步骤有哪些？

5)安装各类车刀的注意事项是什么？

6)对刀有哪些步骤？

7)做一做：安装切断刀、螺纹车刀，并对刀。

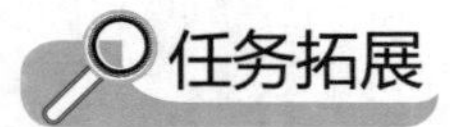

任务拓展

阅读材料——切削用量及其确定方法

数控车削的切削用量主要包括主轴转速 n、背吃刀量 a_p 与进给速度 f 三个参数。加工方法不同，切削用量的选用也不同。切削用量的选用原则是，在保证零件的加工精度和表面粗糙度的前提下，尽量发挥刀具的切削性能，合理选用刀具，结合机床的性能，最大限度地提高生产效率，降低成本。

1. 背吃刀量 a_p 的确定

在粗加工时，背吃刀量应充分考虑机床、工件和刀具的刚度性能。在刚度许可范围内，应尽量选用大背吃刀量，减少进给次数，提高加工效率。对于精度要求高的零件，应该预留 0.2～0.5mm的精加工余量。

2. 主轴转速 n 的确定

根据切削速度 v_c、工件直径 d，通过公式 $v_c=\pi dn/1000$ 计算得到主轴 n 的速度，单位为 m/min。表 1-1-19 所示为常用硬质合金外圆车刀的切削速度的参考值。

表 1-1-19 硬质合金外圆车刀切削速度 v_c 的参考值

工件材料	热处理状态	$a_p=0.3\sim2$ mm	$a_p=2\sim6$ mm	$a_p=6\sim10$ mm
		$f=0.08\sim0.3$ mm/r	$f=0.3\sim0.6$ mm/r	$f=0.6\sim1$ mm/r
低碳钢、易切钢	热轧	140～180	100～120	70～90
中碳钢	热轧	130～160	90～110	60～80
	调质	100～130	70～90	50～70
合金结构钢	热轧	100～130	70～90	50～70
	调质	80～110	50～70	40～60
工具钢	退火	90～120	60～80	50～70
灰铸铁	HBS<190	90～120	60～80	50～70
	HBS=190～250	80～110	50～70	40～60
高锰钢			10～20	
铜及铜合金		200～250	120～180	90～120
铝及铝合金		300～600	200～400	150～200
铸铝合金		100～180	80～150	60～100

注意：车螺纹时，主轴转速需要考虑螺距值、伺服驱动系统升降频率、数控装置插补运算速度、主轴脉冲器等因素的影响，因此，用公式 $n \leqslant 1\,200/p - K$（p 为螺距或导程；K 为保险系数，常取 80）计算主轴速度。

3. 进给速度 f 的确定

进给速度是数控车床切削用量的重要参数，它的选取主要取决于零件的加工精度、表面粗糙度、刀具与工件材料等因素。选用原则是，当零件质量能得到保证时，f 取 100～200 mm/min；当切断、车深孔或使用高速钢车刀时，f 取 20～50 mm/min；当表面粗糙度与精度要求比较高时，f 取 20～50 mm/min；空行程时，取机床最高进给量，提高生产效率。

切削用量总的选用原则是，粗加工时，尽量取较大的背吃刀量、较大的进给量与合适的切削速度；精加工时，尽可能提高切削速度，取比较小的背吃刀量与进给量，保证进给精度和表面粗糙度。

阅读材料二——常用对刀方法

车刀安装在刀架上，一般伸出刀架的长度为刀杆厚度的 1～1.5 倍，不宜过长，伸出过长会使刀杆刚性变差，切削时易产生振动，影响工件的表面粗糙度和刀具寿命，伸出过短，会影响排屑和操作者观察切削情况。

安装车刀后，常用对刀方法有以下几种。

1. 机外对刀

刀具预调仪是一种可预先调整和测量刀尖长度、直径的测量仪器，该仪器若和数控车床组成 DNC 网络后，还可以将刀具长度、直径数据远程输入加工中心 NC 中作为刀具参数。该方法的优点是预先将刀具在机床外校对好，装上机床即可以使用，大大节省辅助时间；主要缺点是测量结果为静态值，实际加工过程中不能实时地对刀具磨损或破损状态进行更新，并且不能实时对由机床热变形引起的刀具伸缩进行测量。

2. 试切法对刀

试切法对刀就是在工件正式加工前，先由操作者以手动方式操作机床，对工件进行微小量的切削，操作者以眼观、耳听为判断依据，确定当前刀尖的位置，然后进行正式加工。该方法的优点是不需要额外投资添置工具设备，经济实惠；主要缺点是效率低，对操作者技术水平要求高，并且容易产生人为误差。在实际生产中，试切法还有许多衍生方法，如量块法、涂色法等。

3. 机内对刀

机内对刀方式利用设置在机床工作台面上的测量装置(对刀仪)，对刀库中的刀具按事先设定的程序进行测量，然后与参考位置或者标准刀具进行比较得到刀具的长度或直径，并自动更新到相应的 NC 刀具参数表中，如海克斯康集团的 m&h 对刀仪。同时，通过对刀具的检测也能实现对刀具磨损、破损或安装型号正确与否的识别。

项目二

车削简单台阶轴

本项目包含三个任务：正确装夹工件、车削外圆和端面、车槽和切断。

通过本项目的学习，能够正确装夹工件，掌握数控车削加工的基本操作，学会车削简单的轴类零件，学会轴上外圆、端面、槽等典型特征的编程和加工，并会检测轴类零件的尺寸精度。

任务一 正确装夹工件

车削加工前，必须将工件放在机床夹具中定位和夹紧，让工件在切削过程中始终保持正确的位置。工件装夹的速度和质量直接影响生产效率和工件的加工质量。

任务目标

- 能明确工件装夹和找正的意义；
- 了解工件常用的装夹方法和夹紧力的要求；
- 会在数控车床上正确、快速地安装工件；
- 能正确、迅速地找正工件。

任务描述

装夹毛坯棒料，并找正。已知棒料 ϕ40 mm×100 mm，能用自定心卡盘夹紧毛坯，要求伸出长度为 80 mm，分别用车刀和划针法找正零件外圆。

知识链接

在数控车床上加工零件，一般采用通用夹具进行装夹。常用的通用夹具有自定心卡盘、单动卡盘、自制薄壁套或弹簧夹套、顶尖等。这些夹具中，最常用的是自定心卡盘。

工件的常用装夹方法

1. 自定心卡盘装夹工件

(1)自定心卡盘的规格

常用的自定心卡盘规格有 150mm、200mm 和 250mm 等。

(2)自定心卡盘的结构

自定心卡盘是车床上的常用工具，用它夹持工件时一般不需要找正，装夹速度较快。它的外形和结构如图 1-2-1 所示。

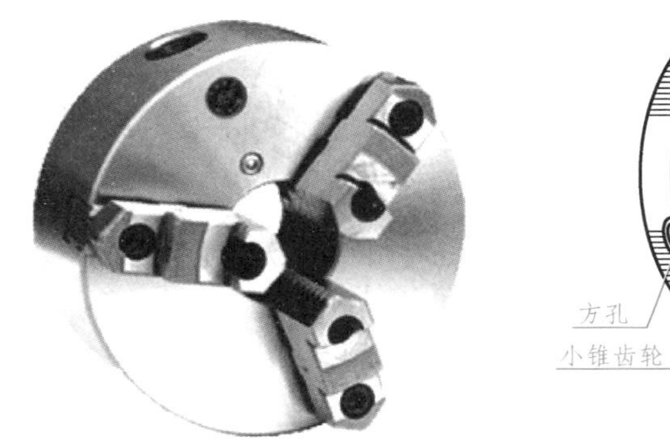

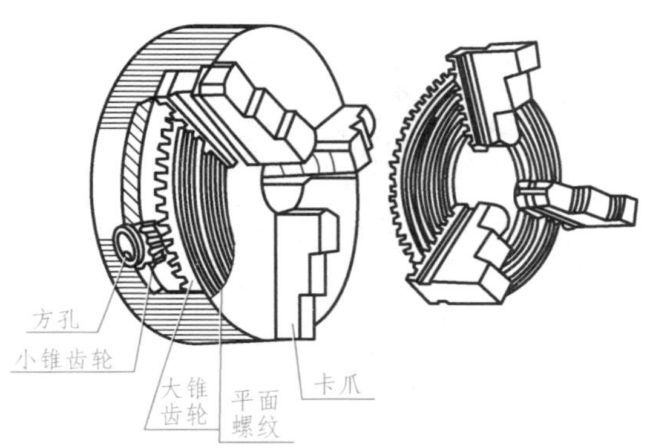

图 1-2-1　自定心卡盘的外形和结构

自定心卡盘由连接盘装夹在车床主轴上。当扳手方榫插入小锥齿轮的方孔中转动时，小锥齿轮就带动大锥齿轮转动。大锥齿轮的背面是一个平面螺纹，三个卡爪背面的螺纹与平面螺纹啮合，因此当平面螺纹转动时就带动三个卡爪同时做向心或离心移动，夹紧或松开工件。

自定心卡盘能自动定心，不需花费时间去找正，装夹效率比单动卡盘高，但夹紧力没有反爪大。正爪装夹工件时，工件直径不能太大，一般卡爪伸出卡盘圆周不超过卡爪长度的 1/3，否则卡爪跟平面螺纹只有 2～3 牙啮合，受力时容易使卡爪上的螺纹碎裂，所以装夹大直径工件时尽量采用反爪装夹。较大的带孔工件需车外圆时，可使三个卡爪做离心移动，撑住工件内孔来车削。

(3)卡爪的安装

卡爪有正、反两副。正卡爪用于装夹外圆直径较小和内孔直径较大的工件；反卡爪用于装夹外圆直径较大的工件。安装时，要按卡爪上的号码 1、2、3 的顺序装配，如图 1-2-2 所示。

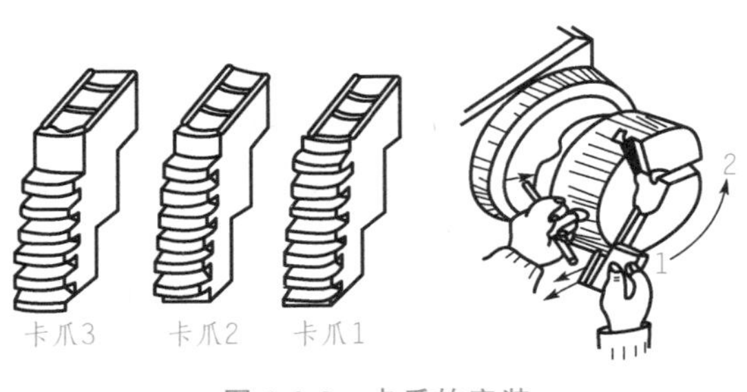

图 1-2-2　卡爪的安装

若号码看不清，可以把三个卡爪放在一起，比较卡爪端面螺纹的牙数，多的为 1 号爪，最少的为 3 号爪。将卡盘扳手的方榫插入小锥齿轮的方孔中顺时针旋转，带动大锥齿轮平面的螺纹转动。当平面螺纹的螺扣转到将要接近壳体槽时，将标记为 1 号的卡爪装入壳体槽内。其余两个卡爪按 2 号及 3 号顺序装入，方法与 1 号卡爪的安装方法相同。拆卸的方法与之相反。

2. 单动卡盘装夹工件

单动卡盘如图 1-2-3 所示，用连接盘装夹在车床主轴上。单动卡盘有四个各不相关的卡爪 1、2、3、4，每个卡爪的后面都有一部分内螺纹与丝杠啮合。丝杠的一端有一个方孔，用来安插扳手方榫，用扳手转动某一丝杠时，与它啮合的卡爪就能单独移动，以夹紧或松开工件。

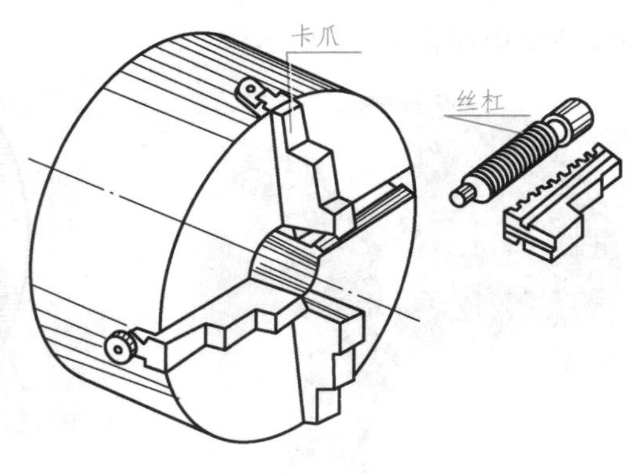

图 1-2-3 单动卡盘

装夹工件时，根据工件装夹处的尺寸调整卡爪，使相对两个卡爪的距离稍大于工件直径。卡爪的位置是否与中心等距，可参考卡盘平面上的多圈同心圆线。

由于单动卡盘的四个卡爪各自单独移动，因此工件装夹后必须将工件加工部分旋转轴线找正到与车床旋转主轴线重合后才能车削，找正比较麻烦。单动卡盘的夹紧力大，因此适用于装夹大型或形状不规则的工件。单动卡盘可装成正爪和反爪两种，反爪用来装夹直径较大的工件。

3. 两顶尖装夹工件

对于较长或必须经过多次装夹才能完成的工件，如长轴、长丝杠的车削，为了每次装夹都能保证其装夹的精确度(保证同轴度)，可以采用两顶尖装夹的方法，如图 1-2-4 所示。

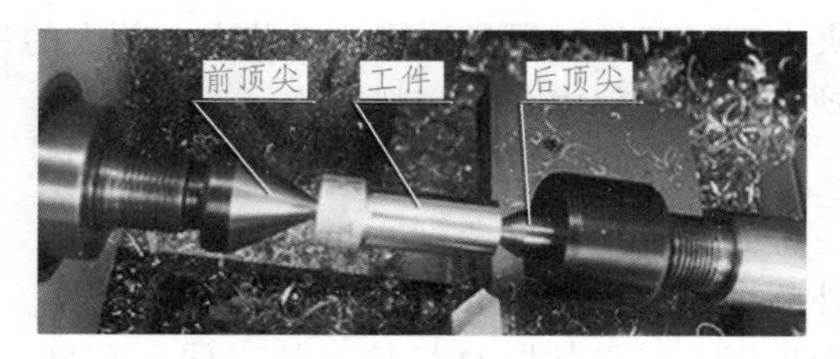

图 1-2-4 两顶尖装夹工件

装夹时，工件由前顶尖和后顶尖定位，前、后顶尖要对齐，其连线因与车床主轴轴线同轴，若不对准可调整尾座。如图 1-2-4 所示，前顶尖可直接安装在车床主轴锥孔中，或直接在卡盘上装夹工件车削而成，但此前顶尖每次装夹时必须将锥面再车一下，以保证锥面与旋转中心同轴。后顶尖有固定顶尖和活顶尖两种，固定顶尖如图 1-2-5(a)所示，活顶尖如图 1-2-5(b)所示，使用时装入尾座套筒锥孔。用对分夹头或鸡心夹头夹紧并带动工件同步运动，夹头的拨杆应伸出工件端面并插入拨盘的凹槽或贴近卡盘的卡爪侧面。

图 1-2-5　后顶尖

(a)固定顶尖；(b)活顶尖

用两顶尖装夹工件方便，无须找正，重复定位精度高，但装夹刚性较差，限制了切削用量的提高。装夹工件时，装夹前需保证工件总长，并在工件两端面钻出中心孔。中心孔的质量直接影响工件的加工精度。加工时要保证其圆整光滑，两端都有中心孔时要同轴，对精度要求较高的还需进行研磨以提高精度。一般直径 6.3mm 以下的中心孔通常用高速钢制造的中心钻直接钻出。

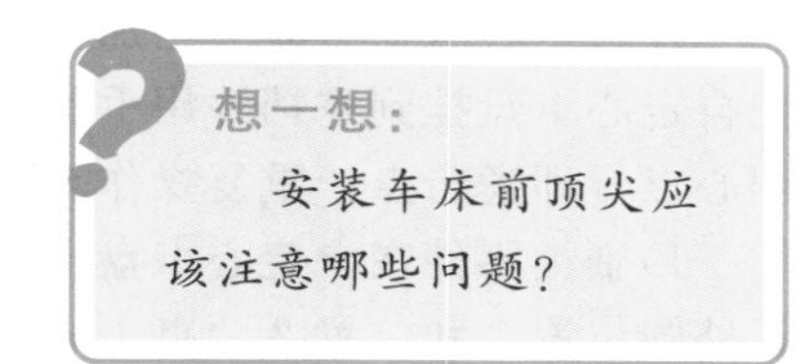

想一想：
安装车床前顶尖应该注意哪些问题？

4. 一夹一顶装夹工件

用两顶尖装夹的工件刚性较差，因此车削一般轴类零件，尤其是较重的工件，不能采用两顶尖装夹的方法，而采用一夹一顶装夹工件，即一端用自定心卡盘或单动卡盘夹住，另一端用后顶尖支撑。为了防止工件由于切削力的作用而产生轴向位移，必须在卡盘内装一限位支承，或利用工件的台阶面限位。这种方法比较安全，能承受较大的轴向切削力，安装刚性好，轴向定位准确，所以应用比较广泛。

图 1-2-6(a)所示为限位支承，图 1-2-6(b)所示为利用工件的台阶面限位，可防止工件轴向窜动。

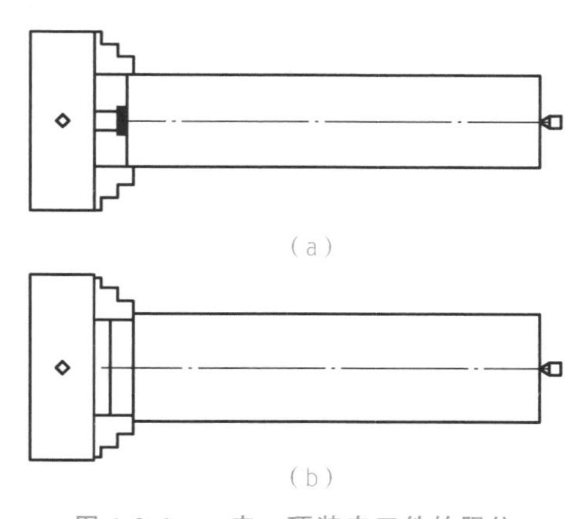

图 1-2-6　一夹一顶装夹工件的限位

(a)限位支承；(b)用工件的台阶面限位

工件的夹紧和找正

1. 工件的夹紧

工件的夹紧要注意夹紧力与装夹的部位，夹紧毛坯时，夹紧力可大些；夹紧已加工的表面时，夹紧力不可过大，为防止夹伤工件表面，可用铜皮包住装夹；夹紧有台阶的工件时，尽量让台阶靠着卡爪端面；带孔的薄壁件需用专用夹具来装夹，防止变形。

工件在装夹的过程中产生较大的偏差时，必须进行找正后才能切削，否则会造成：①车削时工件单面切削，导致车刀容易磨损，且车床产生振动；②加工余量相同的工件，会增加车削次数，浪费时间；③加工余量少的工件，很可能会造成工件车不圆而报废；④掉头要车削的工件必然会产生同轴度误差而影响工件质量。

2. 工件的找正

找正工件是把被加工的工件安装在卡盘上使工件的中心与车床主轴的旋转中心取得一致的过程。

自定心卡盘上装夹工件的找正，除了采用目测法之外，还可采用划针盘、车刀和端面找正法。

(1)划针盘找正

在自定心卡盘上装夹已加工表面，有时用划针盘找正。将划针靠近被找正工件表面，把自定心卡盘挂到空挡并用手旋转，同时观察划针与工件表面之间的间隙，间隙小的就是偏心点，即锤击点，重复操作至间隙相同为止。

1)轴类零件在自定心卡盘上的找正。轴类零件的找正方法如图 1-2-7(a)所示，通常找正外圆位置 1 和位置 2 两点。先找正位置 1 处外圆，后找正位置 2 处外圆，直到工件旋转一周，两处划针尖到工件表面距离均等时为止。

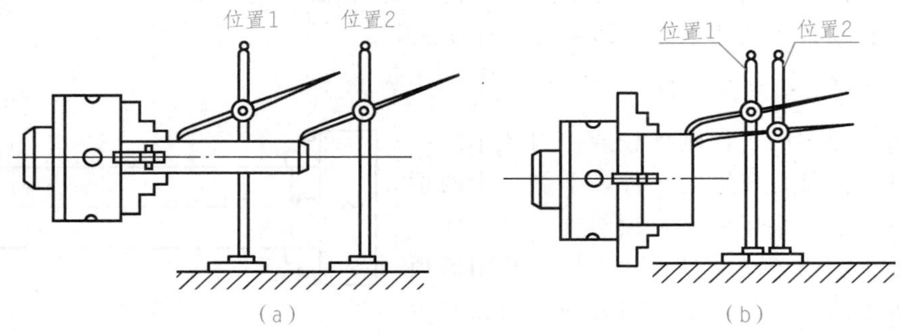

图 1-2-7 自定心卡盘上工件的找正

2)盘类零件在自定心卡盘上的找正。盘类零件的找正方法如图 1-2-7(b)所示，通常需要找正外圆和端面两端。找正位置 1 的方法与轴类零件的找正位置 1 相同；找正位置 2 时，应用铜棒敲击靠近划针尖的端面处，直到工件旋转一周，两处划针尖到工件表面距离均等时为止。

(2)车刀找正

用自定心卡盘装夹工件，当加工余量小或修复工件时，常用车刀代替划针盘找正，将工件旋转，用车刀轻轻车削无关部位，会发现工件上出现不连续车削表面，被车削表面即锤击点。

(3)端面找正

用自定心卡盘装夹直径较大工件或盘类工件时，会出现端面不平现象，常使用的找正方法是划针找正，其找正原理与圆周找正相同。

操作注意事项

装夹工件时应注意：

1)工件装夹要牢固，卡盘扳手要随时取下。

2)装夹已加工表面时，应垫铜皮。

3)钻中心孔时，由于中心钻切削部分直径较小、刚性差，钻削时要注意转速和进给速度。

4)钻中心孔时要使中心钻轴线与工件轴线同轴，钻中心孔的端面时，中心不得留有关联凸台。

5)防止对分夹头的拨杆与卡盘平面碰撞而破坏顶尖的定心作用，防止对分夹勾衣伤人。

6)鸡心夹头或对分夹头必须牢固地夹住工件以防止切削时工件移动、打滑、损坏车刀。

7)顶尖支顶松紧要适当。

8)找正工件时，灯光、划针尖与视角要配合好，否则会增大目测误差。

9)找正工件时，主轴应放在空挡或停止转动位置，否则给卡盘转动带来困难。

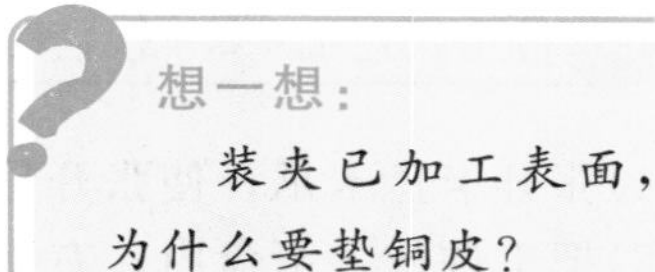

想一想：

装夹已加工表面，为什么要垫铜皮？

想一想：

为什么顶尖支顶松紧要适当，过紧或过松会产生什么后果？

提示：

1)在单动卡盘上找正工件时，不能同时松开两只卡爪，以防工件掉下；工件找正后，四爪的紧固力要基本一致，否则车削时工件容易发生位移。

2)在找正近卡爪的外圆，发现有极小的径向圆跳动时，不要盲目地去松开卡爪，可以将离旋转中心较远的那个卡爪再夹紧一些来做微小调整。

任务实施

已知棒料 ϕ40 mm×100 mm，能用自定心卡盘夹紧毛坯，要求伸出长度为 80 mm。

识读工艺卡

工件找正工艺卡如表 1-2-1 所示。

表 1-2-1　工件找正工艺卡

工件装夹与找正训练工序卡片	零件图号	零件尺寸	材料	使用设备
		ϕ40 mm×100 mm	45 钢	CKA6140
工序号	工序内容			
1	在自定心卡盘上装夹并找正工件外圆			
2	在自定心卡盘上装夹并找正工件端面			
备注	工时	120 min		

在自定心卡盘上装夹并找正

1)张开卡盘卡爪，使张开量大于工件直径。

2)把工件放入卡盘内，右手把住工件，使工件与卡爪平行，左手拧紧卡爪。

3)用手转动卡盘，带动工件旋转几周，按照图 1-2-7(a)所示方法，观察工件旋转中心是否与主轴中心线重合，若不重合，可用木槌或软金属轻敲工件找正。用划针盘找正工件时，用眼睛观察划针与工件之间的间隙，若间隙大，表示工件低点儿；若间隙小，表示工件高点儿。

4)找正工件后，牢牢夹紧卡爪。

5)装夹工件时，在满足加工的情况下，工件应尽量减少伸出量。装夹已加工表面时，应垫铜皮。

用自定心卡盘安装工件的实施过程如表 1-2-2 所示。

表 1-2-2 用自定心卡盘安装工件的实施过程

序号	实施步骤	要求
1	检查车床状况	①机床处于停电状态； ②主轴停止转动
2	将卡盘扳手插入卡盘方孔中，将工件放入卡盘中(注意观察工件是否在卡盘中心和夹牢)	一只手转动扳手，根据工件大小将卡爪调整到适当位置；另一手将工件放入卡爪中一段距离
3	轻轻夹紧工件	双手握在卡盘扳手的外侧，转动扳手轻轻用力夹紧工件
4	找正工件：当工件较长时需要找正工件，一般用目测法	慢速旋转卡盘，然后慢慢停机，在将停未停的状态下双眼平视工件并目测工件的跳动情况，距离眼睛近的跳动点为偏心点，用软于工件的棒、锤等物锤击偏心侧，重复以上操作直至找正
5	找正后再次夹紧工件	①将套管插入扳手中拧紧卡盘； ②将扳手放入卡盘另一个方孔中夹紧工件； ③将扳手放到第三个方孔中用力夹紧工件
6	取下扳手，检查机床，做好加工准备	将套管和扳手放到工件车上，检查其他工件是否还放在机床上

任务评价

完成上述任务后，认真填写表 1-2-3 所示的“工件找正操作评价表”。

表 1-2-3　工件找正操作评价表

组别			小组负责人	
成员姓名			班级	
课题名称			实施时间	
评价指标	配分	自评	互评	教师评
熟悉自定心卡盘的结构	10			
工件装夹牢固，控制外圆跳动	30			
了解单动卡盘的结构	15			
知道常用的车床装夹方式	10			
安全文明生产	10			
课堂学习纪律	10			
着装是否符合安全规程要求	10			
能实现前后知识的迁移，与同伴团结协作	5			
总　　计	100			
教师总评（成绩、不足及注意事项）				
综合评定等级（个人 30%，小组 30%，教师 40%）				

练习与实践

一、简答题

1）车削轴类工件经常采用哪些装夹方法？各有什么优点？分别适用于什么场合？

2）工件夹紧有哪些要求？

3）工件装夹时偏差过大会造成什么后果？

4）简述自定心卡盘的结构。

5）试述自定心卡盘装夹工件时的找正方法。

二、实训题

在自定心卡盘上安装 ϕ50 mm×100 mm 的已加工零件，要求伸出长度 80 mm，用车刀找正外圆。

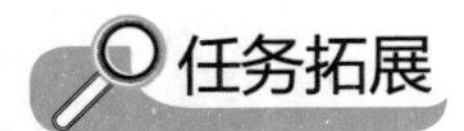

任务拓展

阅读材料一——车床顶尖安装注意事项

车床顶尖的安装注意事项如下：

1)车床前后顶尖的连线应与车床主轴轴线同轴，否则车出的工件会有锥度。

2)车床中心孔应形状正确，表面粗糙度好。

3)车床两顶尖与中心孔的配合应松紧合适。如果顶得松，CNC 车床工件无法正确定中心，车削时就容易振动；如果顶得过紧，细长工件会变形；对于固定顶尖来说，会增加摩擦，容易“烧坏”顶尖和中心孔；对于回转顶尖来说，容易损坏顶尖内部的滚动轴承。所以在车削过程中，必须随时注意顶尖以及靠近顶尖的工件部分摩擦发热的情况。当发现温度过高时，必须加黄油或润滑油进行润滑，并适当调整松紧。

4)开车前，尾座螺钉和顶尖套筒手柄要紧固，以保证加工中的安全。

阅读材料二——单动卡盘上装夹工件的找正

单动卡盘能装夹形状比较复杂的非回转体零件，如长方形、方形等，而且夹紧力大，装夹时必须用划线盘或百分表找正，如图 1-2-8 所示。

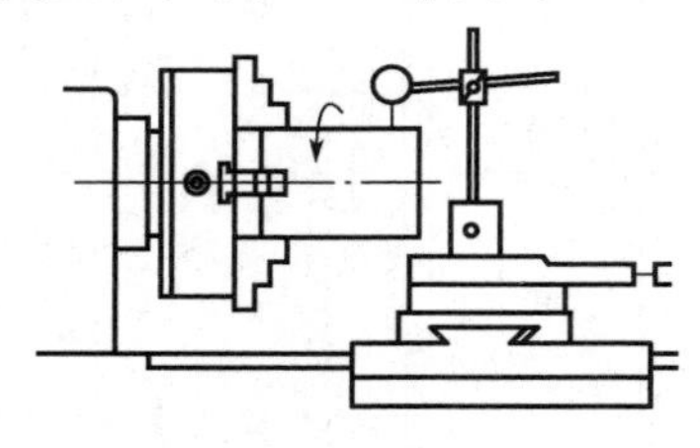

图 1-2-8　单动卡盘找正工件

任务二　车削外圆和端面

外圆和端面是轴类零件的基本几何特征。本任务中主要学习外圆和端面的车削。

任务目标

- 能够对简单轴类零件进行车削工艺分析；
- 掌握 G00 和 G01 指令并能熟练应用，掌握外圆与端面的车削；
- 能正确选择和使用轴类零件常用的刀具及切削用量。

任务描述

如图 1-2-9 所示，该零件外形比较简单，需要加工端面、台阶外圆并切断。棒料毛坯，毛坯是 ϕ45 mm 的 45 圆钢材料，有足够的夹持长度。要求加工 ϕ38 mm 和 ϕ40 mm 的外圆台阶，对两段外圆的直径尺寸有一定的精度要求。零件的工艺处理与普通车床加工工艺相似。

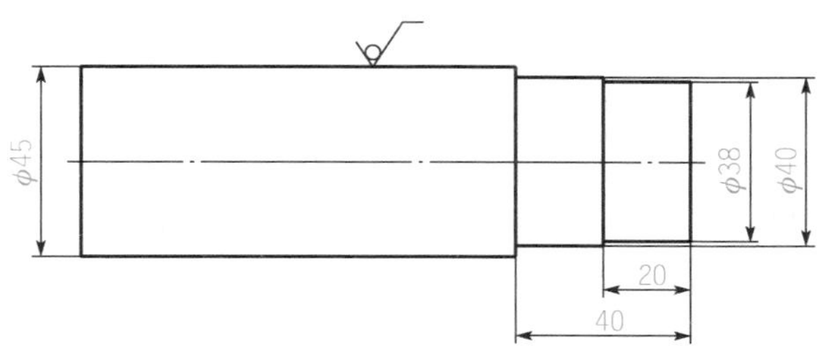

图 1-2-9　台阶轴

知识链接

台阶轴的车削

1. 台阶轴的分类

台阶轴包括低台阶轴与高台阶轴两种类型。

相邻两个圆柱体的直径差距较小，车刀能一次车出的轴为低台阶轴。如图 1-2-10(a)所示的低台阶轴，其相邻圆柱体的直径差较小，可按 $A—B—C—D—E$ 的顺序，在数控车床上一次车削出台阶。

相邻两圆柱体直径差距较大，车刀需要分层多次出车的轴称为高台阶轴。如图 1-2-10(b)所示的高台阶轴，其相邻圆柱体直径较大，需按 $A_1—B_1$、$A_2—B_2$、$A_3—B_3$、$A—B—C—D—E$ 的顺序分多次切削，才能车削出台阶。

2. 台阶轴的编程步骤

台阶轴的编程包括以下六个步骤。

1)阅读零件图。

2)确定加工工艺。

3)建立工件坐标系。

4)标注精加工路径的节点。

5)计算各节点的坐标值。

6)编程。

如图 1-2-11 所示，先建立 *XOZ* 工件坐标系，再找到节点，如 *A*、*B*、*C*、*D*、*E*、*F*。注意，零件外圆轮廓各台阶的每个转折点为一个节点。最后，写出各节点的坐标值。

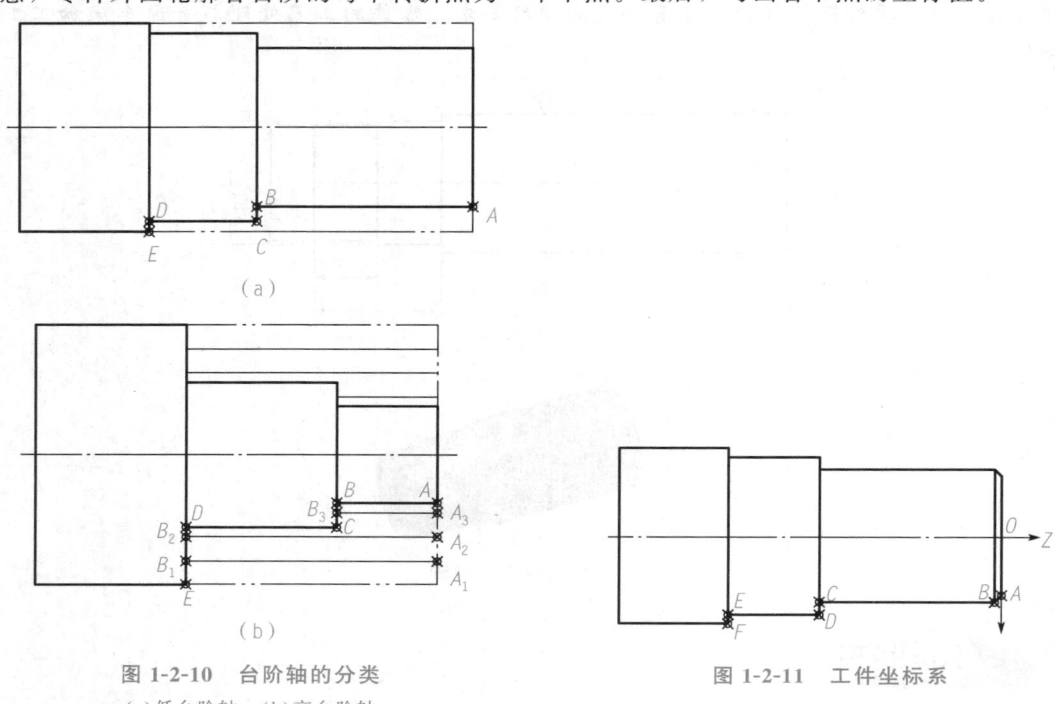

图 1-2-10　台阶轴的分类

(a)低台阶轴；(b)高台阶轴

图 1-2-11　工件坐标系

编程指令

1. 进给功能指令(G98、G99)

1)每分钟进给量(mm/min)的指令代码为 G98，格式如下：

```
G98;
```

2)每转进给量(mm/r)的指令代码为 G99，格式如下：

```
G99;
```

说明：G99 为数控车床的初始状态。

2. 快速点定位指令(G00)

(1)格式

格式如下：

```
G00 X(U)_  Z(W)_ ;
```

说明：

1)X、Z：绝对编程时，快速定位目标终点在工件坐标系中的坐标。

2)U、W：增量编程时，快速定位终点相对于起点的位移量。

3)X(U)：坐标按直径值输入。

快速点定位时，刀具的路径通常不是直线。

(2)功能

G00 指令刀具相对于工件以各轴预先设定的速度，从当前位置快速移动到程序段指令的定位目标点。

G00 指令中的快移速度由机床参数“快移进给速度”对各轴分别设定，不能用 F 规定。

G00 一般用于加工前快速定位或加工后快速退刀。快移速度可由面板上的快速修调按钮修正。G00 为模态功能。

提示：

在执行 G00 指令时，由于各轴以各自速度移动，不能保证各轴同时到达终点，因而联动直线轴的合成轨迹不一定是直线。

操作者必须格外小心，以免刀具与工件发生碰撞。常见的做法是，将 X 轴移到安全位置，再放心地执行 G00 指令。

做一做： 如图 1-2-12 所示，以 G00 指令刀具从 A 点移动到 B 点，填写指令。

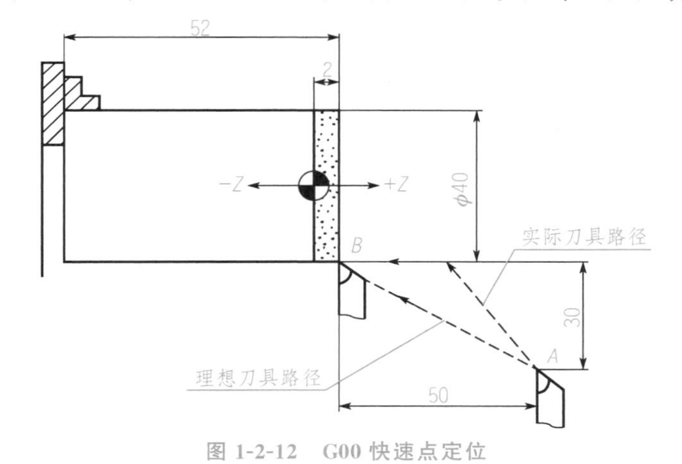

图 1-2-12　G00 快速点定位

绝对指令：__________；

增量指令：__________；

说明：

1)符号“⊕”代表编程原点。

2)在某一轴上相对位置不变时，可以省略该轴的移动指令。

3)在同一程序段中，绝对坐标指令和增量坐标指令可以混用。

4)从图 1-2-12 中可见，实际刀具移动路径与理想刀具移动路径可能会不一致，因此，要注意刀具是否与工件和夹具发生干涉。对于不确定是否会干涉的场合，可以考虑每轴单动。

5)刀具快速移动速度由机床生产厂家设定。

3. 直线插补指令(G01)

(1)格式

格式如下：

```
G01 X(U)_  Z(W)_  F_ ;
```

说明：

1)X、Z：绝对编程时，终点在工件坐标系中的坐标。

2)U、W：增量编程时，直线终点相对于起点的坐标差值。

3)F：合成进给速度。

(2)功能

G01 指令刀具以联动的方式，按 F 规定的合成进给速度，从当前位置按线性路线(联动直线轴的合成轨迹为直线)移动到程序段指令的终点。

G01 是模态代码。

想一想：

G01、G00 是模态代码，如何注销？

提示：

1)数控编程有绝对坐标值编程与增量坐标值编程两类，通常采用绝对坐标值编程。

绝对编程：X_ Z_表示终点位置相对工件原点的坐标值，轴向移动方向由 Z 坐标值确定，径向进退刀时不过轴线的情况下都为正值。

2)X、Z 在某一轴上的坐标值不变时，可以省略该轴的移动指令。

3)G00 移动速度由数控车床系统默认，用于加工前快速定位或加工后快速退刀，切削时须慎用，防止刀具与工件、夹具相撞，确保安全。

4)执行回零操作时，FANUC 系统先使刀架沿 X，Z 方向呈 45°到达，再沿 Z 向运行。

5)模态指令在程序段中指定后便一直有效，直到后面出现同组指令或被其他指令取消时才失效。

6)F 指令用于给定进给速度，由地址 F 和后面的数字组成。F 指令属于模态指令，F 中指令的进给速度一直有效，直到指定新的数值，因此不必对每个程序段都指定进给速度。如果在 G01 程序段之前的程序段都没有 F 指令，而现在的 G01 程序段中也没有 F 指令，则机床不动。

做一做：用 G00、G01 写出图 1-2-13 所示精加工程序。

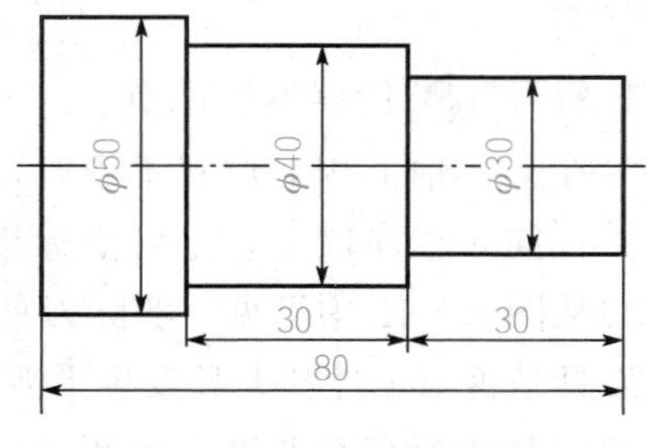

图 1-2-13 台阶轴编程

想一想：

G01 和 G00 两个指令有什么异同点？

单一形状固定循环指令 G90 的使用

图 1-2-14 所示为轴零件，毛坯直径为 ϕ55 mm，从毛坯加工到直径为 ϕ40 mm，差 15 mm，采用 G01 直线插补指令编程将会编写许多相同或相似的程序段，从而刀具反复执行相同的动作，并使程序变得冗长。因此，在实际编程中，常用循环指令来简化编程，提高编程效率。对于单一台阶，常用单一形状固定循环指令 G90 编程。

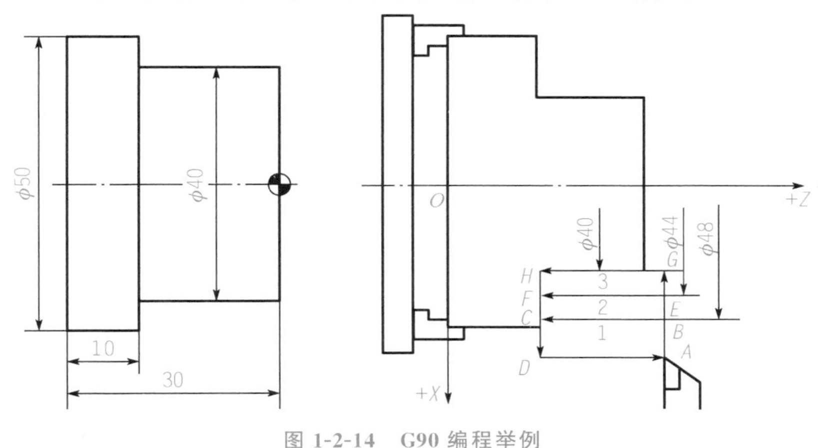

图 1-2-14　G90 编程举例

1. 指令格式

格式如下：

```
G90 X(U)_ Z(W)_ F_ ;
```

说明：

1)X、Z：表示刀具终点坐标值(绝对坐标值)。

2)U、W：表示增量坐标值，切削终点相对于循环起点的坐标差。

3)F：表示进给量。

4)G90 指令用于直线车削循环。

5)G90 为模态指令。

2. 切削轨迹

切削轨迹如图 1-2-15 所示，由四个步骤组成。刀具从定位点 *A* 开始沿 *A*—*B*—*C*—*D*—*A* 的轨迹运动，其中 X(U)、Z(W)给出 *C* 点的位置。图中 1R 表示第一步快速运动，2F 表示第二步按进给速度切削，3F 表示按进给速度退出，4R 表示刀具快速退回。

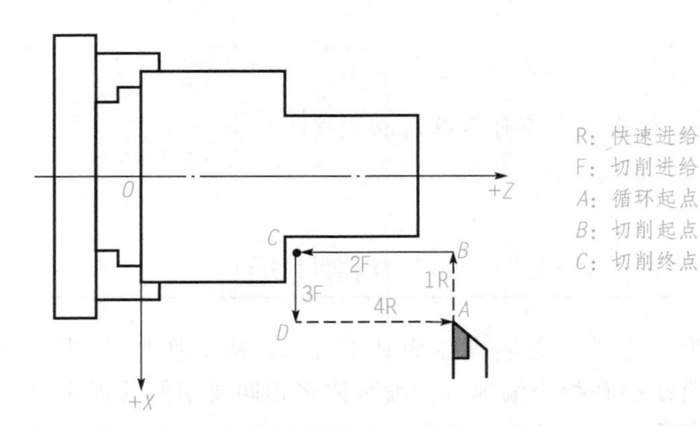

图 1-2-15 G90 切削轨迹

用 G90 指令车 ϕ40 mm 外圆，编制程序如下。

```
……
N30 G00 X50 Z2;              快速点定位
N40 G90 X48 Z-20 F0.2;       车 φ48 mm 外圆，走刀路线为 A—B—C—D—A
N50 X44;                     车 φ44 mm 外圆
N60 X40;                     车 φ40 mm 外圆
……
```

任务实施

图 1-2-9 所示工件为简单轴类零件，该零件由两个台阶组成，外圆为圆柱面。

图样分析

该零件外形比较简单，需要加工端面、台阶外圆并切断。毛坯是 ϕ45 mm 的 45 圆钢材料，有足够的夹持长度。对 ϕ38 mm 和 ϕ40 mm 外圆的直径尺寸和长度尺寸有一定的精度要求。零件的工艺处理与普通车床加工工艺相似。

确定工件的装夹方案

该零件是一个实心轴，且有足够的夹持长度和加工余量，便于装夹。采用自定心卡盘夹紧，能自动定心。以毛坯表面为定位基准面，装夹时注意跳动不能太大。工件伸出卡盘 50～65 mm，能保证 45 mm 车削长度，同时便于切断刀进行切断加工。

确定加工路线

该零件是单件生产，右端面为工件坐标系原点。选用 45°硬质合金外圆车刀车端面，刀号为 T0101；选用 90°硬质合金外圆刀进行外圆粗、精加工，刀号为 T0202。加工前刀架从任意位置回参考点，进行换刀动作，确保 1 号刀在当前刀位。

填写工艺文件

按照图 1-2-16 所示工、量具填写工、量具清单和工艺卡。

图 1-2-16　工、量具

1. 工、量具清单

工、量具清单如表 1-2-4 所示。

表 1-2-4　工、量具清单

零件名称		台阶轴	图号	1—2—9		
种类	序号	名称	规格	精度	单位	数量
工具		自定心卡盘	随机床		个	1
		卡盘扳手	随机床		副	1
		刀架扳手	随机床		副	1
		加力杆	随机床		根	1
		刀具垫片			片	若干
量具		游标卡尺	0～150 mm	0.02 mm	把	1
		外径千分尺	25～50 mm	0.01 mm	把	1

2. 工件刀具工艺卡

工件刀具工艺卡如表 1-2-5 所示。

表 1-2-5　工件刀具工艺卡

零件图号	1—2—9	数控车床加工工艺卡	机床型号	CAK6150
零件名称	轴			
刀具表				
刀具号	刀补号	刀具名称	加工表面	数量
T01	01	45°车刀	端面	1
T02	02	90°车刀	外圆	1
工序	工艺内容	切削用量		
		S/(r/min)	F/(mm/r)	a_p/mm
1	平端面	500	0.2	1
2	粗车外圆	800	0.2	2
3	精车外圆	1 200	0.05～0.1	0.5～1

编写加工程序

图 1-2-9 所示工件的加工参考程序如表 1-2-6 所示。

表 1-2-6 轴加工程序

程序	说明
O1201;	程序名
N10 M03 T0101 S500;	以 500 r/min 启动主轴正转，选择 1 号刀及 1 号补刀
N20 G00 X50.0 Z2.0;	快速移到起刀点
N30 G01 Z0 F0.2;	进刀
N40 G01 X0 F0.1;	加工端面
N50 Z2.0;	退刀
N60 G00 X100.0 Z100.0;	快速移动到换刀点
N70 T0202 S800;	换 2 号刀加工外圆
N80 G00 X50.0 Z2.0;	快速移到起刀点
N90 G00 X43.5;	进刀
N100 G01 X43.5 Z-40.0 F0.1;	粗加工直径 ϕ40 mm 的外圆
N120 X45;	退刀
N130 G00 Z2.0;	退刀
N140 X40.5;	进刀
N150 G01 X40.5 Z-40.0;	第二次粗加工直径 ϕ40 mm 的外圆
N160 X45;	退刀
N170 G00 Z2.0;	退刀
N180 X38.5;	进刀
N190 G01 Z-20.0;	粗车直径 ϕ38 mm 的外圆
N200 X50.0;	退刀
N210 G00 Z2.0;	快速退刀
N220 S1200;	主轴转速 1 200 r/min
N230 G01 X38;	进刀
N240 Z-20.0;	精车 ϕ38 mm 的外圆
N250 X40;	车端面
N260 Z-40.0;	精车 ϕ40 mm 的外圆
N270 G00 X100.0 Z100.0;	退刀
N280 M05;	主轴停
N290 M30;	程序结束并返回程序头

加工过程

加工过程如下：

1）安装车刀。

2）在自定心卡盘上安装工件，伸出长度 52 mm。

3）确定编程原点，制定加工路线，编制程序。

4）对刀。

5）程序仿真模拟，检验程序的准确性。

6）调用程序，机床加工。

7）测量工件，清理机床。

任务评价

完成上述任务后，认真填写表 1-2-7 所示的“轴零件加工质量评价表”。

表 1-2-7　轴零件加工质量评价表

组别			小组负责人	
成员姓名			班级	
课题名称			实施时间	
评价指标	配分	自评	互评	教师评
工艺编制	10			
程序编制	15			
切削用量	5			
刀具选用	5			
工件装夹	5			
机床操作	15			
正确对刀	10			
长度	10			
直径	15			
安全操作规程	10			
总　计	100			
教师总评 （成绩、不足及注意事项）				
综合评定等级（个人 30%，小组 30%，教师 40%）				

练习与实践

1)台阶轴有哪些类型？各有何特点？

2)快速点定位指令 G00 与直线插补指令 G01 有何异同点？

3)对于单件生产与成批生产台阶轴零件，数控车削加工有何特点？

4)如图 1-2-17 所示，毛坯尺寸 ϕ45 mm，有足够的夹持长度。编写其加工工艺及参考程序。

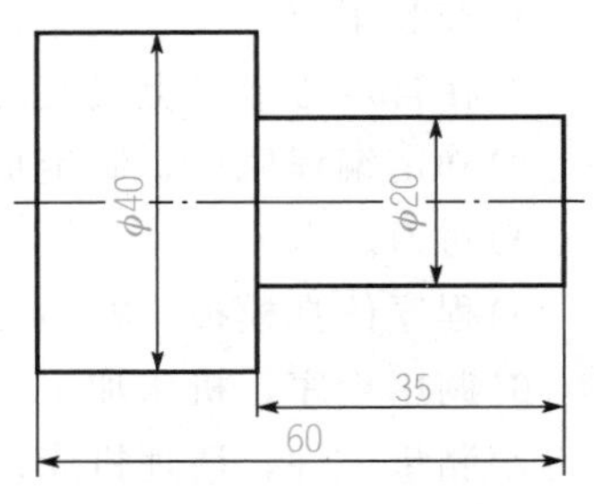

图 1-2-17 台阶轴编程举例

①填写图 1-2-17 的工、量具清单，如表 1-2-8 所示。

表 1-2-8 工、量具清单

零件名称		台阶轴	图号			
种类	序号	名称	规格	精度	单位	数量
工具						
量具						

②填写加工刀具工艺卡，如表 1-2-9 所示。

表 1-2-9 工艺卡

零件图号		数控车床加工工艺卡	机床型号	CAK6150
零件名称				
刀具表				
刀具号	刀补号	刀具名称	加工表面	数量
工序	工艺内容	切削用量		
		S/(r/min)	F/(mm/r)	a_p/mm

③手工编制加工程序。图 1-2-17 的加工参考程序如表 1-2-10 所示。

表 1-2-10　简单台阶轴的参考程序

程序	说明
O0001;	程序名
G99 M03 S800 T0101;	选择 1 号刀，主轴正转，800 r/min，进给量单位为 mm/r
G00 X100 Z100;	快速定位到换刀点
G00 X46 Z2;	快速定位到切削起点
G90 X40 Z-60	外圆循环车至 ϕ45 mm×60 mm
X35 Z-35;	外圆循环车至 ϕ35 mm×35 mm
X30;	外圆循环车至 ϕ30 mm×35 mm
X25;	外圆循环车至 ϕ25 mm×35 mm
X20;	外圆循环车至 ϕ20 mm×35 mm
G00 X100 Z100;	快速定位到换刀点
M05;	主轴停
M30;	程序结束返回程序头

5)如图 1-2-18 所示，编写零件的加工程序。毛坯尺寸为 ϕ50 mm×152 mm。

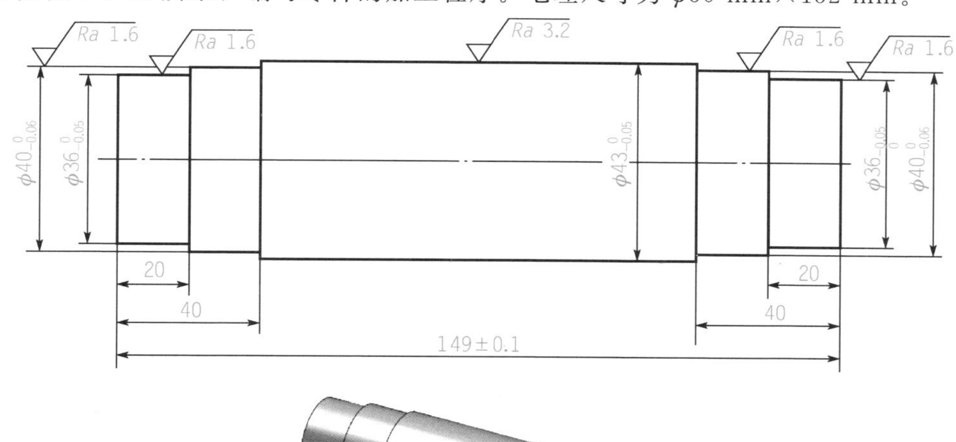

图 1-2-18　加工零件

任务拓展

阅读材料——端面切削循环 G94

1. 指令格式

格式如下：

```
G00 X_  Z _ ;
G94 X(U)_  Z(W)_  F_ ;
```

说明：

1)X、Z：切削终点的坐标值。

2)U、W：切削终点相对于循环起点的坐标差。

3)F：进给速度。

2. 切削循环路线

G94 切削循环路线如图 1-2-19 所示。

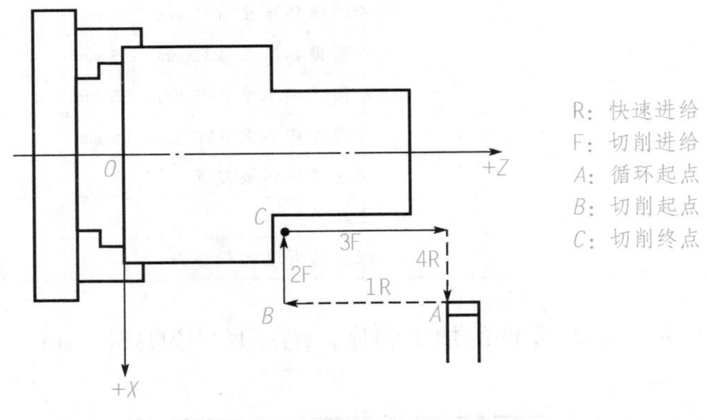

图 1-2-19 G94 切削循环路线

任务三 车槽和切断

在数控车削中，经常会遇到各种带有槽的零件。本任务主要学习车槽和切断。

任务目标

- 掌握车槽和切断的方法和测量方法；
- 能根据槽的宽度选择合适的刀宽和切削方法；
- 熟练掌握切槽刀的对刀方法；
- 熟练使用 G01 和 G04 指令来切槽。

任务描述

根据图 1-2-20 所示的轴零件图，使用切槽指令编制零件的加工程序，并运用数控车床加工出实际零件。零件材料为 45 钢，毛坯为 ϕ26 mm 圆棒料。

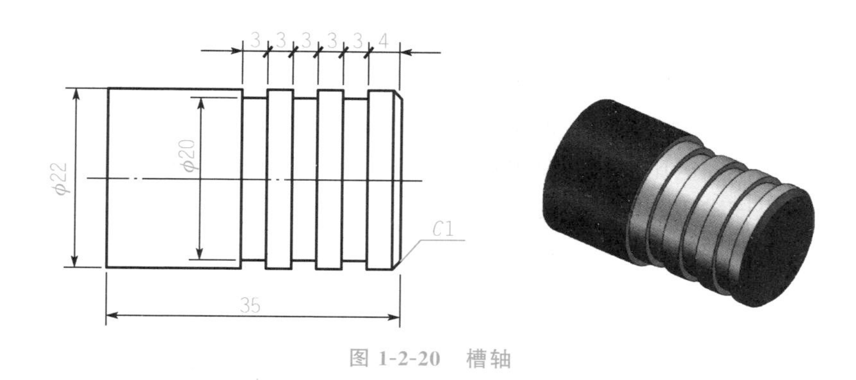

图 1-2-20　槽轴

知识链接

切槽切断

在工件上车出各种形状的槽叫切槽。外圆和平面上的槽叫沟槽，内孔的沟槽叫内沟槽。常见车槽的方法如图 1-2-21 所示。

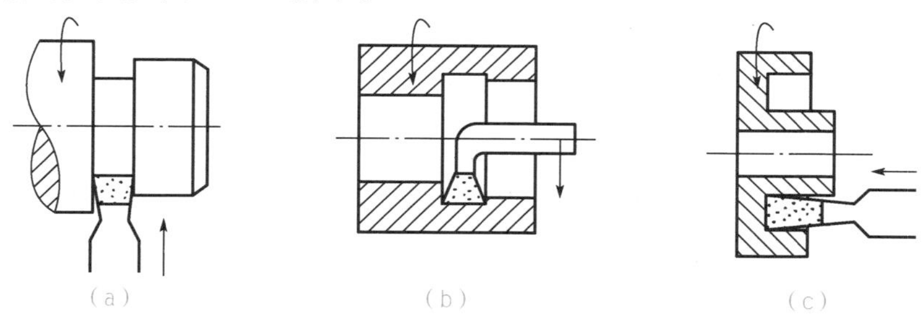

图 1-2-21　常见车槽的方法

(a)车外沟槽；(b)车内沟槽；(c)车端面槽

1. 沟槽的种类和作用

在工件上车出的形状较多，常见的外沟槽有矩形槽、圆弧形槽等。沟槽的作用通常是使所装配的零件有正确的轴向位置，在磨削、车螺纹、插齿加工过程中便于退刀。

2. 刀具的选择与切槽的方法

(1)切槽刀的选择

常选用高速钢切槽刀和机夹可转位切槽刀(图 1-2-22)。切槽刀的选择主要注意两个方面：一是切槽刀的宽度要适宜，二是切削刃长度要大于槽深。

图 1-2-22　可转位切槽刀

(2)切槽的方法

用切槽刀切槽的方法有如下几种：

1)对于宽度和深度值不大且精度要求不高的槽，可采用与槽等宽的刀具直接切入一次成形的方法加工，如图 1-2-23 所示。刀具切入槽底后利用延时指令使刀具短暂停留，以修整槽底圆度，退出过程中可采用工进速度。

2)对于宽度值不大但比较深的深槽零件，为了避免切槽中排屑不顺畅，出现扎刀和折断刀具的现象，应该采用分次进刀的方式，刀具在切入工件一定深度后，停止进刀并回退一段距离，达到排屑和断屑的目的，如图 1-2-24 所示，同时应该注意尽量选择强度较高的刀具。

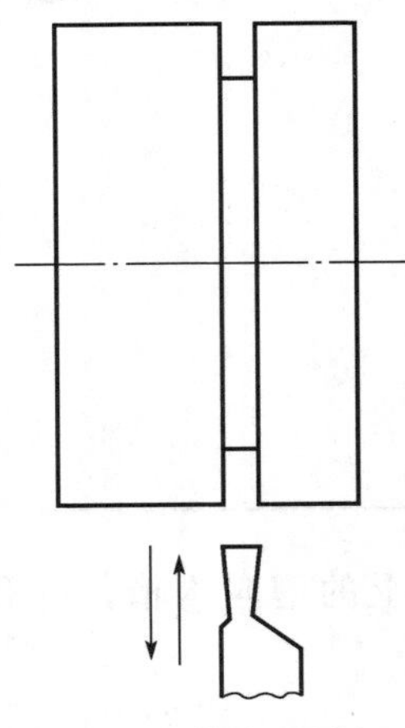

图 1-2-23　简单槽类零件加工方式

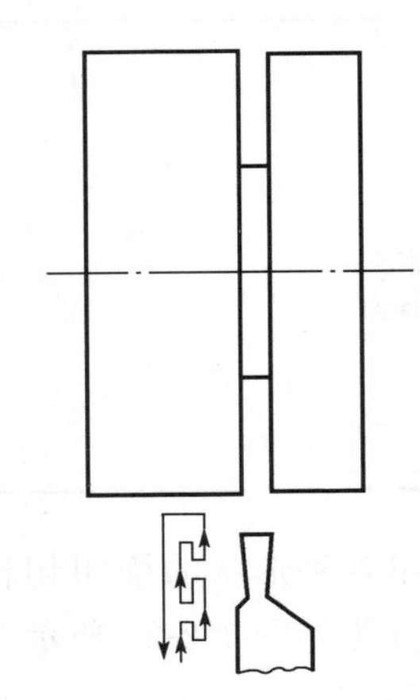

图 1-2-24　深槽零件加工方式

3)宽槽的切削：通常把大于一个切刀宽度的槽称为宽槽，宽槽的深度和宽度等精度要求及表面质量要求较高。在切宽槽时常采用排刀的方式进行粗切，然后用精切槽刀沿槽的一侧切至槽底，精加工槽底后，再沿槽的另一侧面退出，如图 1-2-25 所示。

4)异形槽的加工：大多先采用切直槽然后修整轮廓的方法进行，如图 1-2-26 所示。

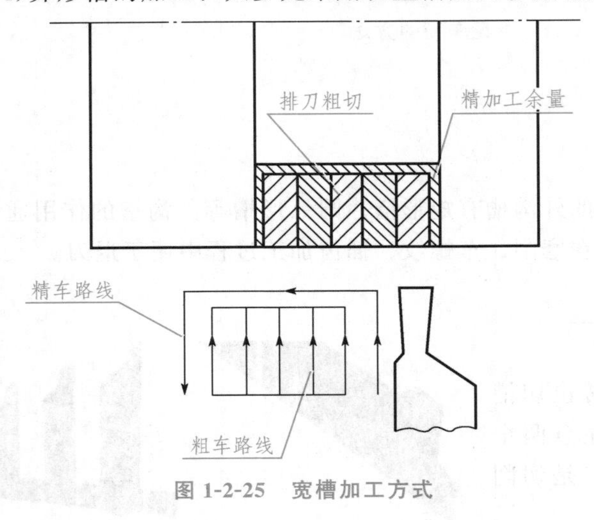

图 1-2-25　宽槽加工方式

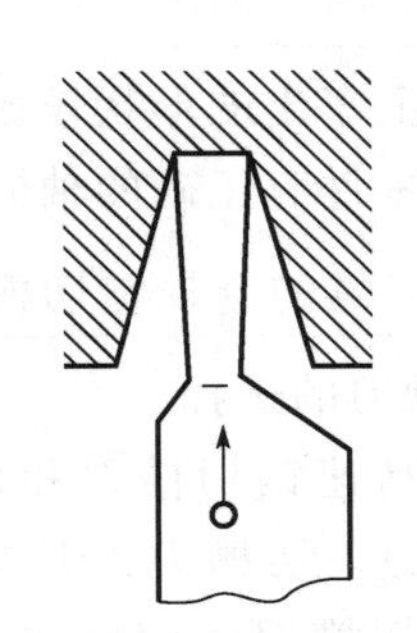

图 1-2-26　异形槽加工方式

3. 车槽刀的装夹

装夹矩形车槽，要求主切削刃对称中心垂直于工件轴心线，否则车出的槽壁不平直。

编程指令

1. 切槽或切断指令(G01)

对于一般的单一切直槽或切断，采用 G01 指令；对于宽槽或多槽加工，可采用子程序及复合循环指令进行编程加工。

2. 暂停指令(G04)

(1)指令格式

格式如下：

```
G04  X(U)_ ;
```

或

```
G04 P_ ;
```

说明：

1)X、U：指定时间，允许小数点(单位为 s)。

2)P：指定时间，不允许小数点(单位为 1/1 000 s)。

(2)功能

G04 指令可使刀具做短暂时间的停顿。

提示：

1)切槽刀的刀位点在左刀尖上，要用左刀尖的轨迹坐标编程。

2)暂停指令 G04 和刀具补偿指令 G41/G42 不能在同一程序段中指定。

3)暂停指令 G04 可以暂停所给定的时间，但只对自身程序段有效。在此之前，程序段中的主轴速度和进给量保持储存状态。

4)在切槽时，一般先轴向进刀，再径向进刀；退刀时，一般先径向退刀，再轴向退刀。

任务实施

多槽轴零件右侧的三条槽是本任务的学习重点。多槽轴零件既可以单独加工，也可以调用子程序加工。

图样分析

由图 1-2-20 可知，该零件是简单轴零件，直径 $\phi22$ mm；直径表面上有三个间隔和槽宽相等的矩形槽，尺寸公差为自由公差 IT14，零件总长为 35 mm。

确定加工方案

根据零件图形、尺寸及毛坯材料，该零件加工前应先采用自定心卡盘夹紧工件，车右端面，以轴心线与右端面的交点为原点建立工件坐标系，运用直线插补指令加工该零件的外圆直径 $\phi22$ mm；再使用直线插补指令和 G04 指令切槽工件加工。

注意：需要分层加工，粗加工每刀的切削深度为单边 1 mm，精加工单边留 0.25 mm 的加工余量。精加工结束后，切三个槽，然后切断工件。

确定加工路线

零件加工路线如下：

1)以右端面作为工件坐标系原点。

2)用自定心卡盘卡夹零件毛坯，毛坯为 $\phi26$ mm，伸出卡盘 50mm。车右端面，粗、精车零件右端 $\phi22$ mm 外圆。

3)切三个矩形槽。

4)切断。

填写工艺文件

本任务所用工量具如图 1-2-16 所示。

槽轴零件的工艺文件如表 1-2-11～表 1-2-13。

表 1-2-11 工件加工的工、量具清单

零件名称		台阶轴	图号	1—2—20		
种类	序号	名称	规格	精度	单位	数量
工具	1	自定心卡盘	随机床		个	1
	2	卡盘扳手	随机床		副	1
	3	刀架扳手	随机床		副	1
	4	加力杆	随机床		根	1
	5	刀具垫片			片	若干
	6	铜皮		0.1～0.3 mm	张	1
量具	1	游标卡尺	0～150 mm	0.02 mm	把	1
	2	外径千分尺	0～25 mm	0.01 mm	把	1

表 1-2-12 工件刀具明细表

序号	刀具号	刀具名称	刀尖半径/mm	刀位	数量	加工表面	备注
1	T0101	55°车刀 粗加工刀	0.4	1	1	端面外轮廓	
2	T0202	35°车刀 精加工刀	0.2	2	1	外轮廓	

续表

序号	刀具号	刀具名称	刀尖半径/mm	刀位	数量	加工表面	备注
3	T0303	切槽刀	刀头宽 3	3	1	外轮廓	

表 1-2-13　工件数控加工工序卡

零件名称	槽轴	图号	1—2—19	材料	45 钢	数量	4
		机床设备	CKA6140	夹具名称	自定心卡盘		
序号	工步内容		G 功能	T 刀具	切削用量		
					主轴转数 $S/(\mathrm{r/min})$	进给速度 $F/(\mathrm{mm/r})$	背吃刀量 a_p/mm
1	平右端面（手摇脉冲器）		—	T0101	800		
2	粗车零件右侧外圆		G01	T0101	800	0.2	1.0
3	精车零件右侧外圆		G01	T0202	1 000	0.1	0.5
4	切槽		G01/G04	T0303	500	0.6	
5	切断		—	T0303	500	0 .08	
6	调头平左端面，保证总长		—	T0202	800	0.5	0.5

编写加工程序

图 1-2-20 所示槽轴的加工参考程序如表 1-2-14 所示。

表 1-2-14　粗/精加工零件右侧外轮廓的参考程序

程序（FANUC 系统）	说明
O1202	程序名
准备工作	手动控制车削右端面，工件伸出长度为 50 mm
N10 G99 G97;	设置进给单位为 mm/r
N20 T0101;	选择 1 号刀，调用 1 号刀补
N30 M03 S800;	主轴正转，800 r/min
N40 G00 X100.0 Z100;	快速运动到换刀点
N50 G00 X24.0 Z0.5;	刀具点定位，快速走刀第一刀切削起点
N60 G01 Z-38.0 F0.2;	粗加工第一刀至 ϕ24 mm×38 mm
N70 G00 X26.0;	退刀
N80 Z0.5;	快速回到起刀点
N90 X22.5;	刀具点定位，快速走刀至第二刀切削点
N100 G01 Z-38.0 F0.2;	粗加工第二刀至 ϕ22.5 mm×38 mm
N110 G00 X26.0 Z0.5;	快速回到起刀点

续表

程序(FANUC 系统)	说明
N120 G00 X100.0 Z100;	快速运动到换刀点
N130 T0202 S1000;	选择 2 号精车刀，调用 2 号刀补，主轴转速 1 000 r/min
N140 G00 X26.0 Z0.5;	快速回到起刀点
N150 X19;	快速定位到精车切削起点
N160 G01 X22.0 Z-1.0 F0.1;	精车倒角，进给速度 0.1 mm/r
N170 Z-38;	精车圆柱面 ϕ22 mm×38 mm
N180 G00 X100.0 Z100;	快速运动到换刀点
N190 T0303 S500;	选择 3 号切槽刀，调用 3 号刀补，主轴转速 500 r/min
N200 G00 X26.0 Z0.5;	快速回到起刀点
N210 Z-7;	快速到第一个槽处
N220 G01 X20.0 F0.06;	车槽，进给速度 0.06 mm/r
N230 G04 X1;	槽底停留 1 s
N240 G01 X26;	退刀
N250 Z-13;	到第二个槽
N260 G01 X20.0 F0.06;	车槽，进给速度 0.06 mm/r
N270 G04 X1;	槽底停留 1 s
N280 G01 X26;	退刀
N290 Z-19;	到第三个槽
N300 G01 X20.0 F0.06;	车槽，进给速度 0.06 mm/r
N310 G04 X1;	槽底停留 1 s
N320 G01 X26;	退刀
N330 G00 X100 Z100;	快速定位到换刀点
N340 M05;	主轴停
N350 M30;	程序结束返回程序头

加工过程

槽轴的加工过程如下：

1)安装车刀，在 1 号、2 号、3 号刀位分别安装粗车、精车刀和切槽刀。

2)在自定心卡盘上安装工件，伸出长度 50 mm。

3)确定编程原点，制定加工路线，编制程序。

4)对刀，建立工件坐标系。

5)程序仿真模拟，检验程序的准确性。

6)调用程序，机床加工。

7)测量工件，清理机床。

任务评价

完成上述任务后，认真填写表 1-2-15 所示的“槽轴零件加工质量评价表”。

表 1-2-15　槽轴零件加工质量评价表

组别			小组负责人	
成员姓名			班级	
课题名称			实施时间	
评价指标	配分	自评	互评	教师评
工艺编制	5			
程序编制	5			
切削用量	5			
刀具选用	5			
工件装夹	5			
机床操作	10			
正确对刀	10			
长度	10			
槽宽	15			
槽底	10			
直径	10			
安全操作规程	10			
总　　计	100			
教师总评 （成绩、不足及注意事项）				
综合评定等级（个人 30%，小组 30%，教师 40%）				

练习与实践

1）试述 G04 指令的含义与功能。

2）子程序应用的主要功能是什么？

3）常见槽加工的问题有哪些？

4）试编制图 1-2-27 所示零件的其宽槽的加工程序，切槽刀刀头宽 4 mm。

5）编制 1-2-28 所示零件的加工工艺及参考程序。

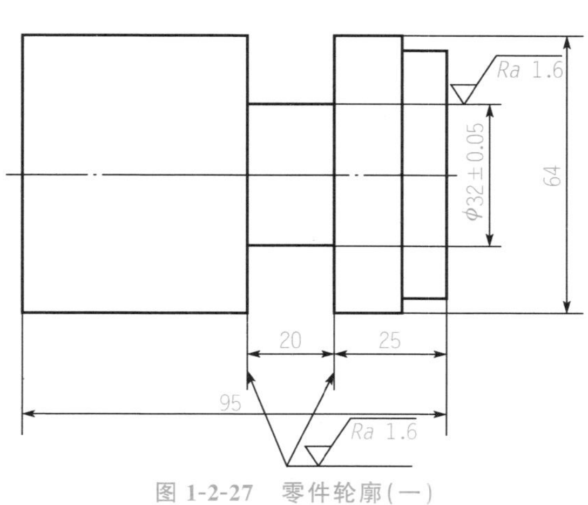

图 1-2-27　零件轮廓（一）

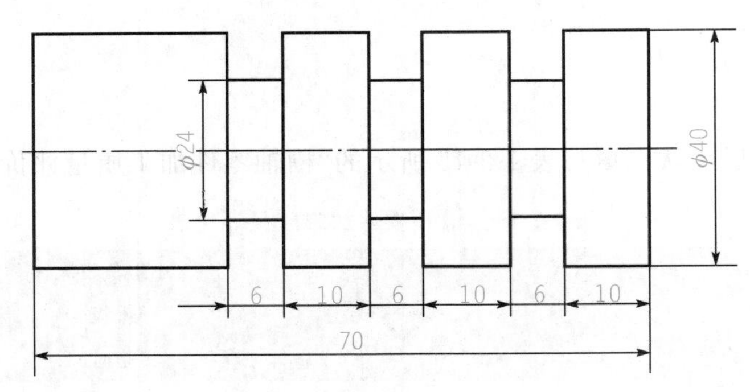

图 1-2-28 零件轮廓(二)

①填写工、量具清单，如表 1-2-16 所示。

表 1-2-16 工、量具清单

零件名称			图号			
种类	序号	名称	规格	精度	单位	数量
工具						
量具						

②编制加工刀具工艺卡，如表 1-2-17 所示。

表 1-2-17 工艺卡

零件图号		数控车床加工工艺卡	机床型号	
零件名称				
刀具表				
刀具号	刀补号	刀具名称	加工表面	数量
工序	工艺内容	切削用量		
		S/(r/min)	F/(mm/r)	a_p/mm

③手工编制加工程序(子程序调用)。

阅读材料——G75切槽复合循环指令

对于适合切削较宽和较深的槽，只要给出槽的起始点坐标和终点坐标、每次的切入量、退出量、Z向的移动量等参数就可以把槽加工出来。

G75指令的格式如下：

```
G75 R(e);
G75 X(U)_  Z(W) _  P(Δi)Q(Δk)R(Δd)F(f);
```

说明：

1)e：回退量，该值为模态值，可由程序指令修改。

2)X _：最大切深点的X轴坐标。

3)U _：最大切深点的X轴增量坐标。

4)Z _：最大切深点的Z轴坐标。

5)W _：最大切深点的Z轴增量坐标。

6)Δi：X轴方向的进给量(不带符号，单位为μm)。

7)Δk：Z轴方向的位移量(不带符号，单位为μm)。

8)Δd：刀具在车至槽底时的退刀量，Δd的符号总是正的。

9)F _：进给速度。

做一做： 如图1-2-29所示，用G75指令编写切槽程序。

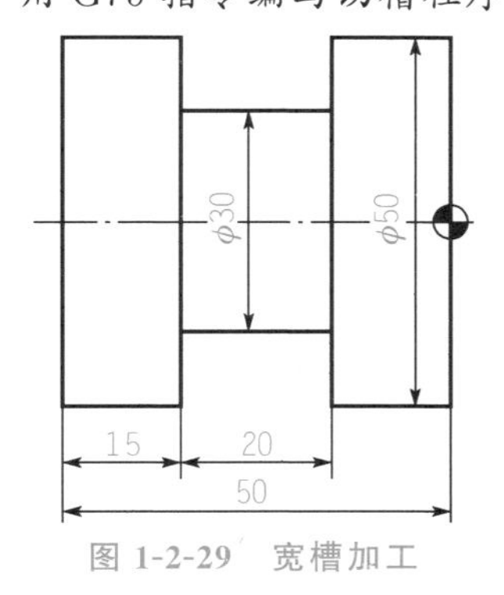

图1-2-29　宽槽加工

工件切槽的参考程序如表1-2-18所示。

表1-2-18　切槽参考程序

程序	说明
O1203(开头为字母)	程序名
N10 T0202 M03 S400;	换2号切槽车刀，主轴正转，转速为400 r/min
N20 G00 X52.0 Z-19.0;	快速接近工件
N30 G75 R0.3;	回退量为0.3 mm
N40 G75 X30.0 Z-35.0 P5000 Q3900 F0.1;	循环车槽

续表

程序	说明
N50 G00 X100. 0 Z100. 0 ;	退刀
N60 M05;	主轴停
N70 M30;	程序结束返回程序头

阅读材料二 ——子程序调用指令(M98，M99)

机床的加工程序可以分为主程序和子程序两种。主程序是一个完整的零件加工程序，或是零件加工程序的主体部分。它与被加工零件或加工要求一一对应，不同的零件或不同的加工要求都有唯一的主程序。

子程序一般不能作为独立的加工程序使用，只能通过主程序进行调用，实现加工中的局部动作。子程序执行结束后，能自动返回调用它的主程序中。

格式如下：

```
M98 P××××   ××××;
     循环次数  子程序号
```

例如：

```
M98 P5 1002;
```

表示程序号为 1002 的子程序被连续调用五次。

项目三

车削复杂台阶轴

本项目包含三个任务：车螺纹、车锥面台阶轴和车圆弧台阶轴。

通过本项目的学习，可以学会运用一些指令车削较复杂的几何特征，如螺纹、锥面、圆弧面等。

任务一　车螺纹

螺纹是轴类零件主要的典型特征之一。本任务主要学习螺纹的车削。

任务目标

- 通过操作练习，掌握螺纹加工的常用指令；
- 能够对螺纹零件进行数控车削工艺分析；
- 熟练应用螺纹加工指令 G32、G92 进行螺纹加工；
- 掌握运用各种测量手段检测工件精度的方法。

任务描述

螺纹是零件上常见的一种结构，带螺纹的零件是机器设备中重要的零件之一。螺纹的用途十分广泛，能起到连接、传动和紧固作用。图 1-3-1 所示为螺柱，螺纹是普通三角螺纹。本次任务是加工图 1-3-1 所示的零件螺柱。

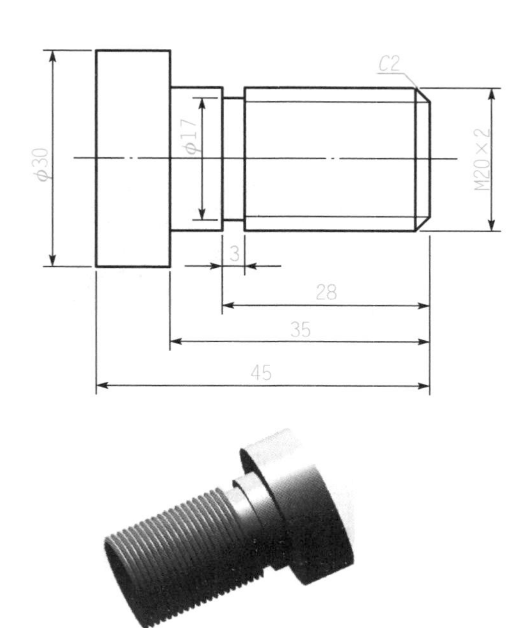

图 1-3-1　螺柱

知识链接

利用数控车床加工螺纹时，由数控系统控制螺距的大小和精度。

工件和螺纹刀具的装夹

1. 工件的装夹

在装夹方式上，最好采用软卡爪且增大夹持面或者一夹一顶的装夹方式，以保证在螺纹切削过程中不会出现因工件松动导致螺纹乱牙，从而使工件报废的现象。

2. 螺纹刀具的装夹

机夹式螺纹车刀如图 1-3-2 所示，分为外螺纹车刀和内螺纹车刀两种。

图 1-3-2 机夹式螺纹车刀

装夹外螺纹车刀时，刀尖位置一般应对准工件中心(可根据尾座顶尖高度检查)。车刀刀尖角位置一般对准工件中心线，必须与工件轴线垂直，装刀时可用样板来对刀(图 1-3-3)，刀头伸出不要过长，一般为刀杆厚度的 1.5 倍左右。

装夹内螺纹车刀时，必须严格按样板找正尖角，刀杆伸出长度稍大于螺纹长度，刀装好后应在孔内移动刀架至终点检查是否有碰撞。

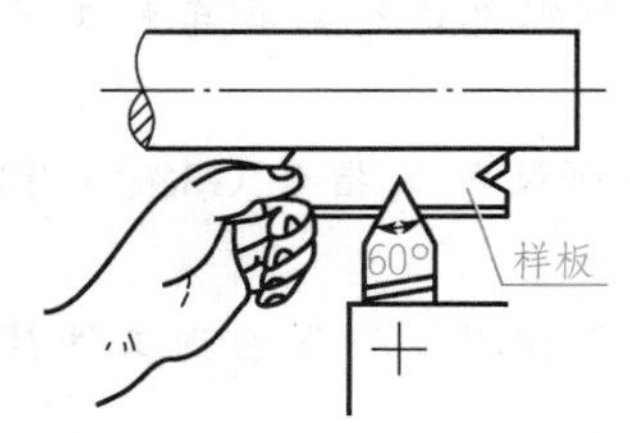

图 1-3-3 样板找正尖角

常用螺纹车削方法

数控车床上常用的螺纹切削方法主要有直进法、交错切削法和斜进法等几种，如图 1-3-4所示。

1. 直进法

如图 1-3-4(a)所示，车螺纹时，螺纹刀刀尖及两侧刀刃都参与切削，每次进刀只做径向进给，随着螺纹深度的增加，进给量相应减小，否则容易产生“扎刀”现象。这种切削方法可以得到比较正确的牙型，适用于螺距小于 2 mm 和脆性材料的螺纹车削。

2. 交错切削法

如图 1-3-4(b)所示，螺纹车刀分别沿着与左、右牙型一侧平行的方向交错进刀，直至牙底。

3. 斜进法

如图 1-3-4(c)所示，螺纹车刀分别沿着牙型一侧平行的方向斜向进刀，至牙底处。采用这种方法加工螺纹时，螺纹车刀始终只有一个侧刃参与切削，从而使排屑比较顺利，刀尖的受力和受热情况有所改善，在车削中不易引起“扎刀”现象。

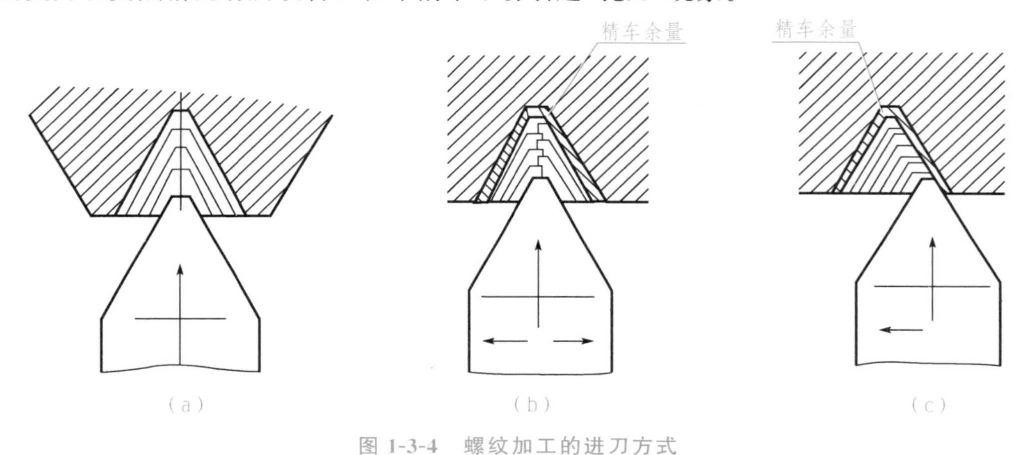

图 1-3-4　螺纹加工的进刀方式

(a)直进法；(b)交错切削法；(c)斜进法

车螺纹相关问题

1. 牙深(牙型高)的计算

牙深表示螺纹的单边高度。对于三角形普通螺纹，计算公式为

$$h=0.6495p$$

式中　h——牙深；

　　　p——螺距。

2. 螺纹切削起点与终点的轴向尺寸

由于车螺纹起始时有一个加速过程，结束前有一个减速过程，在这个位移过程中螺距不可能保持均匀，因此车螺纹时两端必须设置足够的升速进刀段和减速退刀段。如图 1-3-5所示，δ_1 为升速进刀段，δ_2 为减速退刀段，δ_1、δ_2 一般按下式选取：$\delta_1 \geqslant 2\times$导程，$\delta_2 \geqslant (1\sim1.5)\times$导程。

螺纹轴向尺寸如下：

螺纹切削起点：升速进刀段的起点；

螺纹切削终点：减速退刀段的终点。

若螺纹收尾处没有退刀槽时，一般按 45°退刀收尾。

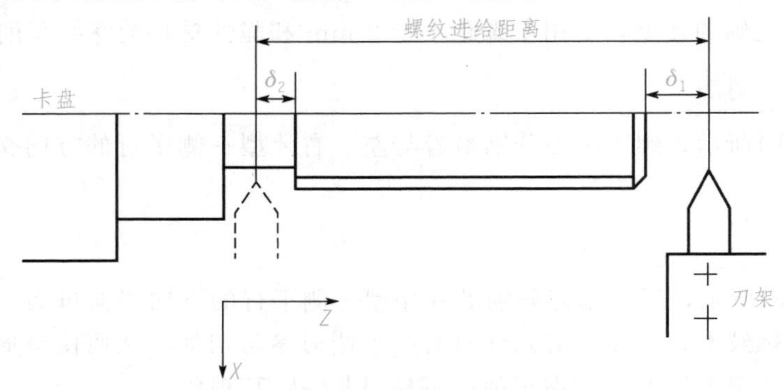

图 1-3-5 升速进刀段和降速退刀段示意图

3. 车螺纹前直径尺寸的确定

车外螺纹时，由于受车刀挤压会使螺纹大径尺寸胀大，使用车螺纹前大径一般应车得比基本尺寸小 0.2～0.4 mm（约 0.13p），车好螺纹后牙顶处有 0.125p 的宽度（p 为螺距）。

螺纹大径、小径的计算公式为

$$d_{大}=d-0.13p，d_{小}=d-1.3p$$

式中 d——基本直径；

p——螺距。

同理，车削三角形内螺纹时，内孔直径会缩小，所以车削内螺纹前的孔径要比内螺纹小径略大些。

4. 分层切削深度

螺纹车削加工为成形车削，刀具为成形刀，切削量较大，螺纹的螺距较大，牙型较深，一般要求分数次进给，每次背吃刀量按递减规律分配。常用螺纹切削的进给次数与背吃刀量如表 1-3-1 所示。

表 1-3-1 常用螺纹切削的进给次数与背吃刀量　　单位：mm

米制螺纹								
螺距		1.0	1.5	2	2.5	3	3.5	4
牙深		0.649	0.974	1.299	1.624	1.949	2.273	2.598
进给次数与背吃刀量	1 次	0.7	0.8	0.9	1.0	1.2	1.5	1.5
	2 次	0.4	0.6	0.6	0.7	0.7	0.7	0.8
	3 次	0.2	0.4	0.6	0.6	0.6	0.6	0.6
	4 次		0.16	0.4	0.4	0.4	0.6	0.6
	5 次			0.1	0.4	0.4	0.4	0.4
	6 次			0.15	0.4	0.4	0.4	
	7 次					0.2	0.2	0.4
	8 次						0.15	0.3
	9 次							0.2

续表

寸制螺纹								
螺距		24	18	16	14	12	10	8
牙深		0.678	0.904	1.016	1.162	1.355	1.626	2.033
进给次数与背吃刀量	1次	0.8	0.8	0.8	0.8	0.9	1.0	1.2
	2次	0.4	0.6	0.6	0.6	0.6	0.7	0.7
	3次	0.16	0.3	0.5	0.5	0.6	0.6	0.6
	4次		0.11	0.14	0.3	0.4	0.4	0.5
	5次			0.13	0.21	0.4	0.5	
	6次					0.16	0.47	0.17

螺纹指令

1. 单行程螺纹切削指令(G32)

格式如下：

```
G32 X(U)_ Z(W)_ F_ ;
```

说明：

1)X、Z：每次螺纹切削终点的坐标，非螺纹终点坐标。

2)U、W：每次螺纹切削终点相对切削起点(非螺纹起点)的增量坐标。

3)F：螺纹的导程，单头螺纹的导程为螺距，多头螺纹的导程为螺距×头数。

4)G32：指令的适用范围如图 1-3-6 所示。

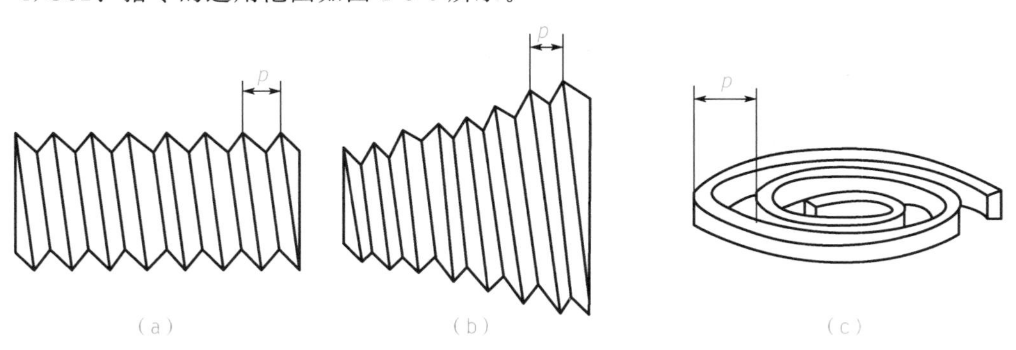

图 1-3-6　G32 指令的适用范围

(a)圆柱螺纹；(b)圆锥螺纹；(c)端面螺纹

2. 螺纹切削固定循环指令(G92)

格式如下：

```
G92 X(U)_ Z(W)_  R _ F _ ;
```

说明：

1)X _ 、Z _ ：绝对值编程时，螺纹切削终点的坐标值。

2)U _ 、W _ ：增量值编程时，螺纹切削终点相对于起点的增量坐标值。

3)R _ ：加工锥螺纹时，螺纹起点与终点的半径差；加工圆柱螺纹时 R 值为 0，可省略。

4)F _ ：轴向导程。

提示：

采用 G92 指令时，外螺纹车削起始点的坐标值必须大于螺纹退刀点的坐标值。例如：

G00 X40.0 Z5.0；(起始点)

G92 X30.0 Z-30.0(退刀点)

R-5.0 F2.0；

做一做：如图 1-3-7 所示，用 G32 指令编写螺纹加工程序。

已知：螺纹外径已经车至 ϕ29.8 mm，4 mm×2 mm的退刀槽已加工。

1)螺纹加工尺寸计算。螺纹的实际牙型高度 $h=0.6495\times2\approx1.3$(mm)；螺纹实际小径 $d_1=d-1.3p=30-1.3\times2=27.4$(mm)。升速进刀段和减速退刀段分别取 $\delta_1=5$ mm，$\delta_2=2$ mm。

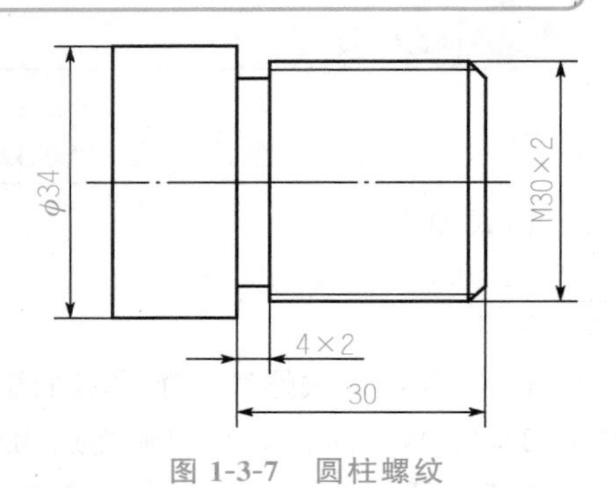

图 1-3-7 圆柱螺纹

2)确定加工程序。查表 1-3-1 得双边切深为 2.6 mm，分 5 刀切割，分别为 0.9 mm、0.6 mm、0.6 mm、0.4 mm 和 0.1 mm。

3)编制加工程序(G32 指令)，如表 1-3-2 所示。

表 1-3-2 圆柱螺纹编程实例

程序	说明
O1301	程序名
N10 S400 M03;	主轴正转
N20 T0404;	选择 4 号螺纹刀
N30 G00 X32.0 Z5.0;	螺纹加工起点
N40 X29.1;	自螺纹大径 30 mm 进第一刀，切深 0.9 mm
N50 G32 Z-28.0 F2.0;	螺纹车削第一刀，螺距为 2 mm
N60 G00 X32.0;	X 向退刀
N70 Z5.0;	Z 向退刀
N80 X28.5;	进第二刀，切深 0.6 mm
N90 G32 Z-28.0 F2.0;	螺纹车削第二刀，螺距为 2 mm
N100 G00 X32.0;	X 向退刀
N110 Z5.0;	Z 向退刀
N120 X27.9;	进第三刀，切深 0.6 mm
N130 G32 Z-28.0 F2.0;	螺纹车削第三刀，螺距为 2 mm

续表

程序	说明
N140 G00 X32.0;	X 向退刀
N150 Z5.0;	Z 向退刀
N160 X27.5;	进第四刀，切深 0.4 mm
N170 G32 Z-28.0 F2.0;	螺纹车削第四刀，螺距为 2 mm
N180 G00 X32.0;	X 向退刀
N190 Z5.0;	Z 向退刀
N200 X27.4;	进第五刀，切深 0.1 mm
N210 G32 Z-28.0 F2.0;	螺纹车削第五刀，螺距为 2 mm
N220 G00 X32.0;	X 向退刀
N230 Z5.0;	Z 向退刀
N240 X27.4;	光一刀，切深为 0 mm
N250 G32 Z-28.0 F2.0;	光一刀，螺距为 2 mm
N260 G00 X200.0;	X 向退刀
N270 Z100.0;	Z 向退刀，回换刀点
N280 M30;	程序结束

做一做： 用 G32 指令切削螺纹存在什么问题？用 G92 来编程呢？请写出 G92 指令加工螺纹的程序。

任务实施

图样分析

零件如图 1-3-1 所示，毛坯为 ϕ34 mm，粗、精加工外圆表面、倒角、切槽、外螺纹和左端切断等加工。根据零件外形分析，此零件需要外圆刀和 3 mm 切槽刀以及外螺纹车刀。

确定工件的装夹方案

由于毛坯为棒料，用自定心卡盘夹紧定位，一次加工完成。工件伸出一定长度便于切断加工操作。

确定加工路线

工件加工路线如下：

1）外圆粗、精加工。

2）切槽。

3）车削 M20×2 螺纹。

4）切断。

填写工艺文件

做一做：进行工、量、刀具(参考工、量、刀具如图 1-3-8 所示)的选择，并根据加工路线填写表 1-3-3 和表 1-3-4。

图 1-3-8　工、量具

表 1-3-3　工、量、刀具清单

零件名称		台阶轴	图号	1－3－1		
种类	序号	名称	规格	精度	单位	数量
工具						
量具						
刀具						

表 1-3-4　车削螺柱加工工艺卡

零件图号	1－3－1	数控车床加工工艺卡	机床型号	CAK6150
工序	工艺内容	切削用量		
		S/(r/min)	F/(mm/r)	a_p/mm
1				
2				
3				
4				

编写加工程序

1. 建立工件坐标系

根据坐标系建立原则，工件原点设在工件右端面与主轴轴线的交点处。

2. 编制加工程序

螺柱零件切削程序如表 1-3-5 所示。

表 1-3-5　螺柱零件切削程序

程序	说明
O1302;	程序名
外圆粗、精加工	
N10 G99 M03 S600 T0101;	以 600 r/min 启动主轴正转，选择 1 号刀及 1 号补刀
N20 G00 X35. 0 Z2. 0;	循环起点
N30 G90 X30. 5 Z-50. 0 F0. 2;	粗车循环 1
N40 X25. 0 Z-35. 0;	粗车循环 2
N50 X21. 5;	粗车循环 3
N60 G00 X18. 0 Z0 M03 S1200;	精车起点，主轴 1 200 r/min
N70 G01 X19. 8 Z-1. 0 F0. 1;	倒角 C1
N80 Z-28. 0;	精车螺纹外圆
N90 X20. 0;	退刀
N100 Z-35. 0;	精车 ϕ20 mm 的外圆
N110 X30. 0;	退刀
N120 Z-50. 0;	精车 ϕ30 mm 的外圆
N130 G00 X100. 0 Z100. 0;	返回退刀点
切槽	
N140 S400 T0202;	主轴以 400 r/min 正转，选择 2 号刀及 2 号补刀
N150 G00 X23. 0 Z-35. 0;	切槽起点
N160 G01 X17. 0 F0. 15;	切槽至底径
N170 X22. 0;	退刀
N180 G00 X100. 0 Z100. 0;	返回退刀点
车螺纹	
N190 S600 T0303;	主轴以 600 r/min 正转，选择 3 号刀及 3 号补刀
N200 G00 X22. 0 Z5. 0;	螺纹循环起点
N210 G92 X19. 1 Z-26. 0 F2. 0;	螺纹切削循环 1
N220 X18. 5;	螺纹切削循环 2
N230 X17. 9;	螺纹切削循环 3
N240 X17. 5;	螺纹切削循环 4
N250 X17. 4;	螺纹切削循环 5
N260 G00 X100. 0 Z100. 0;	返回退刀点
N270 M05;	主轴停
N280 M30;	程序结束并返回程序头

加工过程

加工过程如下：

1)机床准备。

2)对刀(3 把刀)。

3)输入程序。

4)程序检验及仿真。

5)自动加工。

检验方法

螺纹环规(图 1-3-9)用于测量外螺纹尺寸的正确性，分为通端和止端。止端环规在外圆柱面上有凹槽。操作时，分别用两个环规往外螺纹上拧。

图 1-3-9 外螺纹环规

检验标准如下：

1)通规不过，说明螺纹中径大了，产品不合格。

2)止规通过，说明中径小了，产品不合格。

3)通规可以在螺纹的任意位置转动自如，止规旋转一到两三圈就拧不动时，说明合格。

想一想：

螺纹加工需要注意哪些问题?

任务评价

完成上述任务后，认真填写表 1-3-6 所示的“螺柱加工评分表”。

表 1-3-6 螺柱加工评分表

组别			小组负责人	
成员姓名			班级	
课题名称			实施时间	
评价指标	配分	自评	互评	教师评
工艺编制	10			
程序编制	15			
切削用量的选择	5			
刀具选择、安装正确、规范	5			
工件装夹及找正	5			

续表

评价指标	配分	自评	互评	教师评
机床操作、保养	10			
正确对刀	10			
长度	5			
直径	5			
槽	5			
螺纹	15			
安全文明生产	10			
总　计	100			
教师总评 （成绩、不足及注意事项）				
综合评定等级（个人 30%，小组 30%，教师 40%）				

练习与实践

1）螺纹加工为什么要设置进刀升速段和退刀降速段？

2）M8、M10、M12、M16 粗牙螺纹的螺距分别是多少？

3）螺纹车刀安装有何要求？

4）编写图 1-3-10 所示零件的加工程序并练习加工，材料为 45 钢。

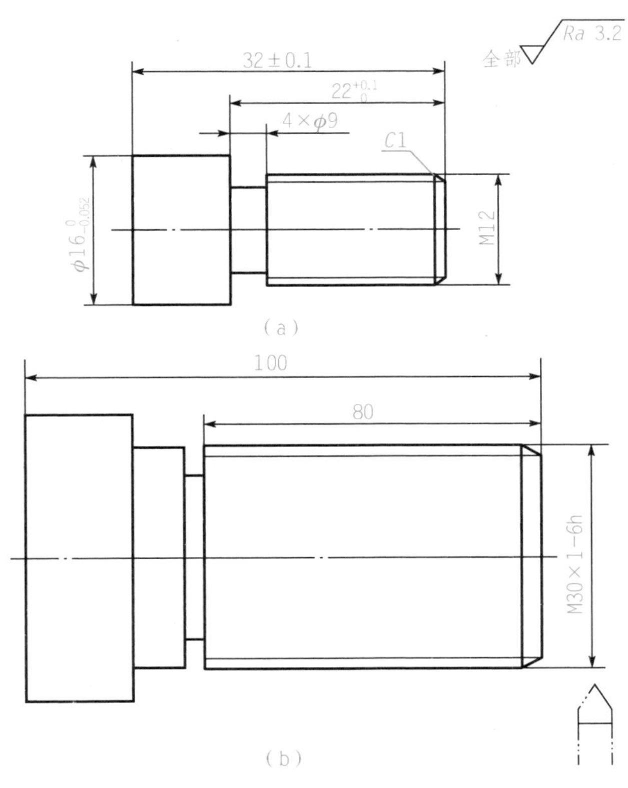

图 1-3-10　螺纹加工

任务拓展

阅读材料一——用G92指令加工圆锥螺纹

1. 指令格式

格式如下：

G92 X(U)_ Z(W)_ R_ F_ ;

说明：R为圆锥螺纹起点和终点的半径差，加工圆柱螺纹时R为零，可省略，一般按延伸后的值进行考虑。

R的正负判别如下：锥面起点坐标大于终点坐标时取正，反之取负；其余各项指定与圆柱螺纹切削指令相同。

2. G92锥螺纹切削的刀具路径

G92锥螺纹切削的刀具路径如图1-3-11所示。

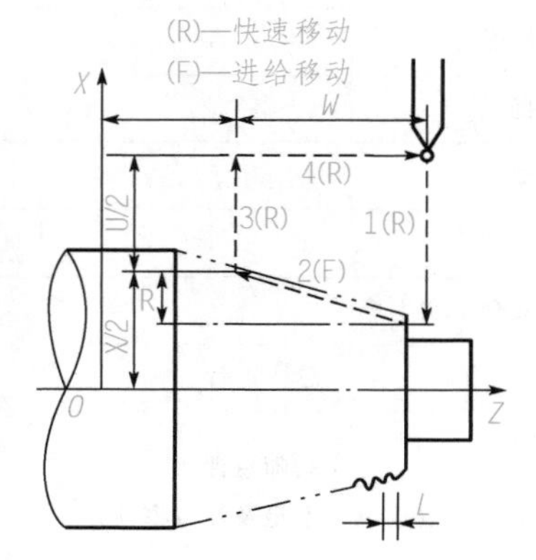

图1-3-11 锥螺纹切削的刀具路径

阅读材料二——复合螺纹切削循环指令(G76)

格式如下：

G76 P(m)(r)(α)Q(Δdmin)R(d);

G76 X(U)Z(W)R(I)P(K)Q(Δd)F;

说明：

1)m：精加工重复次数；

2)r：尾端倒角量，用00～99数字表示，表示螺纹的收尾长度为0.0L～9.9L；

3)α：进刀角度，如为00则采用直进法加工，如为螺纹刀角度则采用斜进法加工；

4)Δdmin：最小切入量，半径值；

5)d：精加工余量，半径值；

6)X、U、W、Z、F：同G92指令中参数；

7)I：加工锥螺纹参数；

8)K：螺纹牙深，半径值；

9)Δd：第一次的切入量，半径值。

在FANUC 0i系统中，用地址P、Q指定尺寸时，要用脉冲数编程，如P0.4尺寸用P400(400×0.001)表示。

任务二 车锥面台阶轴

锥面是台阶轴的典型特征之一，本任务学习锥面的加工。

任务目标

- 掌握用 G90 指令加工锥面的格式；
- 会绝对坐标和相对坐标的编程方法；
- 能根据不同的情况选择适合的走刀路线；
- 能利用 G90 指令编制锥面加工程序。

任务描述

加工图 1-3-12 所示的带锥面的轴零件。毛坯尺寸为 ϕ50 mm，夹持长度足够。

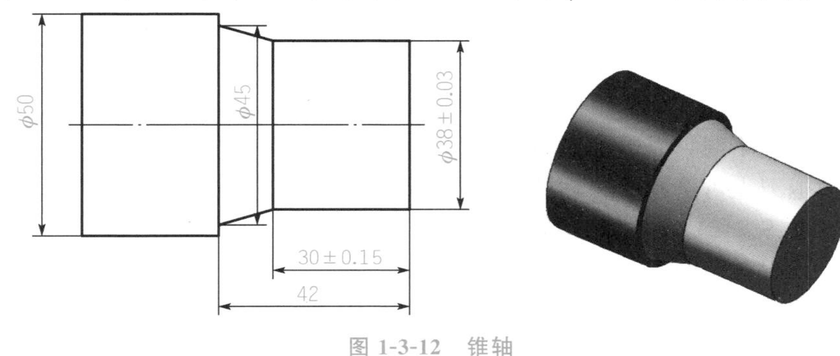

图 1-3-12 锥轴

知识链接

锥面加工路线

数控车床车外圆锥，假设圆锥大径为 D，小径为 d，锥长为 L，车正圆锥的三种加工路线如图 1-3-13 所示。

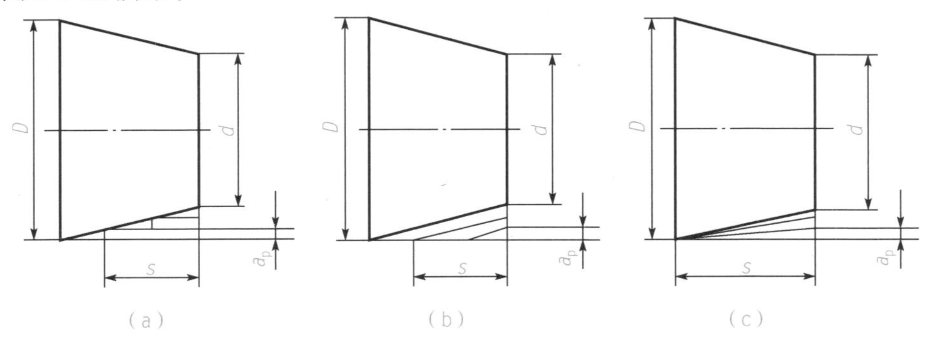

图 1-3-13 圆锥加工路线

按图 1-3-13(a)所示的阶梯切削路线，两刀粗车，最后一刀精车；两刀粗车的走刀距离 S 要做精确的计算，由相似三角形可以得到：

$$\frac{\frac{D-d}{2}}{L}=\frac{\frac{D-d}{2}-a_p}{S}$$

则

$$S=\frac{L\left(\frac{D-d}{2}-a_p\right)}{\frac{D-d}{2}}$$

采用这种加工路线，粗车时，刀具背吃刀量相同，精车时，背吃刀量不同；粗车和精车时的刀具加工路线都最短。

按照图 1-3-13(b)所示的加工路线车正锥时，该路线按平行锥体的母线循环车削，适合车大、小径之差比较大的圆锥。

按照图 1-3-13(c)所示的加工路线车正锥时，因为大、小径余量厚度不同，以小径进刀车削为准，提高效率，大径每刀退刀点可选择较合理的不同点，只需要大致估算终点刀具 S，编程方便。但是每次切削中背吃刀量是变化的，且刀具切削运动的路线较长。

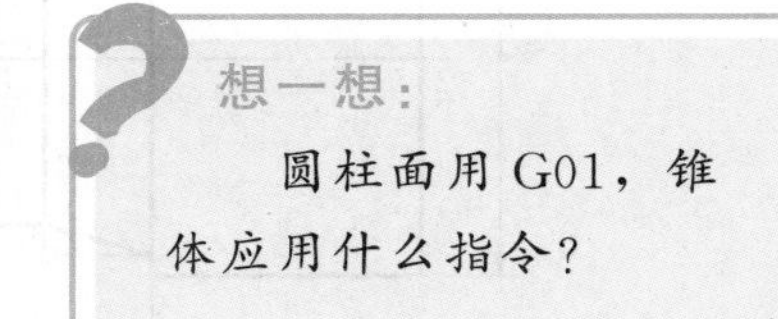

想一想：
圆柱面用 G01，锥体应用什么指令？

车倒锥的原理和车正锥的原理相同。

用 G01 完成锥面加工

用 G01 指令车外圆时，当沿 Z 轴单轴移动时，可以加工外圆或内圆柱孔；当沿 X 轴单动时，可以车端面、台阶或切槽。

用 G01 指令车锥体时，沿 X 轴和 Z 轴同时移动可加工圆锥面或倒角。

做一做：如图 1-3-14 所示工件，用绝对编程法编制精加工路线程序。

1)确定工件坐标系：原点设在右端面轴线交点上。

2)确定刀具起点：刀具起点为(X80，Z25)

3)确定切削各点坐标。切削各点坐标如表 1-3-7 所示。

表 1-3-7 切削各点坐标

坐标点	X	Z	坐标点	X	Z
P_1	20	1	P_5	48	−35
P_2	20	−15	P_6	64	−57
P_3	32	−15	P_7	64	−82
P_4	32	−35	P_8	66	−82

工件精加工参考程序如表 1-3-8 所示。

表 1-3-8 工件精加工参考程序

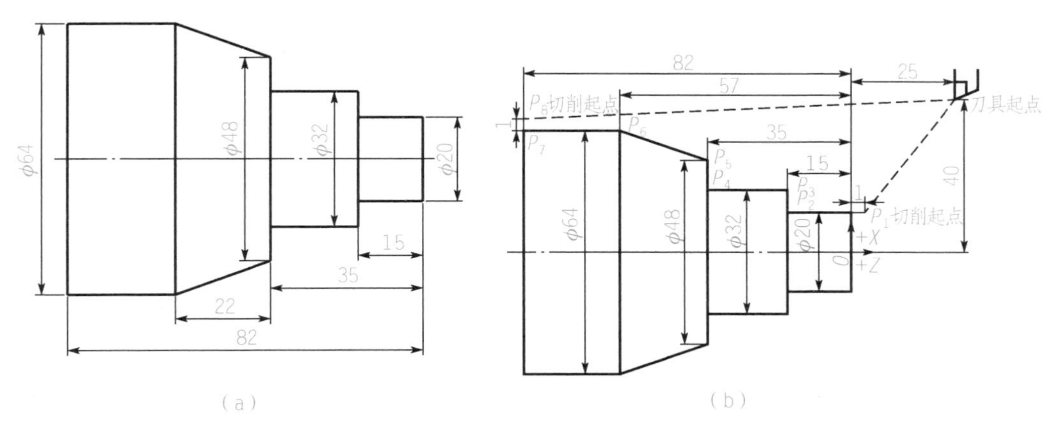

图 1-3-14　G01 编程加工锥体

(a)G01 编程举例；(b)G01 编程各点坐标

程序	说明
O1303;	程序名
N10 G99 T0101 M03 S800;	换 1 号外圆车刀，主轴正转，转速为 800 r/min
N20 G00 X80 Z25;	刀具起点
N30 G00 X20 Z1;	刀具起点→P_1
N40 G01 Z-15 F0.1;	P_1→P_2，精加工 φ20 mm 外圆，进给量 0.1 mm/rin
N50 X32;	P_2→P_3，加工 φ20 mm 到 φ32 mm 台阶
N60 Z-35;	P_3→P_4，加工 φ32 mm 外圆
N70 X48;	P_4→P_5，加工 φ32 mm 到 φ48 mm 台阶
N80 X64 Z-57;	P_5→P_6，加工锥体
N90 Z-82;	P_5→P_7，加工 φ64 mm 外圆
N100 X66;	P_7→P_8，X 向车出毛坯面
N110 G00 X80 Z25;	P_8→刀具起点
N120 M05;	主轴停止
N130 M30;	程序结束

想一想：

在表 1-3-8 中，N50～N100 的程序段没有指定 G 代码，为什么？

锥面循环加工指令(G90)

G90 锥面切削循环如图 1-3-15 所示。

格式如下：

G00 X_　Z_　；(循环起点)

G90 X(U) _ Z(W) _ R_ F_ ;

说明：

1)X、Z：绝对坐标编程时，圆锥面切削终点坐标。

2)U、W：圆锥面切削终点相对于循环起点的坐标增量。

3)R：R=($d_{大}-d_{小}$)/2，锥面的起点坐标大于终点坐标时取“+”，反之取“-”。

4)F：进给速度。

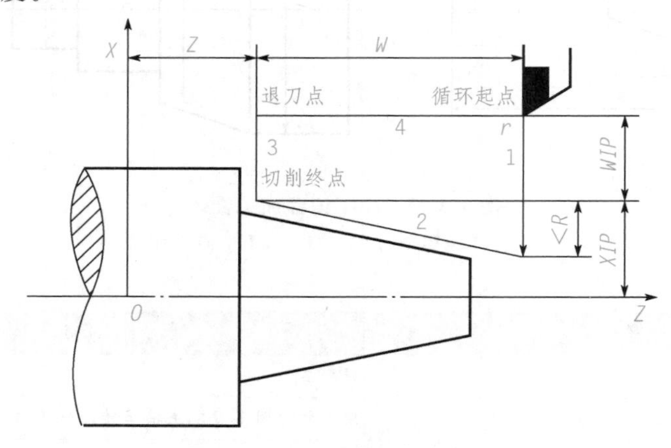

图 1-3-15 G90 锥面切削循环

做一做：如图 1-3-16 所示工件，用 G90 编程法编制锥面加工程序。

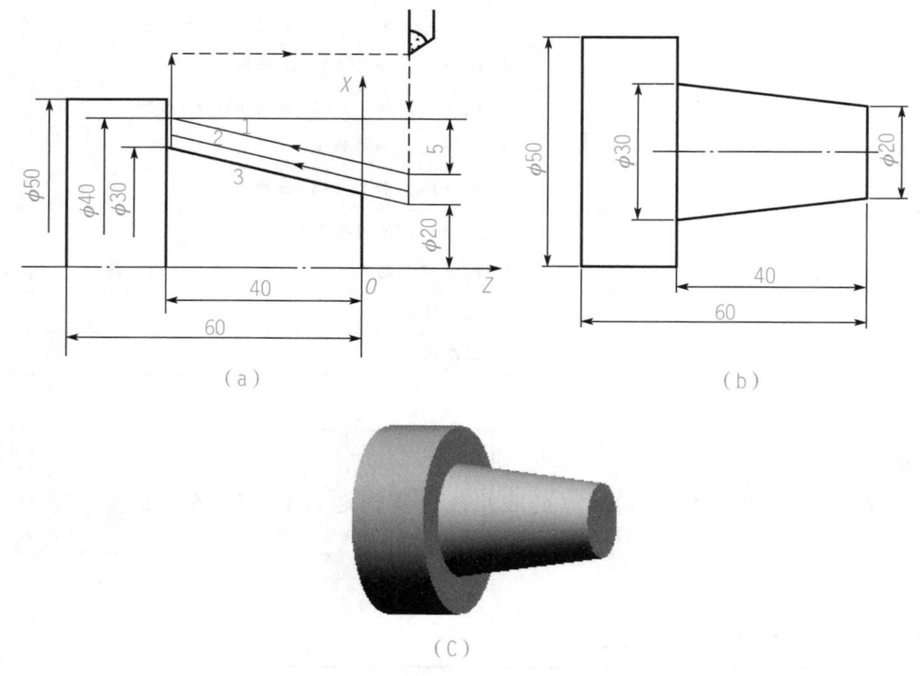

图 1-3-16 圆锥面加工零件图

锥面加工程序参考表 1-3-9。

表 1-3-9　锥面切削循环加工程序

程序	说明
O1304;	程序名
N10 M03 S600 T0101;	主轴正转，转速为 600 r/min，调用 1 号刀 1 号刀补
N20 G42 G00 X60.0 Z2.0;	快速到达循环起点
N30 G90 X40.0 Z-40.0 R-5.0 F0.3;	锥面循环第一次
N40 X35.0;	锥面循环第二次
N50 X30.0;	锥面循环第三次
N60 G40 G00 X100.0 Z100.0;	快速返回起刀点
N70 M05;	主轴停
N80 M30;	程序结束返回

想一想：

如图 1-3-16 所示，如果 G90 切削终点不变，起点与 R 值变化，应该怎样编程？与表 1-3-9 所示 G90 有何区别？

完成加工后，图 1-3-16(a)所示零件实物如图 1-3-16(c)所示。

任务实施

如图 1-3-12 所示，工件为简单轴类零件，该零件由一个锥面和一个圆柱面组成。

图样分析

该零件外形比较简单，需要加工端面、台阶外圆。毛坯是 ϕ50 mm 的 45 圆钢材料，有足够的夹持长度。对 ϕ38 mm 外圆的直径尺寸和长度尺寸有一定的精度要求。零件的工艺处理与普通车床加工工艺相似。

确定工件的装夹方案

该零件是一个 ϕ50 mm 的实心轴，且有足够的夹持长度和加工余量，便于装夹。采用自定心卡盘夹紧，能自动定心。以毛坯表面为定位基准面，装夹时注意跳动不能太大。工件伸出卡盘 50～65 mm，能保证 42 mm 车削长度，同时便于切断刀进行切断加工。

确定加工路线

该零件是单件生产，右端面为工件坐标系原点。选用 93°硬质合金外圆刀进行粗、精加工，刀号为 T0101。加工前刀架从任意位置回参考点，进行换刀动作，确保 1 号刀在当前刀位，建立 1 号刀工件坐标系。

填写工艺文件

1. 工、量具清单

工、量具清单如表 1-3-10 所示。

表 1-3-10 工、量具清单

零件名称		锥轴	图号	1—3—12		
种类	序号	名称	规格	精度	单位	数量
工具		自定心卡盘	随机床		个	1
		卡盘扳手	随机床		副	1
		刀架扳手	随机床		副	1
		加力杆	随机床		根	1
		刀具垫片			片	若干
量具		游标卡尺	0～150 mm	0.02 mm	把	1
		外径千分尺	25～50 mm	0.01 mm	把	1

2. 刀具工艺卡

刀具工艺卡如表 1-3-11 所示。

表 1-3-11 刀具工艺卡

零件图号	1—3—12	数控车床加工工艺卡	机床型号	CAK6150
零件名称	锥轴			
刀具表				
刀具号	刀补号	刀具名称	刀具参数	
T01	01	93°外圆端面车刀	D 型刀片	
工序	工艺内容	切削用量		
		S/(r/min)	F/(mm/r)	a_p/mm
1	平端面	800	0.2	1
2	粗车外圆、圆锥	800	0.2	2
3	精车外圆、圆锥	1200	0.05～0.1	0.5～1

编写加工程序

工件的参考加工程序如表 1-3-12 所示。

表 1-3-12　轴加工程序

程序(FANUC 系统)	说明
O1305;	程序名
N10 G99 M03 S800 T0101;	选 1 号刀，主轴正转，800 r/min，进给量单位为 mm/r
N20 G00 X100 Z100;	快速定位到换刀点
N30 G00 X55 Z0;	快速运动到加工点
N40 G01 X0 F0.1;	平端面
N50 G00 X55 Z2;	刀具点定位
N60 X47;	快速走刀至第一刀切削起点
N70 G01 Z-42 F0.2;	粗加工第一刀至 ϕ38 mm×42 mm
N80 G00 X55 Z2;	快速回到起刀点
N90 X45.5;	刀具点定位，快速走刀至第二刀切削点
N100 G01 Z-42 F0.2;	粗加工第二刀至 ϕ45.5 mm×42 mm
N110 G00 X55 Z2;	快速回到起刀点
N120 G00 X42;	进至 ϕ42 mm 起点
N130 G01 Z-30;	将 ϕ38 mm 粗车至 ϕ42 mm×30 mm
N140 X45.5 Z-42;	粗车圆锥
N150 G00 Z2;	退刀
N160 X38.5;	进至 ϕ38.5 mm 起点
N170 G01 Z-30;	将 ϕ38 mm 粗车至 ϕ38.5 mm×30 mm
N180 X45.5 Z-42;	粗车圆锥
N190 X51;	退刀
N200 G00 X100 Z100;	快速定位到换刀点
N210 T0101 S1200;	选 1 号刀，主轴正转，转速 1 200 r/min
N220 G00 X38 Z2;	快速运动到加工起点
N230 G01 Z-30 F0.1;	精车 ϕ38 mm 外圆
N240 X45 Z-42;	精车圆锥
N250 X52;	退刀
N260 G00 X100 Z100;	快速定位到换刀点
N270 M05;	主轴停
N280 M30;	程序结束返回程序头

加工过程

工件的加工过程如下：

1)安装车刀。

2)在自定心卡盘上安装工件，伸出长度 52 mm。

3)对刀，建立工件坐标系。

4）程序仿真模拟，检验程序的准确性。
5）调用程序，机床加工。
6）测量工件，清理机床。

任务评价

完成上述任务后，填写表 1-3-13 所示的“锥轴零件加工质量评价表”。

表 1-3-13　锥轴零件加工质量评价表

组别			小组负责人	
成员姓名			班级	
课题名称			实施时间	
评价指标	配分	自评	互评	教师评
工艺编制	10			
程序编制	15			
切削用量	5			
刀具选用	5			
工件装夹	5			
机床操作	15			
锥度	15			
长度	10			
直径	10			
安全操作规程	10			
总　计	100			
教师总评 （成绩、不足及注意事项）				
综合评定等级（个人 30%，小组 30%，教师 40%）				

练习与实践

1）G90 指令与 G94 指令的区别在哪里？

2）试运用 G90 指令和 G94 指令分别编写图 1-3-12 所示锥轴零件 $\phi38$ mm 的加工程序。

3）如图 1-3-17 所示，试运用 G90 指令和 G94 指令编写零件的加工程序。

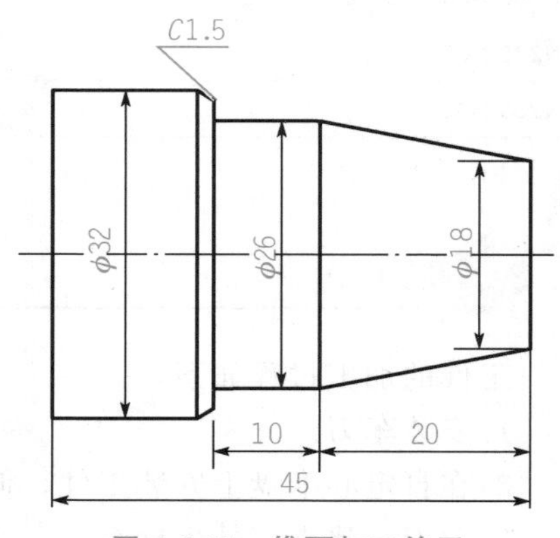

图 1-3-17　锥面加工练习

任务拓展

阅读材料——端面循环加工锥面(G94)

G94 指令的格式如下：

```
G00 X_  Z_ ;
G94 X(U)_  Z(W)_  K_  F_ ;
```

说明：

1)X、Z：定位点的对角点坐标。

2)U、W：锥面切削终点相对于循环起点的有向距离。

3)K：端面切削点到终点位移在 Z 方向的坐标增量。

4)F：进给速度。

G94 指令走刀路线如图 1-3-18 所示。

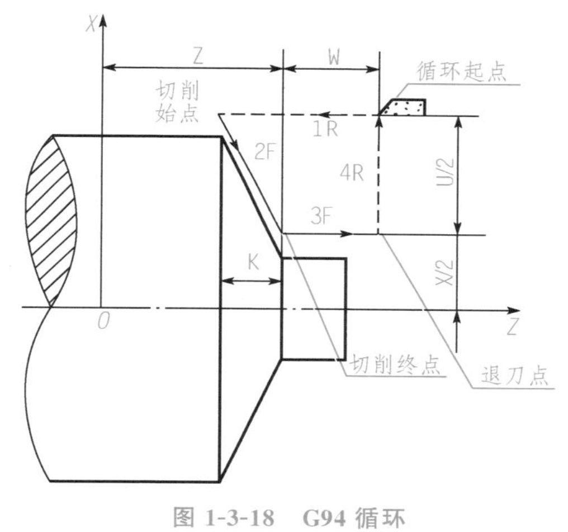

图 1-3-18　G94 循环

任务三　车圆弧台阶轴

圆弧加工是车削加工中常见的加工之一，图 1-3-19 所示为其中较有代表性的零件。

任务目标

- 能够对圆弧面轴类零件进行数控车削工艺分析；
- 掌握 G02/G03 指令的手工编程方法；
- 会判断圆弧的方向，正确使用 G02/G03 指令；
- 能使用刀补命令，并会判断刀补方向。

任务描述

分析图 1-3-19 所示带圆弧面的轴类零件的几何特征，制定相应的加工工艺，编制程序加工该零件，并进行检测。

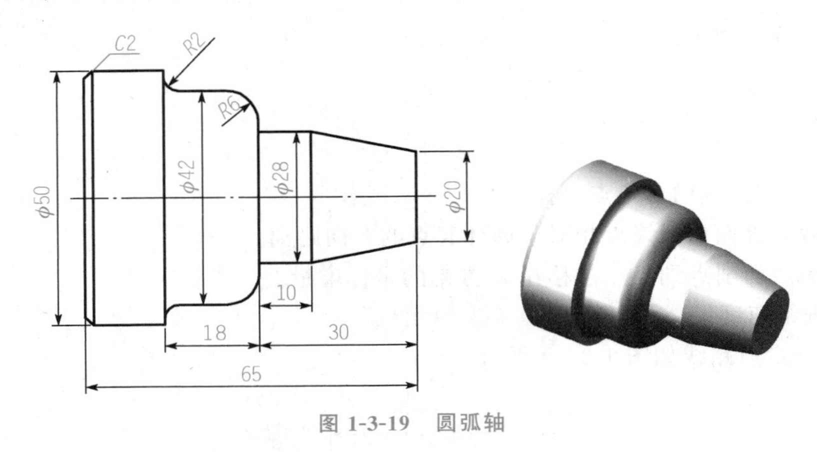

图 1-3-19 圆弧轴

知识链接

圆弧插补指令（G02/G03）

圆弧插补指令是模态代码，可将刀具按指定的进给速度沿圆弧插补到所需位置，做圆弧切削运动。

其中，G02 是顺时针圆弧插补指令，G03 是逆时针圆弧插补指令，如图 1-3-20 所示。

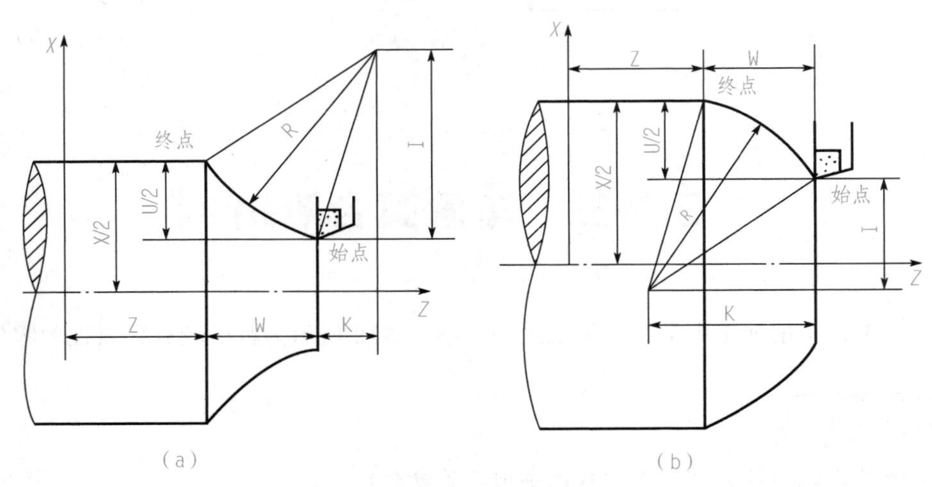

图 1-3-20 圆弧插补

(a)G02 指令；(b)G03 指令

1. 指令格式

格式如下：

$$\left.\begin{matrix}G02\\G03\end{matrix}\right\}X(U)\_\ Z(W)\_\ \left\{\begin{matrix}I\_\quad K\_\\R\_\end{matrix}\right\}F\_\ ;$$

说明：

1)X、Z：圆弧终点坐标。

2)U、W：圆弧终点相对于圆弧起点的坐标差值。

3)I、K：圆弧圆心相对于圆弧起点的坐标差值。

4)R：圆弧半径。

5)F：进给速度。

2. 圆心坐标的确定

如图 1-3-21 所示，指定圆心的编程方式时，I、K 指圆心相对于圆弧起点的坐标的增量。

$I=X_{圆心}-X_{起点}$(半径)，$K=Z_{圆心}-Z_{起点}$

式中，I、K 在绝对值、增量值编程时都以增量方式指定，在 I _ 直径、半径编程时都是半径值。

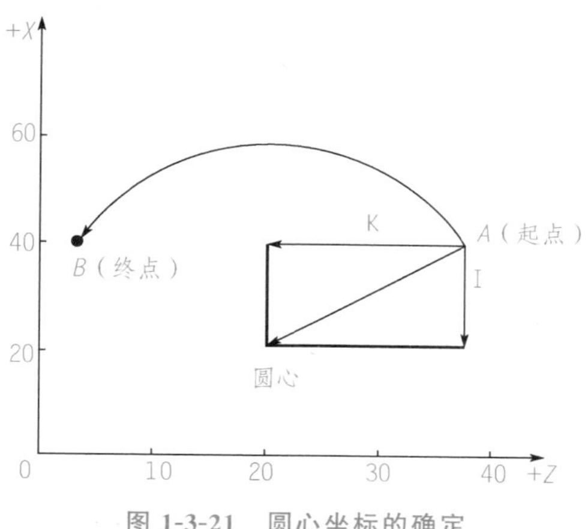

图 1-3-21　圆心坐标的确定

3. 插补方向的判断

先用右手笛卡儿坐标判断第三个坐标的正方向，由第三个坐标的正方向向负方向看，如圆弧为顺时针，就用 G02，反之用 G03。从图 1-3-22 可以看出，前置刀架圆弧的方向与我们根据日常经验判断出来的相反，而后置刀架圆弧的方向与我们日常经验判断出来的一致。

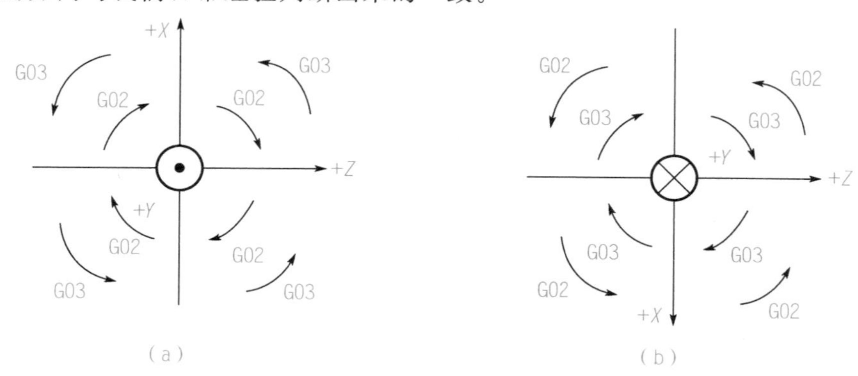

图 1-3-22　G02 和 G03 插补方向

(a)后置刀架；(b)前置刀架

做一做：用 G02、G03 编写图 1-3-23 所示圆弧加工程序。

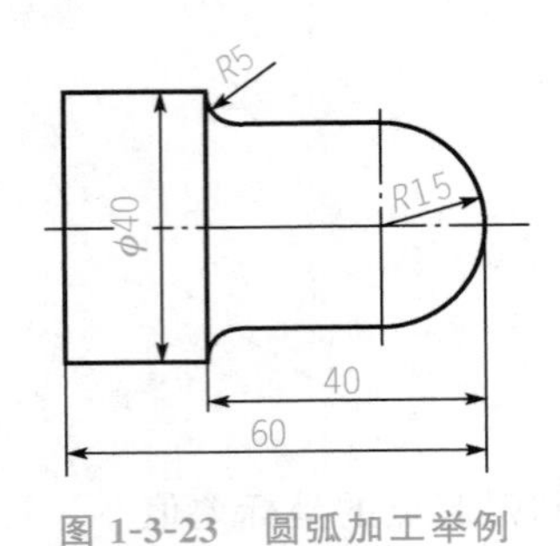

图 1-3-23 圆弧加工举例

工件精加工参考程序如表 1-3-14 所示。

表 1-3-14 工件参考程序

程序	说明
G00 X0 Z2;	快速定位
G01 Z0 F0.2;	移动到切削起点
G03 X30 Z-15 R15 F0.2;	车 R15 mm，逆时针
G01 Z-35;	车锥体
G02 X40 W-5 R5;	车 R5 mm，顺时针
G01 Z-60;	车 ϕ40 mm 圆柱
G00 X100 Z100;	回换刀点

想一想：

如果用圆心坐标法编制程序，则 R15 mm、R5 mm 圆心坐标分别为多少？试写出程序。

提示：

1)X、Z 可以是绝对值也可以是相对值，但 I、K 一定是相对值。

2)用 R 表示圆弧时，如果圆心角小于或等于 180°，则 R 取正值；如果大于 180°，则 R 取负值。

3)用 R 不能描述整圆，只能用 I、K 编程。

4)如程序段中有 I、K 、R 时，则 R 有效。

4)I0、K0 可以省略。

圆弧面加工路线

常见的车削圆弧的加工路线有车锥法、移圆法、车圆法和台阶车削法，如图 1-3-24

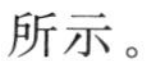

所示。

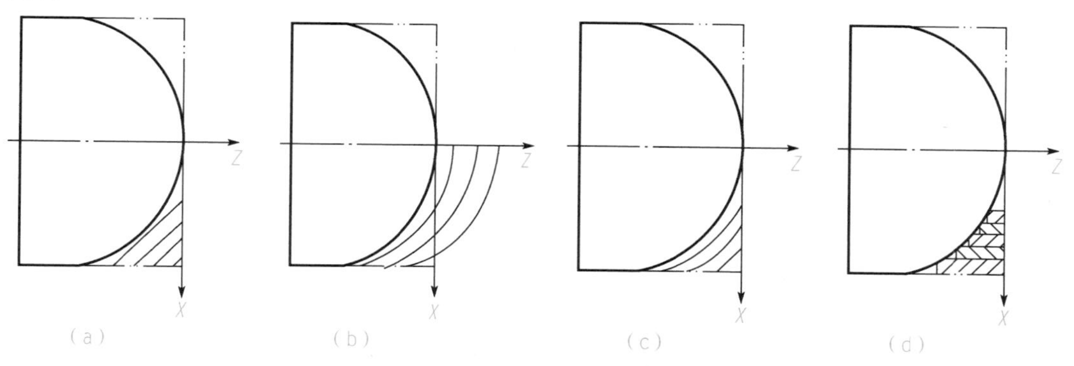

图 1-3-24　车削圆弧的加工路线

(a)车锥法；(b)移圆法；(c)车圆法；(d)台阶车削法

刀尖圆弧半径补偿指令

刀具圆弧半径补偿是通过 G41、G42、G40 代码及 T 代码指定刀尖圆弧半径补偿号，加入或取消半径补偿功能的。其中，G41 用于刀具半径左补偿；G42 用于刀具半径右补偿；G40 用于取消刀具半径补偿，使 G41、G42 指令无效。

刀具补偿指令格式如下：

```
G41 G00(G01) X(U) Z(W);
G42 G00(G01) X(U) Z(W);
G40 G00(G01) X(U) Z(W);
```

编程时，刀尖圆弧半径补偿偏置方向的判断如图 1-3-25 所示，向着 Y 轴的负方向并沿刀具的移动方向看，当刀具处于加工轮廓左侧时，称为刀尖圆弧半径左补偿，用 G41 表示；当刀具处于加工轮廓右侧时，称为刀尖圆弧半径右补偿，用 G42 表示。后置刀架的方向与我们日常的经验判断一致，前置刀架的方向正好相反。

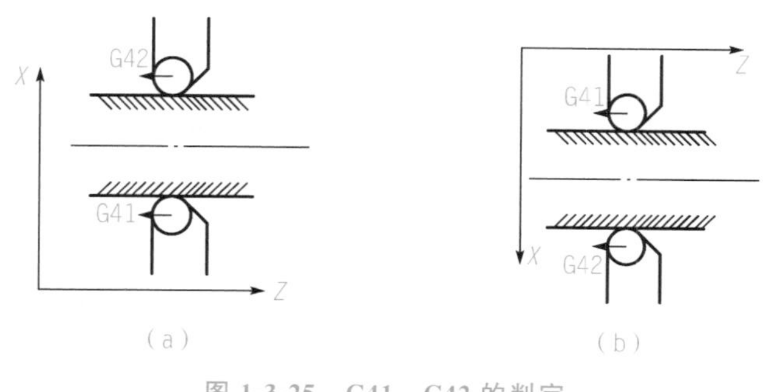

图 1-3-25　G41、G42 的判定

(a)后置刀架；(b)前置刀架

任务实施

图样分析

如图 1-3-19 所示，该零件材料为 45 圆钢，无热处理要求，毛坯尺寸为 $\phi 52$ mm，粗、精加工外圆和台阶表面。根据零件外形分析，此零件需外圆刀和切断刀。

确定工件的装夹方案

轴类零件的定位基准只能选择被加工件的外圆表面或零件端面的中心孔。此零件以毛坯外圆面为粗基准，采用自定心卡盘夹紧，一次加工完成。工件伸出一定长度便于切断操作加工。

确定加工路线

该零件毛坯为棒料，毛坯余量较大(最大处余量为 52 mm－18 mm＝34 mm)，需多次进刀加工。

首先进行粗加工，用切削指令 G01，编程比较繁琐，本零件采用单一形状循环指令 G90，从大到小完成粗加工，留半精车余量 1～1.5 mm，但外形面有锥体和圆弧，粗车完成后会留下不规则的毛坯余量，需进行半精车。余量的范围可估算。

半精车加工时，在精车路线加 0.5 mm 余量基础上自右向左进行。精车加工时，切除 0.5 mm 余量，达到零件设计尺寸精度要求。

填写工艺文件

1. 工、量具清单

工、量具清单如表 1-3-15 所示。

表 1-3-15 工、量具清单

零件名称		台阶轴	图号	1－3－19		
种类	序号	名称	规格	精度	单位	数量
工具		自定心卡盘	随机床		个	1
		卡盘扳手	随机床		副	1
		刀架扳手	随机床		副	1
		加力杆	随机床		根	1
		刀具垫片			片	若干
量具		游标卡尺	0～150 mm	0.02 mm	把	1
		外径千分尺	25～50 mm	0.01 mm	把	1

2. 工件刀具工艺卡

工件刀具工艺卡如表 1-3-16 所示。

表 1-3-16　工件刀具工艺卡

零件图号	1—3—19	数控车床加工工艺卡	机床型号	CAK6150
零件名称	圆弧轴			
刀具表				
刀具号	刀补号	刀具名称	加工表面	数量
T01	01	93°车刀	粗车外圆	1
T02	02	93°车刀	精车外圆	1
工序	工艺内容	切削用量		
		S/(r/min)	F/(mm/r)	a_p/mm
1	平端面粗车外形	600～800	0.2	3
2	半精车外圆	800	0.15	1～2
3	精车外圆	1 200	0.05～0.1	0.5～1

编写加工程序

零件加工参考程序如表 1-3-17 所示。

表 1-3-17　轴加工程序

程序(FANUC 系统)	说明
O1306;	程序名
粗加工	
N10 G99 M03 S800 T0101;	选择 1 号刀，主轴正转，800 r/min，进给量单位为 mm/r
N20 G00 X100 Z100;	快速定位到换刀点
N30 G00 X55 Z0;	快速运动到加工点
N40 G01 X0 F0.1;	平端面
N50 G00 X55 Z2;	刀具点定位，循环起点
N60 G90X47.0 Z-47.0 F0.2;	G90 粗车外圆循环 1
N70 X44.0 Z-45.0;	G90 粗车外圆循环 2
N80 X38.0 Z-30.0;	G90 粗车外圆循环 3
N90 X33.0;	G90 粗车外圆循环 4
N100 X30;	G90 粗车外圆循环 5
N110 G00 X20.5;	接近锥体小径
N120 G01 Z0 F0.15;	半精加工起点
N130 X28.5 Z-20.0 F0.15;	半精车锥体
N140 Z-30.0;	半精车 ϕ28 mm 外圆
N150 X36.5;	车至 R6 mm 圆弧起点
N160 G03 X42.5 Z-33.0 R6;	半精车 R6 mm

续表

程序(FANUC 系统)	说明
N170 G01 Z-46.0;	半精车 ϕ42 mm 外圆
N180 G02 X48.5 Z-48.0 R2;	半精车 R2 mm
N190 G01 X50.5;	退刀
N200 Z-70;	半精车 ϕ50 mm 外圆
N210 X55.0;	退刀
N220 G00 X100 Z100;	快速返回换刀点
N230 M05;	主轴停
N240 M00;	程序停，测量工件
精加工	
N250 G99 M03 S1200 T0202;	选择 2 号刀，主轴正转 1 200 r/min，进给量单位为 mm/r
N260 G00 X100 Z100;	快速返回换刀点
N270 G42 X19.2 Z2.0;	快速运动到锥体小端延长点，建立半径补偿
N280 G01 X28.0 Z-20.0 F0.1;	精加工锥体
N290 Z-30.0;	精加工 ϕ28 mm 外圆
N300 X30.0;	退刀
N310 G03 X42.0 Z-36.0 R6.0;	精加工 R6 mm 圆弧
N320 G01 Z-46.0;	精加工 ϕ42 mm 外圆
N330 G02 X48.0 Z-48.0 R2.0;	精加工 R2 mm 圆弧
N340 G01 X50.0;	退刀
N350 Z-70.0;	精加工 ϕ50 mm 外圆
N360 G40 G00 X100 Z100;	取消补偿，返回换刀点
N370 M05;	主轴停转
N380 M30;	程序结束

加工过程

为了保证加工基准的一致性，在多把刀具对刀时，可以先用一把刀具加工出一个基准，其他各把刀具依此基准进行对刀。

加工过程：

1)机床准备。

2)对刀，建立工件坐标系(两把刀)。

3)编制程序并输入程序。

4)程序仿真模拟，检验程序的准确性。

5)调用程序，机床加工。

6)测量工件，清理机床。

任务评价

完成上述任务后，认真填写表 1-3-18 表示的“圆弧轴零件加工质量评价表”。

表 1-3-18　圆弧轴零件加工质量评价表

组别			小组负责人	
成员姓名			班级	
课题名称			实施时间	
评价指标	配分	自评	互评	教师评
工艺编制	10			
程序编制	10			
切削用量	5			
工件装夹	5			
机床操作	10			
锥度	15			
长度	10			
直径	10			
圆弧	15			
安全操作规程	10			
总　　计	100			
教师总评 （成绩、不足及注意事项）				
综合评定等级（个人 30%，小组 30%，教师 40%）				

练习与实践

一、简答题

1）试述刀具位置补偿的作用。

2）如何判断圆弧的顺逆？

3）为什么要用刀尖半径补偿？刀尖半径补偿有哪几种？其指令各是什么？

4）使用刀尖半径补偿指令时应注意什么？

5）常见圆弧加工的问题有哪些？

二、实训题

编写图 1-3-26 所示零件的加工程序并练习加工，材料为 45 钢。

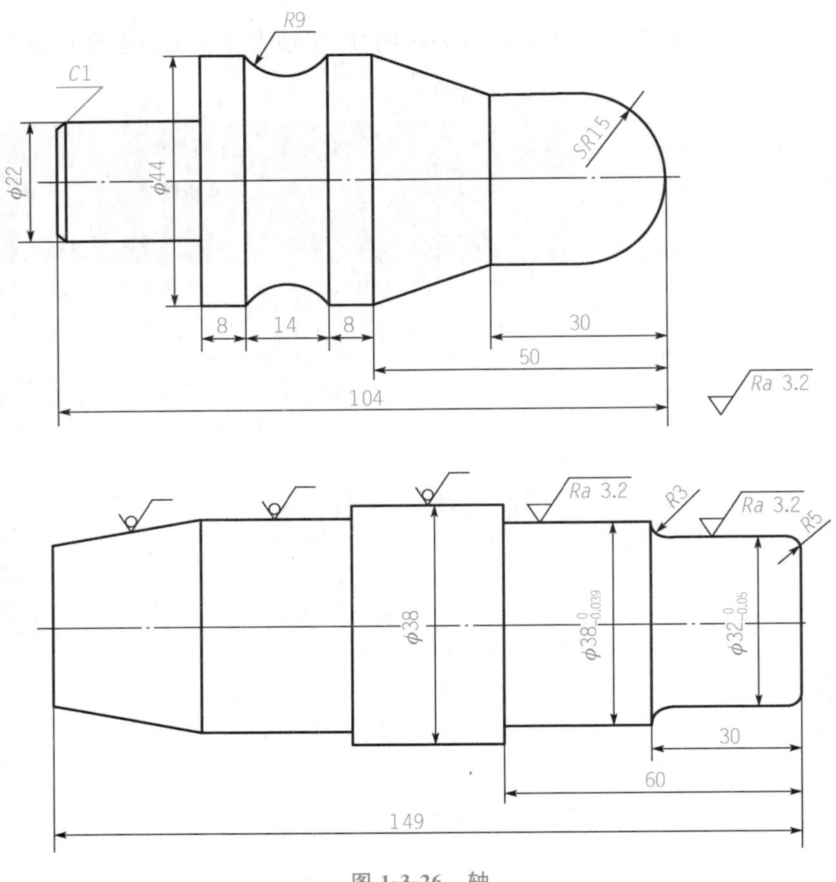

图 1-3-26 轴

任务拓展

阅读材料——刀尖圆弧半径补偿的目的

车刀理想状态下的刀尖是尖角，但是实际上有一定的圆弧角。编程时所指的刀尖是假想的刀尖，与实际的刀尖有一定的差距，如图 1-3-27 所示。因此，按假想刀尖编写的程序在车削外圆、内孔等与 Z 轴平行的表面时是没有误差的，即刀尖圆弧的大小并不起作用；但当车右端面、锥面及圆弧时，就会造成过切或少切，引起加工表面形状误差。如图 1-3-28 所示，数控车床在加工圆弧或圆锥时，如果不考虑圆弧半径 R，那么加工出来的曲线都会产生误差 δ，差值是刀尖圆弧半径。刀尖半径补偿前后轮廓对比如图 1-3-29 所示。

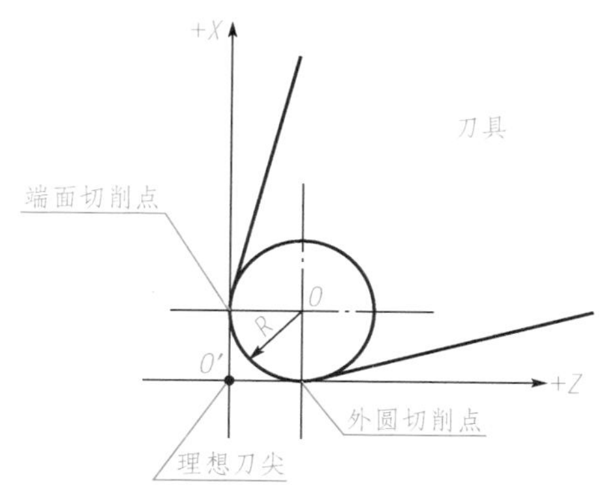

图 1-3-27　刀尖圆弧和刀尖

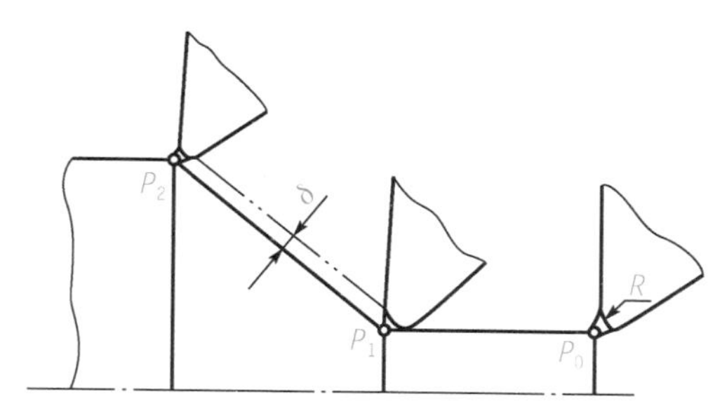

图 1-3-28　车圆锥产生的误差

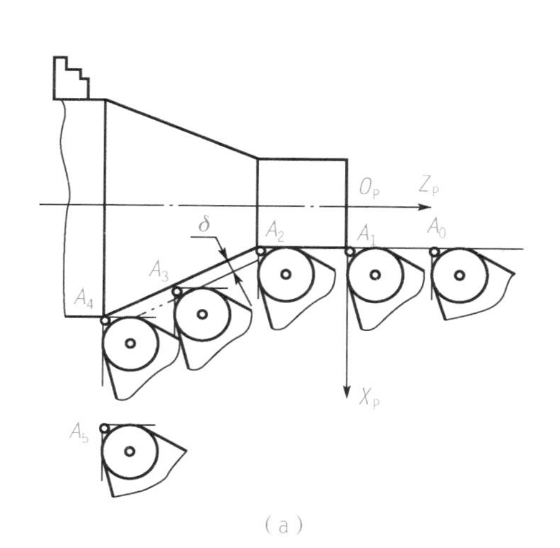

(a)

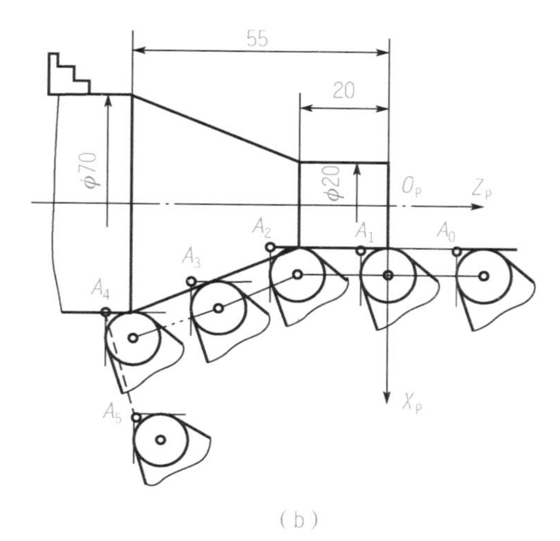

(b)

图 1-3-29　刀尖半径补偿前后轮廓对比

(a)无刀具补偿；(b)刀具左补偿

模块二

数控铣削加工

项目一

操作数控铣床

本项目包括三个任务：认识数控铣床操作面板、编辑数控加工程序、安装刀具与对刀。通过本项目的学习，可以认识数控铣床的操作面板功能，学会数控加工程序的输入和编辑，能准备安装刀具，并学会对刀。

任务一 认识数控铣床操作面板

数控铣床的操作面板是人机交互的重要窗口，操作面板部分包括液晶显示器、数控系统操作面板和数控机床相关作业操作面板。它是实现数控铣床操作的突破口，所以我们要认真学习操作面板各按键功能及工作方式转换的方法要领等。

任务目标

- 熟悉数控铣床操作面板的功能与使用方法；
- 了解数控铣床操作说明书；
- 能按照操作规程启动和关闭机床；
- 正确使用操作面板上的常用功能键；
- 掌握数控铣机床操作安全常识。

任务描述

数控铣床的生产厂家众多，其外形结构大致相同，在外观布局上一般分敞开式数控铣床(图 2-1-1)和全封闭式数控铣床(图 2-1-2)。

数控铣床的操作面板由系统操作面板(LED/MDI 操作面板)和机械操作面板(也称为用户操作面板)组成。

面板上的功能开关和按键都有特定的含义。由于数控铣床配备的数控系统不同，其机床操作面板的形式也不相同，但其各种开关、按键的功能及操作方法大同小异。

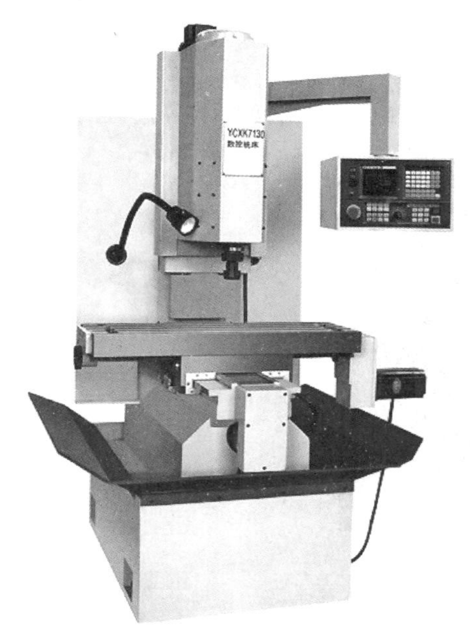

图 2-1-1　敞开式数控铣床

图 2-1-2　全封闭式数控铣床

要掌握数控铣床的操作，机床操作面板的操作是关键，熟悉数控铣床的控制面板是操作机床的基础，掌握操作面板上的常用功能键的使用以及机床的加工控制，是执行后续任务的基础。

结合实际情况，下面以数控铣床/加工中心上的 FANUC 0i MC 系统为例介绍数控铣床的操作。

知识链接

FANUC 0i MC 数控系统简介

FANUC 0i MC 数控系统面板由系统操作面板和机床控制面板、LED 显示器三部分组成。

1. 系统操作面板

系统操作面板包括 LED 显示区、MDI 编辑面板，如图 2-1-3 所示。

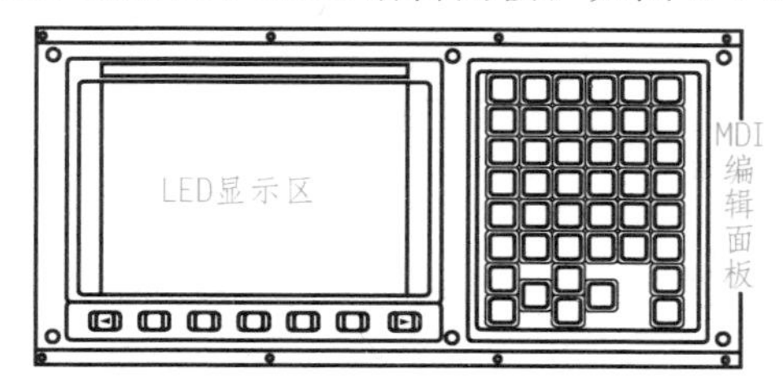

图 2-1-3　FANUC 0i MC 数控系统的系统面板

1)LED 显示区：位于整个机床面板的左上方，包括显示区和屏幕相对应的功能软键，如图 2-1-4 所示。

2)MDI 编辑面板：一般位于 LED 显示区的右侧。MDI 编辑面板上各按键的位置如图 2-1-5 所示，各按键及其功能分别见表 2-1-1 和表 2-1-2。

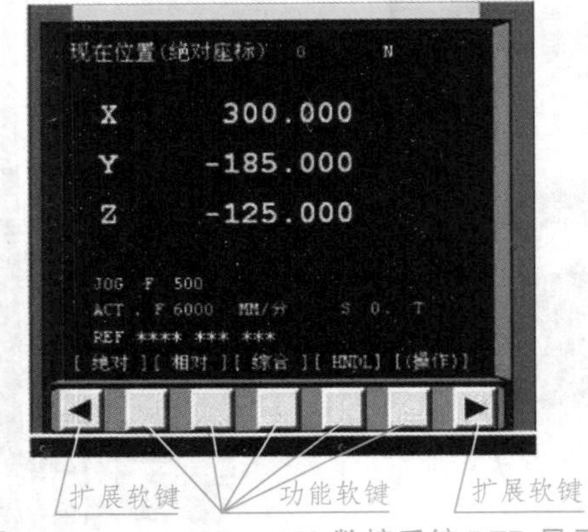

图 2-1-4 FAMUC 0i MC 数控系统 LED 显示区

图 2-1-5 MDI 面板

表 2-1-1 FANUC 0i MC 系统 MDI 编辑面板上主功能键与功能说明

序号	按键	名称	功能说明
1		位置显示键	显示刀具的坐标位置
2		程序显示键	在 EDIT 模式下显示存储器内的程序；在 MDI 模式下，输入和显示 MDI 数据；在 AUTO 模式下，显示当前待加工或者正在加工的程序
3		参数设定/显示键	设定并显示刀具补偿值、工件坐标系以及宏程序变量

续表

序号	按键	名称	功能说明
4	SYSTEM	系统显示键	显示自诊断功能数据等
5	MESSAGE	报警信息显示键	显示 NC 报警信息
6	CSTM GRPH	图形显示键	显示刀具轨迹等图形

表 2-1-2　FANUC 0i MC 系统 MDI 面板上其他按键与功能说明

序号	按键	名称	功能说明
1	RESET	复位键	用于所有操作停止或解除报警，CNC 复位
2	HELP	帮助键	提供与系统相关的帮助信息
3	DELETE	删除键	在 EDIT 模式下，删除已输入的字及 CNC 中存在的程序
4	INPUT	输入键	输入加工参数等数值
5	CAN	取消键	清除输入缓冲器中的文字或者符号
6	INSERT	插入键	在 EDIT 模式下，在光标后输入字符号
7	ALTER	替换键	在 EDIT 模式下，替换光标所在位置的字符
8	SHIFT	上挡键	用于输入处在上挡位置的字符
9	PAGE PAGE	翻页键	向上或者向下翻页

续表

序号	按键	名称	功能说明
10	O N G 7 8 9 X Z F 4 5 6 M S T 1 2 3 U W EOB - 0 .	地址/数据键	用于输入 NC 程序
11	← ↑ ↓ →	光标移动键	用于改变光标在程序中的位置

2. 机床控制面板

FANUC 0i MC 数控系统的机床控制面板通常在 LED 显示区的下方，如图 2-1-6 所示，各按键(旋钮)及功能如表 2-1-3 所示。

图 2-1-6 FANUC 0i MC 数控系统的机床控制面板

表 2-1-3 FANUC 0i MC 数控系统的机床控制面板各按键与功能说明

序号	按键(旋钮)	按键(旋钮)	功能说明
1	控制器通电 控制器断电	系统电源开关	按下左边绿色键，机床系统电源开；按下右边红色键，机床系统电源关
2	急停	急停按键	紧急情况下按下此按键，机床停止一切运动
3	程序启动	循环启动键	在 MDI 或者 MEM 模式下，按下此键，机床自动执行当前程序

续表

序号	按键(旋钮)	按键(旋钮)	功能说明
4	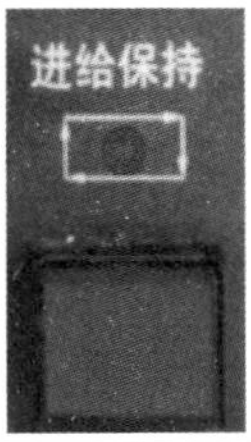 进给保持	循环启动停止键	在MDI或者MEM模式下，按下此键，机床暂停程序自动运行，直接再一次按下循环启动键后，继续自动运行程序
5	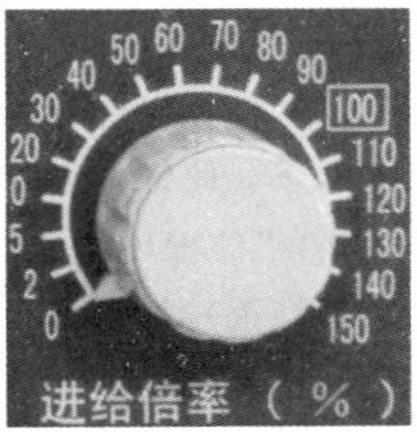 进给倍率(%)	进给倍率旋钮	以给定的F指令进给时，可在0～150%范围内修改进给率。在JOG模式下，亦可用其改变JOG速率
6	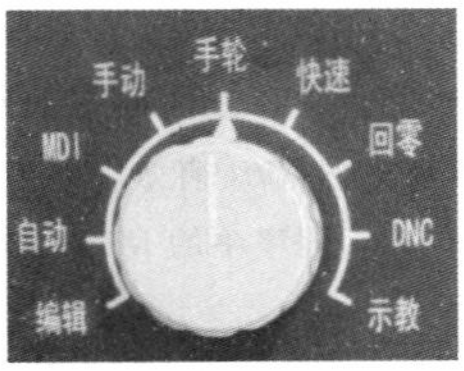 手动 手轮 快速 MDI 回零 自动 DNC 编辑 示教	机床工作方式选择	1)示数方式 2)DNC方式 3)回零 4)快速手动 5)手轮方式 6)手动方式 7)MDI方式 8)自动加工方式 9)编辑方式
7	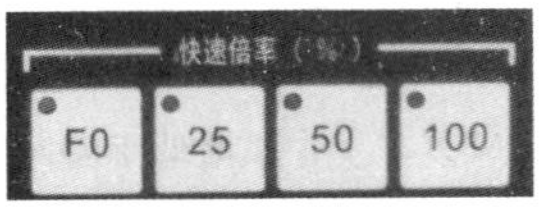 快速倍率(%) F0 25 50 100	快速倍率旋钮	用于调整手动或者自动模式下快速进给速度：在JOG方式下，调整快速进给及返回参考点时的进给速度；在MEM模式下，调整G00、G28、G30指令进给速度
8	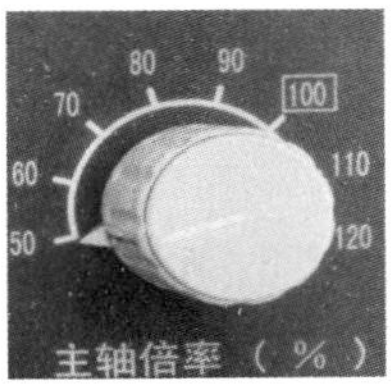 主轴倍率(%)	主轴倍率旋钮	在自动或者手动模式下，转动此旋钮可以调整主轴的转速
9	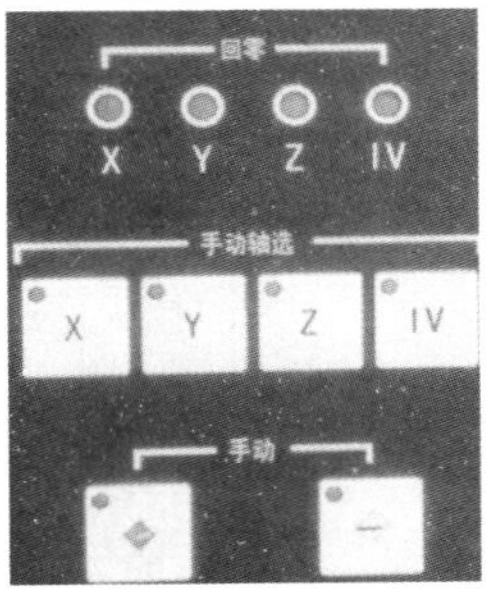 回零 X Y Z IV 手动轴选 X Y Z IV 手动	轴进给方向键	在JOG或者RAPID方式下，按下某一运动轴按键，被选择的轴会以进给倍率的速度移动，松开按键则对应轴停止移动

续表

序号	按键(旋钮)	按键(旋钮)	功能说明
10		主轴控制键	按下此键，主轴进入对应的状态
11	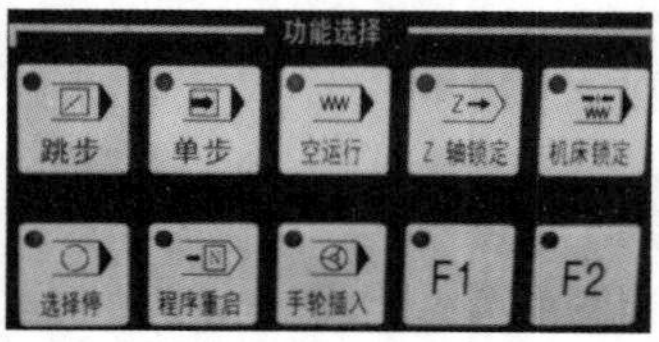	机床锁定键	在 MEM 方式下，此键为 ON 状态时(指示灯亮)，系统连续执行程序，但机床所有的轴被锁定，无法移动
		跳步键	在 MEM 方式下，此键处于 ON 状态(指示灯亮)时，程序中“/”的程序段被跳过执行：此键 OFF 状态(指示灯灭)时，执行程序中的所有程序段
		Z 轴锁定键	在 MEM 方式下，此键处于 ON 状态(指示灯亮)时，机床 *Z* 轴被锁定
		选择停止开关键	在 MEM 方式下，此键处于 ON 状态(指示灯亮)时，程序中的 M01 有效，此键处于 OFF 状态(指示灯灭)时，程序中的 M01 无效
		空运行键	由用户接通，F_1 或 F_2 作为此功能键在 MEM 方式下，此键处于 ON 状态(指示灯亮)时，程序以快速方式运行；此键处于 OFF 状态(指示灯灭)时，程序以 F 指令的进给速度运行
		单步键	在 MEM 方式下，此键处于 ON 状态(指示灯亮)时，每按一次循环启动键，机床执行一段程序后暂停；此键处于 OFF 状态(指示灯灭)时，每按一次循环启动键，机床连续执行程序段
12	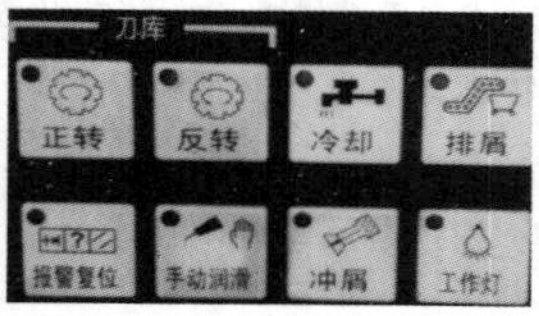	辅助功能键	在 MEM 方式下，此键处于 ON 状态(指示灯亮)时，机床辅助功能指令无效

想一想：

系统操作面板与机床控制面板有何不同？

提示：

1）系统操作面板包括LED显示区、MDI编辑面板。该面板由数控系统的生产厂家提供。

2）机床控制面板通常在LED显示区的下方，生产厂商不同，在面板布局上也不相同，希望大家注意。

任务实施

数控铣床工安全操作规程

1）数控铣床的操作人员必须经过专门的技术培训持证上岗，未经许可不得随意动用数控设备。

2）上岗前必须穿戴好本岗位要求的劳动防护服和其他用品，当发生可能危及人身或者设备安全的故障时，应该立即按下急停按钮。

3）在上班前和上班期间不许饮酒，工作中不准聊天、离岗或做与生产无关的事。

4）操作机床时严禁戴手套，操作时必须戴防护眼镜，程序正常运行中要关上机床防护罩的门。

5）开机前检查机械电气，各操作手柄、防护装置等是否安全可靠，设备电源防护接地是否牢靠。

6）认真检查机床上的刀具、夹具、工件装夹是否牢固正确、安全可靠，保证机床在加工过程中受到冲击时不致松动而发生事故。

7）禁止将工具、刀具、物件放置于工作台、操作面板、主轴头、护板上，机械安全防护罩、隔离挡板必须完好，随时做好机床的清洁工作。

8）遵守加工产品工艺要求，严禁超负荷使用机床，严禁用手试摸刀刃或检查加工表面是否光洁。

9）手动对刀时要选择合适的进给速度，防止刀具与工件或者毛坯发生碰撞，特别是 Z 轴。对刀后要检验刀具对刀的正确性。

10）系统在启动过程中，严禁断电或按动任意键，禁止敲打系统显示屏，禁止随意改动系统参数，认真做好交接班工作。

机床操作

1. 开机

在操作机床之前必须检查机床是否正常，并使机床通电，开机顺序如下：

1）开机床总电源。

2）开机床稳压器电源。

3)开机床电源。

4)开数控系统电源(按控制面板上的 POWER ON 按钮)。

5)把系统急停按钮旋起。

2. 机床手动返回参考点

CNC 机床上有一个确定机床位置的基准点，这个点叫做参考点。通常机床开机以后，首先要做的事情是使机床返回到参考点位置。如果没有执行返回参考点就操作机床，机床的运动将不可预料。行程检查功能在执行返回参考点之前不能执行。机床的误动作有可能造成刀具、机床本身和工件的损坏，甚至伤害到操作者。因此机床接通电源后必须正确地使机床返回参考点。机床返回参考点有手动返回参考点和自动返回参考点两种方式。一般情况下采用手动返回参考点方式。

手动返回参考点指用操作面板上的开关或者按钮使刀具移动到参考点位置，具体操作如下：

1)将机床工作模式设为回零方式。

2)按机床控制面板上的 $+Z$ 轴，使 Z 轴回到参考点(指示灯亮)。

3)再按 $+X$ 轴和 $+Y$ 轴，两轴可以同时使返回参考点。

自动返回参考点指用程序指令使刀具移动到参考点。例如，执行程序：

```
G91 G28 Z0; (Z 轴返回参考点)
X0 Y0; (X、Y 轴返回参考点)
```

注意： 为了安全起见，一般情况下机床回参考点时，必须先使 Z 轴回到机床参考点后才可以使 X、Y 轴返回参考点。X、Y、Z 三个坐标轴的参考点指示灯亮时(图 2-1-7)，说明三条轴分别返回了机床参考点。

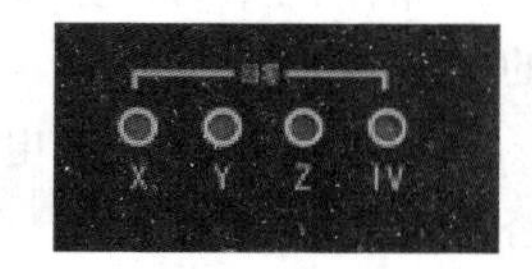

图 2-1-7 参考点指示灯

3. 关机

关闭机床步骤如下：

1)按下数控系统控制面板的急停按钮。

2)按下 POWER OFF 按钮关闭系统电源。

3)关闭机床电源。

4)关闭稳压器电源。

5)关闭总电源。

注： 在关闭机床前，尽量将 X、Y、Z 轴移动到机床的大致中间位置，以保持机床的重心平衡。同时方便下次开机后返回参考点时，防止机床移动速度过大而超程。

4. 手动方式操作

手动方式操作有手动连续进给(JOG)和手动快速进给(RAPID)两种。

在手动连续进给方式中，按住操作面板上的进给轴($+X$、$+Y$、$+Z$ 或者 $-X$、$-Y$、$-Z$)，会使刀具沿着所选轴的所选方向连续移动。手动进给速度可以通过进给倍率旋钮进行调整。

在手动快速进给方式中，按住操作面板上的进给轴及方向，会使刀具以快速移动的速度移动。手动快速进给速度通过快速速率旋钮进行调整。

手动连续进给操作的步骤如下：

1)将机床的工作方式设置为手动连续进给(JOG)方式。

2)通过进给轴(+X、+Y、+Z 或者−X、−Y、−Z)，选择将要使刀具沿其移动的轴和方向。按下相应的按键时，刀具以参数指定的速度移动。释放按键，移动停止。

手动快速进给(RAPID)方式的操作与 JOG 方式相同，只是移动的速度不一样，其移动的速度跟程序指令 G00 一样。

注意：手动连续进给和手动快速进给时，移动轴的数量可以是 X、Y、Z 中的任意一个轴，也可以是 X、Y、Z 三个轴中的任意两个轴一起联动，甚至是三个轴一起联动，可根据数控系统参数的设置而定。

5. 手轮方式操作

在 FANUC 0i Mate-MC 数控系统中，手轮是一个与数控系统以数据线相连的独立个体。它由控制轴旋钮、移动量旋钮和手摇脉冲发生器组成，如图 2-1-8 所示。

在手轮进给方式中，刀具可以通过旋转机床操作面板上的手摇脉冲发生器微量移动。手轮旋转一个刻度时，刀具移动一定的距离。手轮上设置三种不同的移动距离，分别为 0.001 mm、0.01 mm、0.1 mm。具体操作如下：

1)将机床的工作方式设置为手轮进给方式(MPG)。

2)选择要移动的进给轴，并选择移动一个刻度移动轴的移动量。

3)旋转手轮，向对应的方向移动刀具，手轮转动一周时，刀具的移动量相当于 100 个刻度的对应值。

图 2-1-8　手轮

注意：手轮进给操作时，一次只能选择一个轴进行移动。手轮旋转操作时，按 5 r/s 以下的速度旋转手轮。如果手轮的转速超过了 5 r/s，刀具有可能在手轮停止旋转后还不能停止下来或者刀具移动的距离与手轮旋转的刻度不相符。

任务评价

完成上述任务后，认真填写表 2-1-4 所示的“数控铣床面板操作评价表”。

表 2-1-4　数控铣床面板操作评价表

组别			小组负责人	
成员姓名			班级	
课题名称			实施时间	
评价指标	配分	自评	互评	教师评
会正确认识数控铣床的功能	20			
正确识别面板上的功能按键	25			
掌握手摇脉冲发生器的使用	10			
能正确切换工作方式	10			

续表

评价指标	配分	自评	互评	教师评
课堂学习纪律、完全文明生产	15			
熟记安全操作规程要求	15			
能实现前后知识的迁移，与同伴团结协作	5			
总　计	100			
教师总评 （成绩、不足及注意事项）				
综合评定等级（个人 30%，小组 30%，教师 40%）				

练习与实践

1）熟知系统操作面板与机床控制面板上各按键的功能。
2）认真学习机床操作安全规章制度。
3）了解返回参考点的操作要领。
4）掌握开机、关机的顺序。
5）学会机床操作面板上主要操作按键的功能。

任务拓展

掌握并进行以下的操作：
1）了解机床结构与操作面板。
2）回参考点操作。
3）手动位置调整操作。
4）MDI 操作。
5）熟知各操作按键的功能。

※必须了解的注意事项：

1）回参考点时应先回 Z 轴，待提升到一定高度后再回 X、Y 轴，以免碰撞刀、夹具。

2）在操作过程中若出现超程报警，必须转换到手动方式，然后按“超程解除”键，待显示“急停”→“复位”→“正常”后，再按住反方向轴移动按钮，退出超程位置。

任务二　编辑数控加工程序

利用 FANUC 0i MC 的指令代码及程序格式，针对铣削类刀具的运动轨迹、位移量、切削用量以及相关辅助动作(包括换刀、主轴正/反转、切削液开/关等)编写加工程序，将编写完成的加工程序输入数控装置的存储器中，对输入的数控程序进行插入、删除、替换、查找等编辑操作。

任务目标

- 学习 FANUC 0i MC 加工程序的格式；
- 了解各程序字的含义和作用；
- 掌握主要的 G 指令、M 指令；
- 学会循环指令的正确运用；
- 能在机床上输入、编辑、调用并执行相应的加工程序等。

任务描述

1)熟记 FANUC 数控铣床指令表。

2)熟悉机床面板，能运用所学的知识读懂程序并且正确地编辑加工程序，了解加工程序的结构与组成。

3)学会建立新的加工程序，了解后台编辑功能。

4)能编辑、复制、修改加工程序。

5)掌握加工程序的调用、单段运行、自动运行等方法。

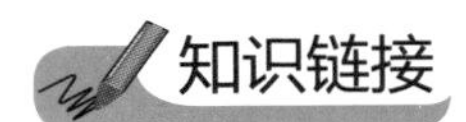

知识链接

FANUC 数控铣床的 G 指令表

FANUC 数控铣床的 G 指令表如表 2-1-5 所示。

表 2-1-5　G 指令表

代码	分组	意义	格式
G00	01	快速进给、定位	G00 X _ Y _ Z _
G01		直线插补	G01 X _ Y _ Z _

续表

代码	分组	意义	格式
G02	01	圆弧插补 CW（顺时针）	*XY* 平面内的圆弧： $G17\begin{Bmatrix}G02\\G03\end{Bmatrix}X\_\ Y\_\ \begin{Bmatrix}R\_\\I\_\ J\_\end{Bmatrix}$ *ZX* 平面的圆弧： $G18\begin{Bmatrix}G02\\G03\end{Bmatrix}X\_\ Z\_\ \begin{Bmatrix}R\_\\I\_\ K\_\end{Bmatrix}$ *YZ* 平面的圆弧： $G19\begin{Bmatrix}G02\\G03\end{Bmatrix}X\_\ Z\_\ \begin{Bmatrix}R\_\\J\_\ K\_\end{Bmatrix}$
G03		圆弧插补 CCW（逆时针）	
G04	00	暂停	G04[P｜X] 单位为 s，增量状态单位为 ms，无参数状态表示停止
G15	17	取消极坐标	G15
G16		极坐标指令	Gxx Gyy G16：开始极坐标指令 G00 IP：极坐标指令 Gxx：极坐标指令的平面选择(G17、G18、G19) Gyy：G90 指定工件坐标系的零点为极坐标的原点，G91 指定当前位置作为极坐标的原点 IP：指定极坐标系选择平面的轴地址及其值 第 1 轴：极坐标半径 第 2 轴：极角
G17	02	选择 *XY* 平面	G17
G18		选择 *ZX* 平面	G18
G19		选择 *YZ* 平面	G19
G20	06	寸制输入	
G21		米制输入	
G28	00	回归参考点	G28 X_ Y_ Z_
G29		由参考点回归	G29 X_ Y_ Z_
G40	07	刀具半径补偿取消	G40
G41		左半径补偿	$\begin{Bmatrix}G41\\G42\end{Bmatrix}$ Dnn
G42		右半径补偿	
G43	08	刀具长度补偿	$\begin{Bmatrix}G41\\G42\end{Bmatrix}$ Hnn
G44		刀具长度补偿	
G49		刀具长度补偿取消	G49
G50	11	取消缩放	G50

续表

代码	分组	意义	格式
G51		比例缩放	G51 X _ Y _ Z _ P _ ：缩放开始 X _ Y _ Z _ ：比例缩放中心坐标的绝对值指令 P _ ：缩放比例 G51 X _ Y _ Z _ I _ J _ K _ ：缩放开始 X _ Y _ Z _ ：比例缩放中心坐标值的绝对值指令 I _ J _ K _ ：X、Y、Z 各轴对应的缩放比例
G52	00	设定局部坐标系	G52 IP _ ：设定局部坐标系 G52 IP0：取消局部坐标系 IP：局部坐标系原点
G53		机械坐标系选择	G53 X _ Y _ Z _
G54	14	选择工作坐标系 1	GXX
G55		选择工作坐标系 2	
G56		选择工作坐标系 3	
G57		选择工作坐标系 4	
G58		选择工作坐标系 5	
G59		选择工作坐标系 6	
G68	16	坐标系旋转	(G17/G18/G19)G68 a _ b _ R _ ：坐标系开始旋转 G17/G18/G19：平面选择，在其上包含旋转的形状 a _ b _ ：与指令坐标平面相应的 *X*、*Y*、*Z* 中的两个轴的绝对指令，在 G68 后面指定旋转中心 R _ ：角度位移，正值表示逆时针旋转。根据指令的 G 代码(G90 或 G91)确定绝对值或增量值 最小输入增量单位：0.001deg 有效数据范围：－360.000～＋360.000
G69		取消坐标轴旋转	G69
G73	09	深孔钻削固定循环	G73 X _ Y _ Z _ R _ Q _ F _
G74		左螺纹攻螺纹固定循环	G74 X _ Y _ Z _ R _ P _ F _
G76		精镗固定循环	G76 X _ Y _ Z _ R _ Q _ F _
G90	03	绝对方式指定	GXX
G91		相对方式指定	
G92	00	工作坐标系的变更	G92X _ Y _ Z _
G98	10	返回固定循环初始点	GXX
G99		返回固定循环 *R* 点	

续表

代码	分组	意义	格式
G80	09	固定循环取消	
G81		钻削固定循环、钻中心孔	G81 X_ Y_ Z_ R_ F_
G82		钻削固定循环、锪孔	G82 X_ Y_ Z_ R_ P_ F_
G83		深孔钻削固定循环	G83 X_ Y_ Z_ R_ Q_ F_
G84		攻螺纹固定循环	G84 X_Y_ Z_ R_ F_
G85		镗削固定循环	G85 X_ Y_ Z_ R_ F_
G86		退刀形镗削固定循环	G86 X_ Y_ Z_ R_ P_ F_
G88		镗削固定循环	G88 X_ Y_ Z_ R_ P_ F_
G89		镗削固定循环	G89 X_ Y_ Z_ R_ P_ F_

FANUC 数控铣床 M 指令表

FANUC 数控铣床 M 指令表如表 2-1-6 所示。

表 2-1-6　M 指令表

代码	意义	格式
M00	停止程序运行	
M01	选择性停止	
M02	结束程序运行	
M03	主轴正向转动开始	
M04	主轴反向转动开始	
M05	主轴停止转动	
M06	换刀指令	M06 T_
M08	切削液开启	
M09	切削液关闭	
M30	结束程序运行且返回程序开头	
M98	子程序调用	M98 Pxxnnnn 调用程序号为 Onnnn 的程序 xx 次
M99	子程序结束	子程序格式： Onnnn … M99

数控铣床的参考点和坐标系

1. 机床参考点

为了正确地在机床工作时建立机床坐标系，通常在每个坐标轴的移动范围内设置一个固定的机床参考点(测量起点，系统不能确定其位置)。

2. 机床零点

通过已知参考点(已知点)、系统设置的参考点与机床零点的关系可确定一个固定的机床零点，也称为机床坐标系的原点(系统能确定其位置)。

3. 机床坐标系

以机床原点为原点，以机床坐标轴为轴，建立的坐标系即机床坐标系。该坐标系是机床位置控制的参照系。

4. 工件坐标系

通常编程人员开始编程时，并不知道被加工零件在机床上的位置，通常以工件上的某个点作为零件程序的坐标系原点来编写加工程序，当被加工零件被夹压在机床工作台上以后再将 NC 所使用的坐标系的原点偏移到与编程使用的原点重合的位置进行加工。因此坐标系原点偏移功能对于数控机床来说是非常重要的。

在数控铣床上可以使用下列三种坐标系：机床坐标系、工件坐标系、局部坐标系。

5. 平面选择

G17、G18、G19 这一组指令用于指定进行圆弧插补以及刀具半径补偿所在的平面。使用方法见表 2-1-5。

关于平面选择的相关指令可以参考圆弧插补及刀具补偿等指令的相关内容。

坐标值和尺寸单位

编程方法有两种，即绝对值编程(G90)和增量值编程(G91)，相应地，有两种指令刀具运动的方法，即绝对值指令和增量值指令。在绝对值指令模态下，我们指定的是运动终点在当前坐标系中的坐标值；而在增量值指令模态下，我们指定的是各轴运动的距离。G90 和 G91 这对指令用来选择使用绝对值模态或增量值模态，如图 2-1-9 所示。

通过图 2-1-9，我们可以更好地理解绝对值编程和增量值编程。

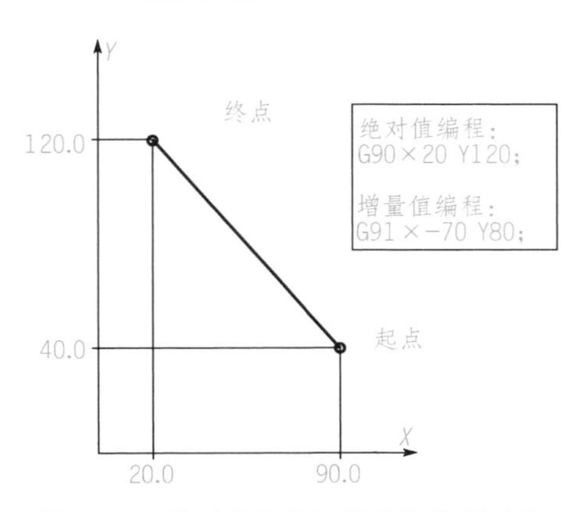

图 2-1-9　绝对值编程和增量值编程对比

刀具补偿功能

1. 刀具长度补偿(G43、G44、G49)

使用 G43(G44)指令可以将 Z 轴运动的终点向正向或负向偏移一段距离，这段距离等于 H 指令的补偿号中存储的补偿值。G43 或 G44 是模态指令，H _ 指定的补偿号也是模态地使用这条指令，编程人员在编写加工程序时可以不必考虑刀具的长度而只需考虑刀尖的位置即可。刀具磨损或损坏后更换新的刀具时也不需要更改加工程序，可以直接修改刀具补偿值。

G43 指令为刀具长度补偿"＋"，即 Z 轴到达的实际位置为指令值与补偿值相加的位置；G44 指令为刀具长度补偿"－"，即 Z 轴到达的实际位置为指令值减去补偿值的位置。H 取值为 00～200，H00 意味着取消刀具长度补偿值，取消刀具长度补偿的另一种方法是使用指令 G49。NC 执行到 G49 指令或 H00 时，立即取消刀具长度补偿，并使 Z 轴运动到不加补偿值的指令位置。

补偿值的取值范围是-999.999～＋999.999 mm 或－99.9999～＋99.9999 in。

刀具长度补偿(G43)如图 2-1-10 所示。将编程时的刀具长度和实际使用的刀具长度之差设定于偏置存储器中。用该功能补偿这个差值而不用修改程序。沿 Z 轴补偿刀具长度的差值。

其格式如下：

```
G43  Hxx;
```

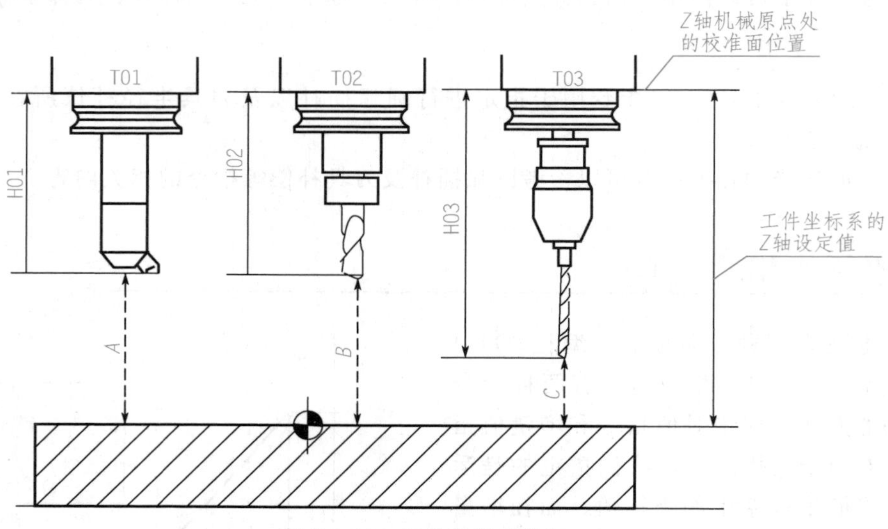

图 2-1-10 刀具长度补偿(G43)

2. 刀具半径补偿(G41、G42、G40)

当使用数控铣床/加工中心进行内、外轮廓的铣削时，我们希望能够以轮廓的形状作为编程轨迹，这时，刀具中心的轨迹应该是这样的：能够使刀具中心在编程轨迹的法线方向上距离编程轨迹的距离始终等于刀具的半径。

当刀具移动时，刀具轨迹可以偏移一个刀具半径，如果在起刀之后指定直线插补或圆弧插补，在加工期间刀具轨迹可以用偏置的长度偏移，在加工结束时，为使刀具返回到开始位置，须取消刀具半径补偿方式。

刀具半径补偿指令有 G41、G42、G40。刀具半径补偿值以 D 代码表示，刀具半径补偿值为(0±999.999)mm。

编程格式：

```
G00/G01     G41  D;
            G42  D;
            G40;
```

注意：对应于偏置号 0 即 D0 的刀具半径补偿值总是 0，D0 不能在程序中设定。

说明：

1)G41：左刀补(在刀具前进方向左侧补偿)，如图 2-1-11(a)所示。

2)G42：右刀补(在刀具前进方向右侧补偿)，如图 2-1-11(b)所示。

3)G40：取消刀具半径补偿。

4)G17：指定刀具半径补偿平面为 *XY* 平面。

5)G18：指定刀具半径补偿平面为 *ZX* 平面。

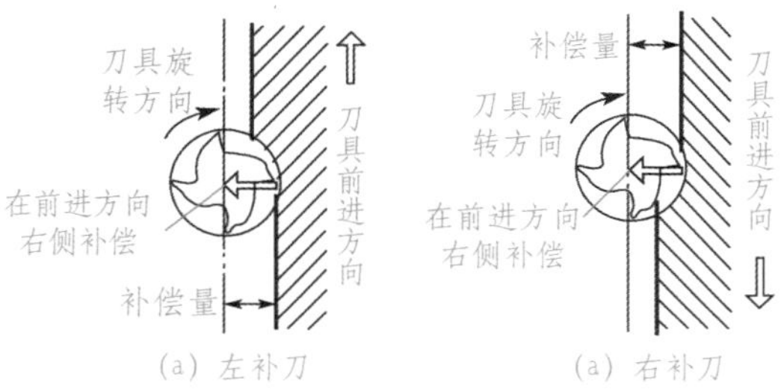

图 2-1-11　刀具半径补偿方向

(a)左刀补；(b)右刀补

6)G19：指定刀具半径补偿平面为 *YZ* 平面。

7)*X*、*Y*、*Z*：G00/G01 的参数，即刀补建立或取消的终点(注意，投影到补偿平面上的刀具轨迹受到补偿)。

8)D：G41/G42 的参数，即刀补号码(取值 00～99)，它代表了刀补表中对应的半径补偿值。

G41、G42、G40 都是模态代码，可相互注销。

FANUC 的程序结构

数控程序是若干个程序段的集合。每个程序段独占一行。每个程序段由若干个字组成，每个字由地址和跟随其后的数字组成。地址是一个英文字母。一个程序段中各个字的位置没有限制，长期以来大家都认可的方式如表 2-1-7 所示。

表 2-1-7　排列方式

N_	G_	X_ Y_ Z_	……	F_	S_	T_	M_	LF
行号	准备功能	位置代码		进给速度	主轴转速	刀具号	辅助功能	行结束

在一个程序段，中间如果有多个相同地址的字出现，或者同组的 G 功能，则最后一个有效。

1. 段号

数控程序的段号以N开头，可以不要，如有程序段号，在编辑时会方便用户快捷查找对应的程序段。段号可以不连续，手工编程一般以5或者10递增。

选择跳过符号“/”只能置于程序的起始位置，如果有这个符号，并且机床操作面板上“选择跳过”功能有效，本条程序不执行。这个符号多用在调试程序，如在开切削液的程序前加上这个符号，在调试程序时可以使这条程序无效，而正式加工时使其有效。

2. 准备功能

地址“G”和数字组成的字表示准备功能，也称为G功能。G功能根据其功能分为若干个组，在同一条程序段中，如果出现多个同组的G功能，那么最后一个有效。

G功能分为模态与非模态两类。一个模态G功能被指令后，直到同组的另一个G功能被指令才无效。而非模态的G功能仅在其被指令的程序段中有效。

例如：

```
……
N10 G01 X250. Y300;
N11 G04 X100;
N12 G01 Z-120;
N13 X380. Y400;
……
```

在这个例子中，N12这条程序中出现了“G01”功能，由于这个功能是模态的，因此尽管在N13这条程序中没有“G01”，但是其作用还是存在的。

3. 辅助功能

地址“M”和两位数字组成的字表示辅助功能，也称为M功能。FANUC 0i MC支持的M功能见表2-1-6。

4. 主轴转速

地址“S”后跟四位数字表示主转转速，单位为r/min。

格式如下：

```
Sxxxx
```

5. 进给功能

地址“F”后跟四位数字表示进给功能，单位为mm/min。

格式如下：

```
Fxxxx
```

尺寸字地址为X、Y、Z、I、J、K、R。数值范围为+999999.999 mm～-999999.999 mm。

想一想：

编辑和后台编辑有何不同？

提示：

1)数控加工程序由若干个程序段所构成，程序段一般包括准备功能字、尺寸功能字、进给功能字、主轴功能字、刀具功能字、辅助功能字等，为了便于修改和查找，它们在次序上遵循一个书写的规范。

2)简化编程指令部分主要进行的是孔的相关加工内容，包括空的定位、钻孔、铰孔、镗孔、攻螺纹等操作，可以根据加工要求，正确运用对应的循环指令。

任务实施

手动数据方式(MDI 方式)

将操作方式设置为 MDI 方式，按编辑面板上的 PROG 键，在 CRT 显示区选择【MDI】软键，系统会自动加入程序号 O0000。用通常的程序编辑操作编制一个要执行的程序，在程序段的结尾不能加 M30(在程序执行完毕后，光标将停留在最后一个程序段)。如图 2-1-12(a)所示，输入若干段程序，将光标移到程序首句，按循环启动键即可运行。

若只需在 MDI 方式下输入运行主轴转动等单段程序，只需在程序号 O0000 后输入所需运行的单段程序，光标位置停在末尾[图 2-1-12(b)]，按循环启动键即可运行。

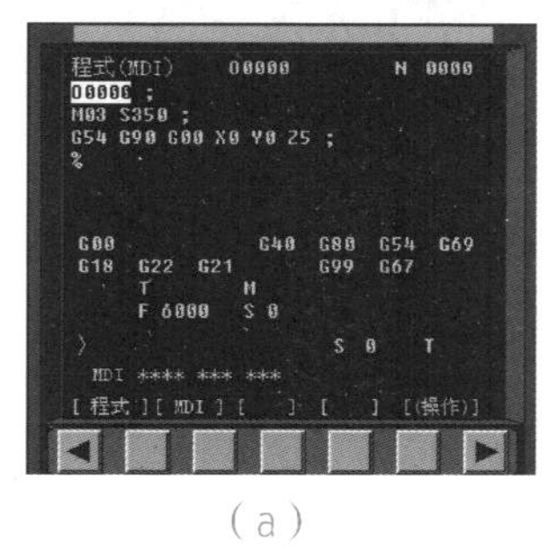

(a)　　(b)

图 2-1-12　FANUC 0i MC 数控系统 MDI 操作

要删除在 MDI 方式中编制的程序可输入地址 O0000，然后按 MDI 面板上的删除键或直接按复位键即可。

程序编辑操作

1. 创建新程序

将程序保护锁调到开启状态，将操作方式设置为编辑方式，按 PROG 键，选择【LIB】软键，进入列表页面，如图 2-1-13(a)所示。按地址键 O，输入一个系统中尚未建立的程序号(如 O1)，再按 INSERT 键，创建完成，如图 2-1-13(b)所示。

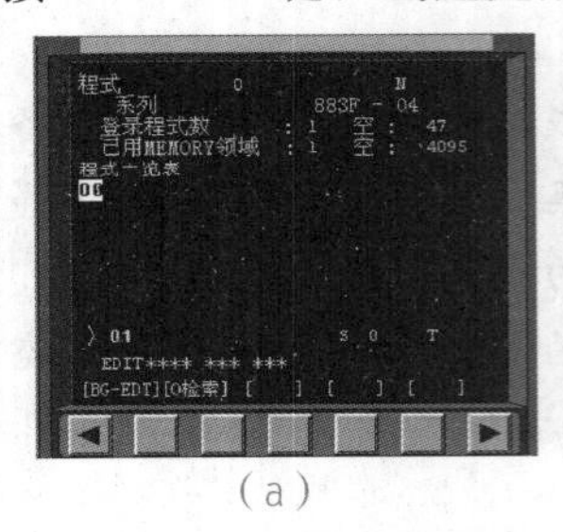

(a)

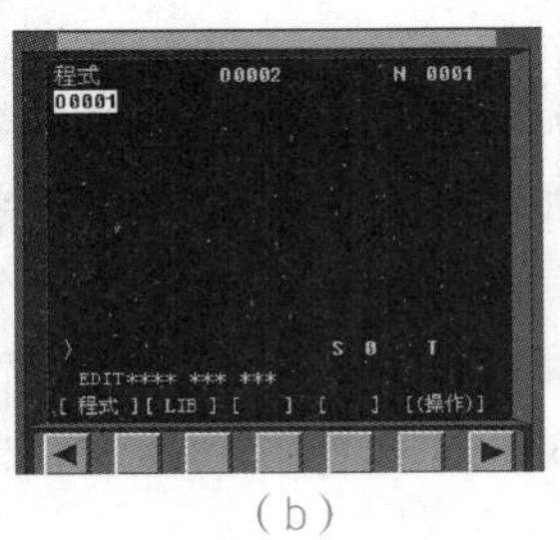

(b)

图 2-1-13 FANUC 0i MC 数控系统创建新程序操作

2. 打开程序

将程序保护锁调到开启状态，将操作方式设置为编辑方式，按 PROG 键，选择【LIB】软键。则 CRT 显示区即将所有建立过的程序列出，如图 2-1-14(a)所示。则按地址键 O，输入程序号 2(必须是系统已经建立过的程序号)，按向下方向键，即可打开程序，如图 2-1-14(b)所示。

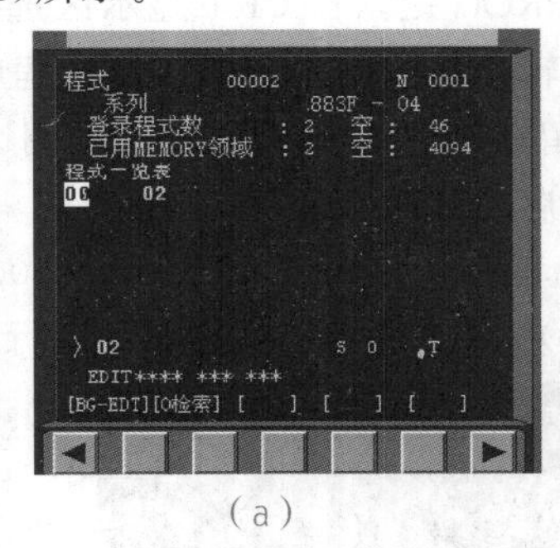

(a)

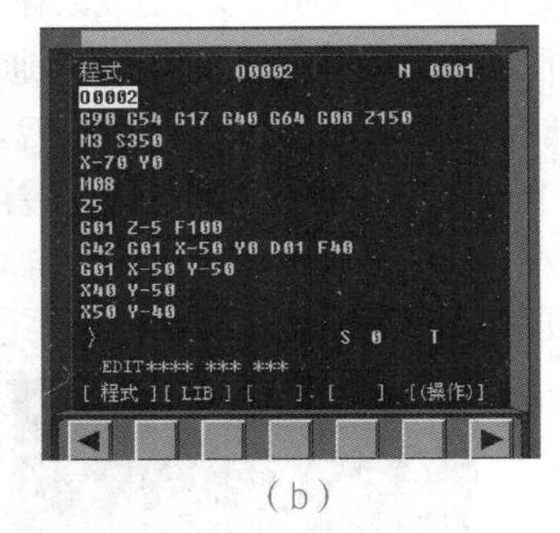

(b)

图 2-1-14 FANUC 0i MC 数控系统打开程序操作

3. 编辑程序

(1)程序字的输入和修改

创建或进入一个新的程序，应用 ALTER 键、DELETE 键、INSERT 键、CAN 键等完成对程序的输入和修改，在每个程序段尾按分段键完成一段。

如图 2-1-15(a)所示，在程序编辑方式下编辑程序 O0002，将光标移至 G17 处，输入 G18，按 ALTER 键则程序编辑结果如图 2-1-15(b)所示，此时光标在 G18 处；按 DELETE 键则程序编辑结果如图 2-1-15(c)所示，此时光标在 G40 处。

如图 2-1-15(d)所示，输入 G17，按 INSERT 键则程序编辑结果如图 2-1-15(e)所示。CAN 键的作用是取消前面输入的一个字符。

(2)程序字检索

在编辑方式中打开某个程序，输入要检索的字，如“X37”，向上检索按向上方向键，向下检索按向下方向键，光标即停在字符“X37”位置。

注意： *在检索程序的检索方向必须存在所检索的字符，否则系统将报警。*

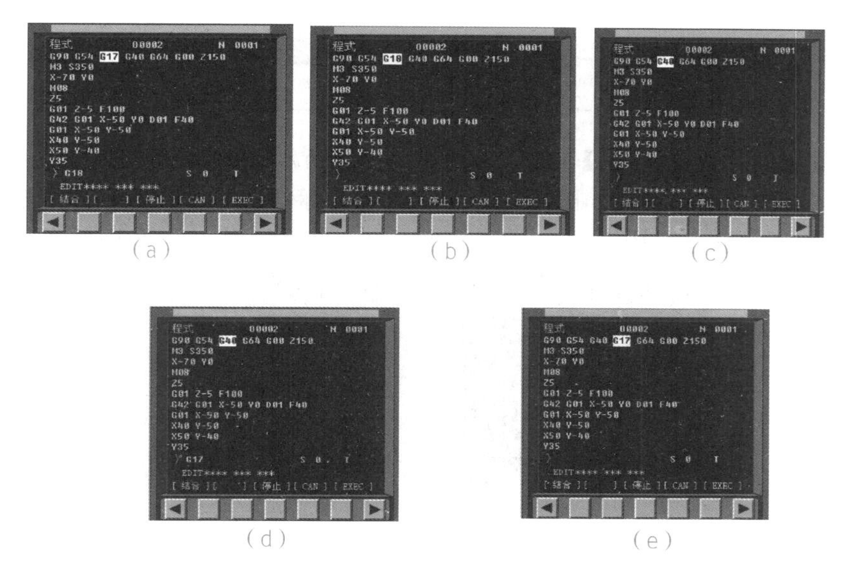

(a) (b) (c) (d) (e)

图 2-1-15 FANUC 0i MC 数控系统程序的编辑操作

(3)程序的复制

1)复制一个完整的程序：将操作方式设置为编辑方式，按 PROG 键选择软键【操作】→【扩展】→【EX－EDT】→【COPY】→【ALL】输入新的程序名(只输数字部分)并按 INPUT 键，然后选择【EXEC】软件。

2)复制程序的一部分：将操作方式设置为编辑方式，按 PROG 键，选择软键【操作】→【扩展】→【EX－EDT】→【COPY】，将光标移动到要复制范围的开头，选择【CRSR～】软键，将光标移动到要复制范围的末尾，选择【～CRSR】或【～BTTM】软键(如选择【～BTTM】软键，则不管光标的位置，直到程序结束的程序都将被复制)，输入新的程序名(只输数字部分)并按 INPUT 键，然后选择【EXEC】软键。

(4)程序的删除

1)删除一个完整的程序：将操作方式设置为编辑方式，选择【LIB】软键，按 PROG 键——按地址键 O，输入要删除的程序号 O1，如图 2-1-16(a)所示，然后按 DELETE 键，删除完成。结果如图 2-1-16(b)所示。

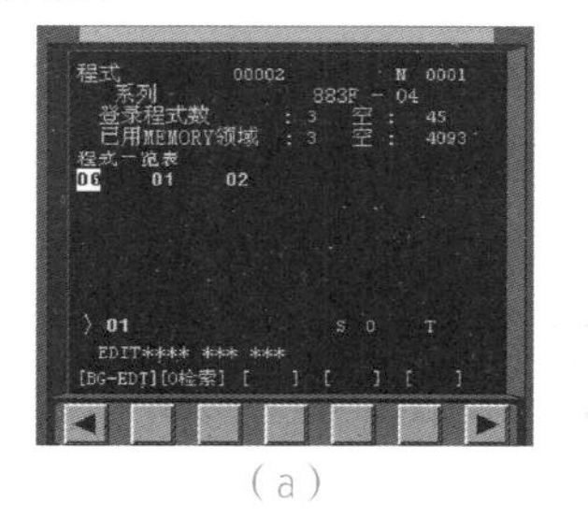

(a)

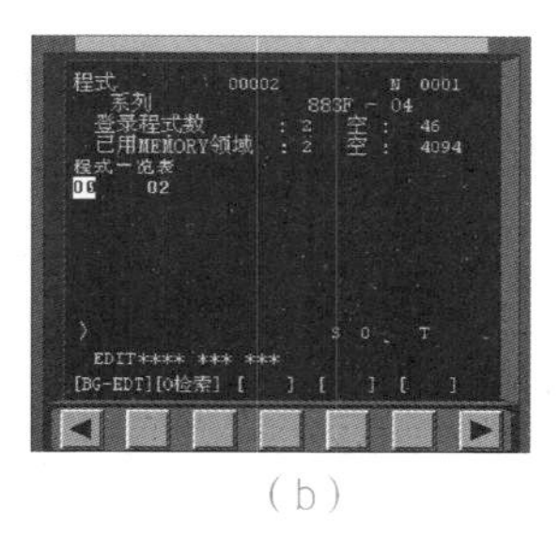

(b)

图 2-1-16 FANUC 0i MC 数控系统程序删除操作

2)删除内存中的所有程序：将操作方式设置为编辑方式，选择【LIB】软键，按 PROG 键，然后按地址键 O，输入－9999，按 DELETE 键，删除完成。

3)删除指定范围内的多个程序：将操作方式设置为编辑方式，选择【LIB】，按 PROG 键，输入 Oxxxx，Oyyyy(xxxx 代表将要删除程序的起始程序号，yyyy 代表将要删除程序的终止程序号)，按 DELETE 键即删除 No xxxx～No yyyy 之间的程序。

刀具补偿的设定操作

按刀偏设定键，选择【补正】软键，出现图 2-1-17 所示页面，按方向移动键，将光标移至需要设定刀补的相应位置，如图 2-1-17 所示，将光标停在 D01 位置；然后输入补偿量，如图 2-1-17(b)所示输入刀补值 6.1，按 INPUT 键。结果如图 2-1-17(b)所示。

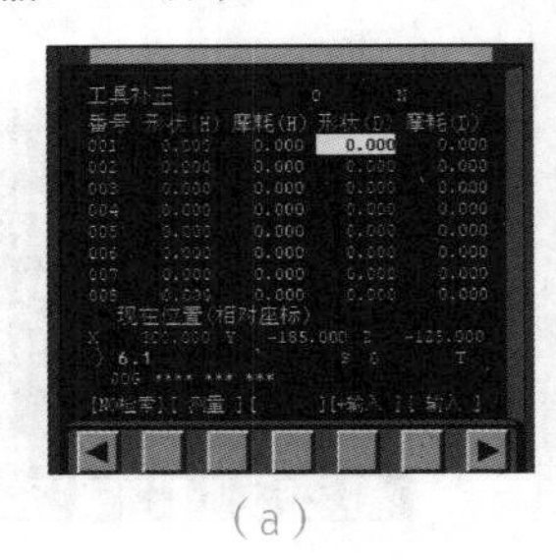
(a)

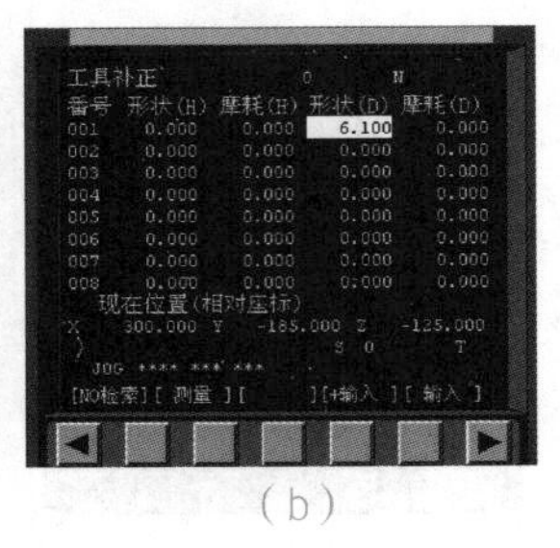
(b)

图 2-1-17 FANUC 0i Mate－MC 数控系统刀补设定操作

任务评价

完成上述任务后，认真填写表 2-1-8 所示的“数控铣床程序编辑操作评价表”。

表 2-1-8 数控铣床程序编辑操作评价表

组别			小组负责人	
成员姓名			班级	
课题名称			实施时间	
评价指标	配分	自评	互评	教师评
会正确输入给定的数控程序	20			
会对程序字段进行替换、插入、删除等修改	25			
熟悉程序段的组成	10			
会调用程序、空运行、自动运行已有的程序	15			
熟记简化编程指令中的钻孔与铰孔指令	10			
着装是否符合安全规程要求	15			
能实现前后知识的迁移，与同伴团结协作	5			
总　　计	100			
教师总评 （成绩、不足及注意事项）				
综合评定等级（个人 30%，小组 30%，教师 40%）				

练习与实践

1)熟记指令表，掌握常用的编程指令。
2)编写简单的数控加工程序。
3)练习新程序的建立、输入、修改编辑等操作。
4)MDI 按键的操作。
5)学会工作模式的转换、空运行、自动运行等操作。

任务拓展

阅读材料一——铣削轮廓表面

在铣削轮廓表面时一般采用立铣刀侧面刃口进行切削。对于二维轮廓加工，通常采用的加工路线如下：

1)从起刀点下刀到下刀点。
2)沿切向切入工件。
3)轮廓切削。
4)刀具向上抬刀，退离工件。
5)返回起刀点。

阅读材料二——加工立体曲面类零件

加工面为空间曲面的零件称为立体曲面类零件。这类零件的加工面不能展成平面，一般使用球头铣刀切削，加工面与铣刀始终为点接触，若采用其他刀具加工，易产生干涉而铣伤邻近表面。

加工立体曲面类零件一般采用以下两种加工方法：行切加工法、三坐标联动加工法。

任务三　安装刀具及对刀

对于数控铣床上所采用的刀具，要根据被加工零件的材料、几何形状、表面质量要求、热处理状态、切削性能及加工余量等，选择刚性好、耐用度高的刀具。不同的刀具在安装与对刀方面也有着不同的方法与要求。

任务目标

- 掌握数控铣床的刀具知识，能进行刀具的选择与拆装；
- 正确使用平口钳、压板或者专用夹具装夹毛坯；

- 学会通过各种途径输入加工程序；
- 进行对刀并确定相关参数坐标；
- 正确地设置刀具参数、偏置值、刀具半径等。

任务描述

1)按照操作规程启动和停止机床。

2)使用操作面板上的常用功能键(如回零、手动、手轮操作、MDI等)。

3)使用控制面板输入和删除程序，并进行简单程序的自动运行。

4)学习安装毛坯、刀具，掌握铣刀的安装原则与方法。

5)学习对刀的基本方法，掌握对刀要点。

知识链接

工件的装夹

1. 装夹工件

在数控铣床上加工工件时，常用的装夹方法有用平口钳装夹工件、用压板装夹工件、用组合夹具装夹和专用夹具装夹。

(1)用平口钳子装夹工件

采用平口钳装夹工件的方法一般适合工件尺寸较小、形状比较规则、生产批量较小的情况。使用平口钳子装夹工件时，应注意以下几个问题：

1)使用前要使用千分表确认钳口与 X 轴或 Y 轴平行。

2)工件底面不能悬空，否则工件在受到切削力时位置可能发生变化，甚至可能发生打刀事故。安装工件时可在工件底下垫上等高垫铁，等高垫铁的厚度根据工件的安装高度情况选择。装夹时，应边夹紧边用铜棒或胶锤将工件敲实。

3)加工通孔时，要注意垫铁的位置，防止在加工时加工到垫铁。

4)在铣外轮廓时，要保证工件露出钳口部分足够高，以防止加工时铣到钳口。

5)批量生产时，应将固定钳口面确定为基准面，与固定钳口面垂直方向可在工作台上固定一挡铁作为基准。

(2)用压板装夹工件

采用压板装夹工件的方法一般适合工件尺寸较大、工件底面较规则、生产批量较小的情况。使用压板装夹工件时，应注意以下几个问题：

1)装夹工件时，要注意确定基准边的位置，并用千分表进行找正。

2)加工通孔时，在工件底面要垫上等高垫铁，并要注意垫铁的位置，防止在加工时加工到垫铁。

3)编程时，要考虑压板的位置，避免加工时碰到压板。当工件的整个上面或四周都需要加工时，可采用“倒压板”的方式进行加工，即先将压板附近的表面留下暂不加工，加工其他表面。其他表面加工完成后，在保证原压板不松开的情况下，在已加工过的表面上再加一组压板并夹紧(为防止加工表面划伤，可在压板下面垫上铜皮)，然后卸掉原压板，加工剩余表面。

4)压板的位置要和垫铁的位置上下一一对应，以防止工件变形。

(3)用组合夹具和专用夹具装夹工件

采用组合夹具和专用夹具装夹工件的方法适合生产批量较大的情况。合理地设计、利用组合夹具和专用夹具，可大大地提高生产效率和提高加工精度。

刀具

数控铣床上所采用的刀具要根据被加工零件的材料、几何形状、表面质量要求、热处理状态、切削性能及加工余量等，选择刚性好、耐用度高的刀具。

1. 常见刀具

常用铣刀如图 2-1-18 所示，可转位刀片机夹式铣刀如图 2-1-19 所示。

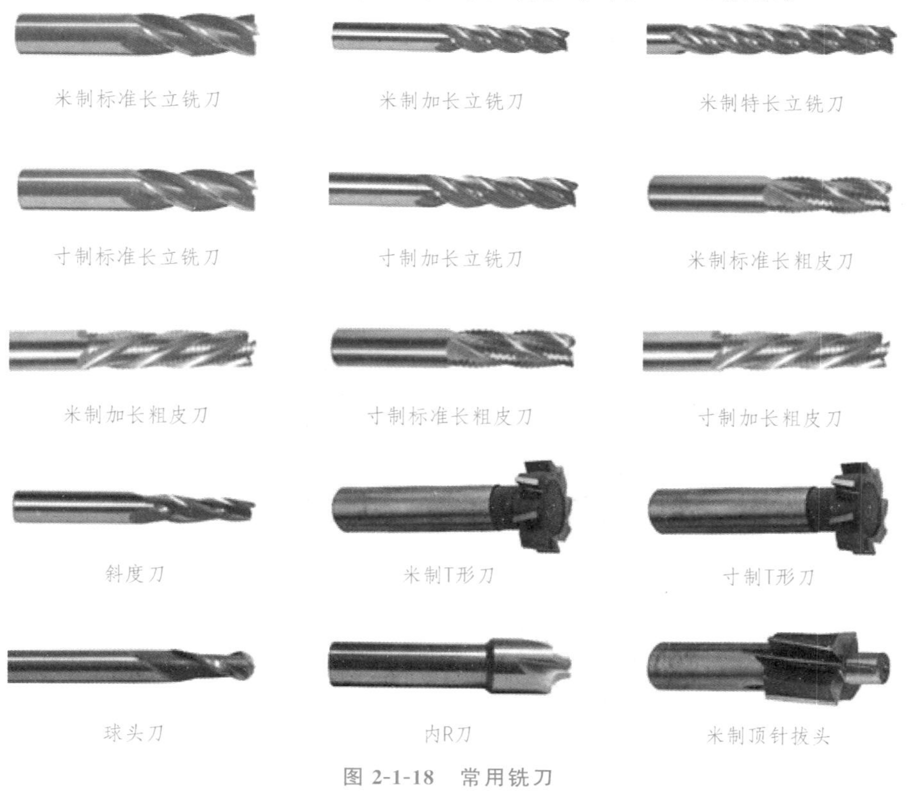

图 2-1-18　常用铣刀

不同形状铣刀的加工部位和加工范围也各不相同。图 2-1-20 所示为各铣刀的作业对象。

孔加工时，可采用钻头、镗刀等孔加工类刀具，如图 2-1-21 所示。

图 2-1-19 可转位刀片机夹式铣刀

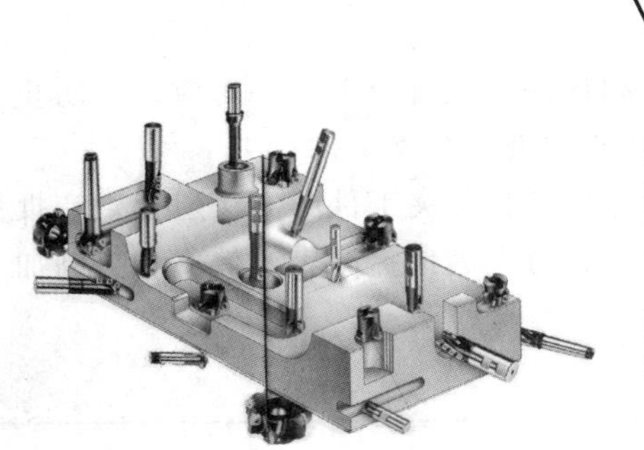
图 2-1-20 各铣刀的作业对象

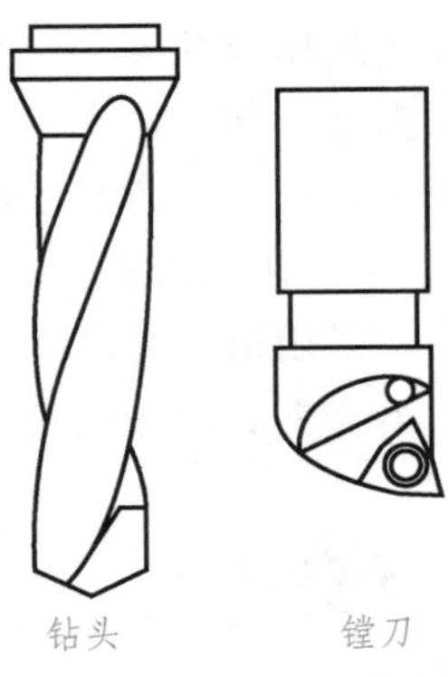

图 2-1-21 孔加工刀具

2. 铣刀的结构

铣刀一般由刀片、定位元件、夹紧元件和刀体组成。由于刀片在刀体上有多种定位与夹紧方式，刀片定位元件的结构又有不同类型，因此铣刀的结构形式有多种，分类方法也较多。选用时，主要根据刀片排列方式分为平装结构(刀片径向排列)和立装结构(刀片切向排列)两大类。

(1)平装结构

平装结构铣刀(图 2-1-22)的刀体结构工艺性好，容易加工，并可采用无孔刀片(刀片价格较低，可重磨)。由于需要夹紧元件，刀片的一部分被覆盖，容屑空间较小，且在切削力方向上的硬质合金截面较小，故平装结构铣刀一般用于轻型和中量型的铣削加工。

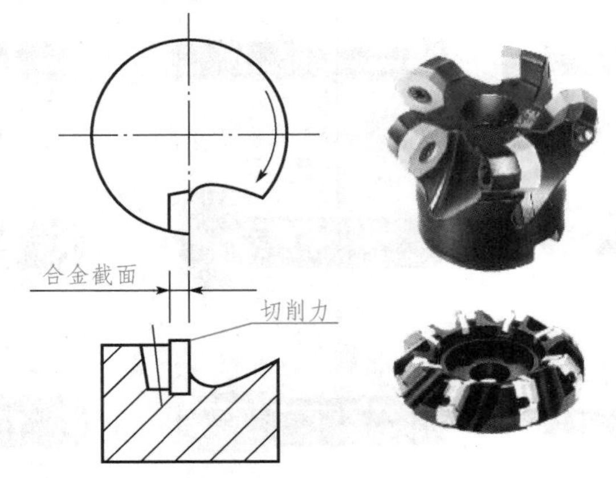

图 2-1-22 平装结构铣刀

(2)立装结构

立装结构铣刀(图 2-1-23)的刀片只用一个螺钉固定在刀槽上，结构简单，转位方便。虽然刀具零件较少，但刀体的加工难度较大，一般需用五坐标加工中心进行加工。由于刀片采用切削力夹紧，夹紧力随切削力的增大而增大，因此可省去夹紧元件，增大了容屑空间。由于刀片切向安装，在切削力方向的硬质合金截面较大，因而可进行大切深、大走刀量切削，这种铣刀适用于重型和中量型的铣削加工。

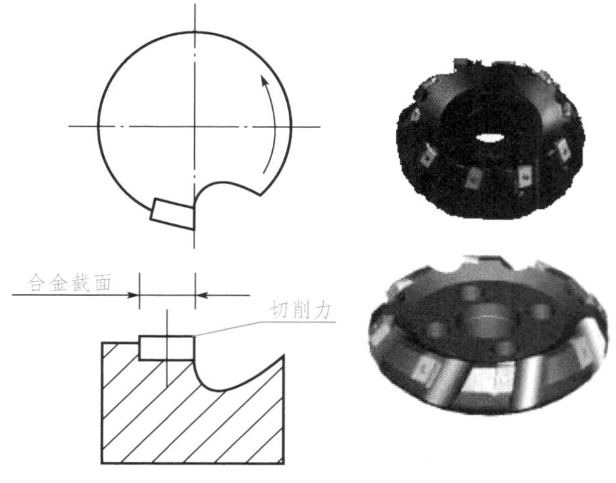

图 2-1-23　立装结构铣刀

3. 铣刀的齿数(齿距)

图 2-1-24 为不同齿数立铣刀示意图，铣刀齿数多，可提高生产效率，但受容屑空间、刀齿强度、机床功率及刚性等的限制，不同直径的铣刀的齿数均有相应规定。为满足不同用户的需要，同一直径的铣刀一般有粗齿、中齿、密齿三种类型。

图 2-1-24　不同齿数立铣刀

1)粗齿铣刀：适用于普通机床的大余量粗加工和软材料或切削宽度较大的铣削加工；当机床功率较小时，为使切削稳定，也常选用粗齿铣刀。

2)中齿铣刀：通用系列，使用范围广泛，具有较高的金属切除率和切削稳定性。

3)密齿铣刀：主要用于铸铁、铝合金和有色金属的大进给速度切削加工。在专业化生产(如流水线加工)中，为充分利用设备功率和满足生产节奏要求，也常选用密齿铣刀(此时多为专用非标铣刀)。

为防止工艺系统出现共振，使切削平稳，还有一种不等分齿距铣刀。例如，WALTER公司的NOVEX系列铣刀均采用了不等分齿距技术。在铸钢、铸铁件的大余量粗加工中建议优先选用不等分齿距的铣刀。

4. 刀片的牌号

合理选择硬质合金刀片牌号的主要依据是被加工材料的性能和硬质合金的性能。一般选用铣刀时，可按刀具制造厂提供加工的材料及加工条件来配备相应牌号的硬质合金刀片。

由于各厂生产的同类用途硬质合金的成分及性能各不相同，硬质合金牌号的表示方法也不同，为方便用户，国际标准化组织规定，切削加工用硬质合金按其排屑类型和被加工材料分为三大类：P类、M类和K类。根据被加工材料及适用的加工条件，每一类又分为若干组，用两位阿拉伯数字表示，每类中数字越大，其耐磨性越低，韧性越高。

P类合金(包括金属陶瓷)用于加工产生长切屑的金属材料，如钢、铸钢、可锻铸铁、不锈钢、耐热钢等。其中，组号越大，则可选用越大的进给量和切削深度，而切削速度则应越小。

M类合金用于加工产生长切屑和短切屑的黑色金属或有色金属，如钢、铸钢、奥氏体不锈钢、耐热钢、可锻铸铁、合金铸铁等。其中，组号越大，则可选用越大的进给量和切削深度，而切削速度则应越小。

K类合金用于加工产生短切屑的黑色金属、有色金属及非金属材料，如铸铁、铝合金、铜合金、塑料、硬胶木等。其中，组号越大，则可选用越大的进给量和切削深度，而切削速度则应越小。

上述三类合金切削用量的选择原则表2-1-9所示。

表2-1-9 P、M、K类合金切削用量的选择原则

合金类型	P01	P05	P10	P15	P20	P25	P30	P40	P50
	M10	M20	M30	M40					
	K01	K10	K20	K30	K40				
进给量	——→(坐标方向)								
背吃刀量	——→(坐标方向)								
切削速度	←——(坐标方向)								

各厂生产的硬质合金虽然有各自编制的牌号，但都有对应国际标准的分类号，选用十分方便。

刀具的安装

数控铣床/加工中心上用的立铣刀和钻头大多采用弹簧夹套安装在刀柄上的，刀柄由主柄部、弹簧夹套、夹紧螺母组成，如图2-1-25所示。数控铣削用刀柄种类繁多，如图2-1-26所示。

图 2-1-25　刀柄的结构

图 2-1-26　各种刀柄及夹套等

铣刀的装夹顺序如下：

1)把弹簧夹套装置在夹紧螺母中。

2)将刀具放进弹簧夹套内。

3)将刀具整体放到与主刀柄配合的位置，并用扳手将夹紧螺母拧紧使刀具夹紧。

4)将刀柄安装到机床的主轴上。

由于铣刀使用时处于悬臂状态，在铣削加工过程中，有时可能出现立铣刀从刀夹中逐渐伸出，甚至完全掉落，致使工件报废的现象，其一般是因为刀夹内孔与立铣刀刀柄外径之间存在油膜，造成夹紧力不足所致。立铣刀出厂时通常都涂有防锈油，如果切削时使用非水溶性切削油，弹簧夹套内孔也会附着一层雾状油膜，当刀柄和弹簧夹套上都存在油膜时，弹簧夹套很难牢固夹紧刀柄，导致立铣刀在加工中容易松动掉落。所以在装夹立铣刀前，应先将立铣刀柄部和弹簧夹套内孔用清洗液清洗干净，擦干后再进行装夹。

当立铣刀的直径较大时，即使刀柄和刀夹都很清洁，还是可能发生掉刀事故，这时应选用带削平缺口的刀柄和相应的侧面锁紧方式。

立铣刀夹紧后可能出现的另一个问题是，加工中立铣刀在刀夹端口处折断，其原因一般是刀夹使用时间过长，刀夹端口部已磨损成锥形。

想一想：

夹具的种类和铣刀的种类分别有哪些？

提示：

被加工零件的几何形状是选择刀具类型的主要依据：

加工曲面类零件时，为了保证刀具切削刃与加工轮廓在切削点相切，而避免刀刃与工件轮廓发生干涉，一般采用球头刀，粗加工用两刃铣刀，半精加工和精加工用四刃铣刀；铣较大平面时，为了提高生产效率和提高加工表面粗糙度，一般采用刀片镶嵌式盘形铣刀；铣小平面或台阶面时一般采用通用铣刀；铣键槽时，为了保证槽的尺寸精度，一般用两刃键槽铣刀；孔加工时，可采用钻头、镗刀等孔加工类刀具。

任务实施

在加工程序执行前，调整每把刀的刀位点，使其尽量重合某一理想基准点，这一过程称为对刀。

对刀操作

对刀的目的是通过刀具或对刀工具确定工件坐标系与机床坐标系之间的空间位置关系，并将对刀数据输入相应的存储位置。对刀是数控加工中最重要的工作内容，其准确性直接影响零件的加工精度。对刀分为 X、Y 向对刀和 Z 向对刀。

1. 对刀方法

根据现有条件和加工精度要求选择对刀方法，可采用试切法、寻边器对刀、机内对刀仪对刀、自动对刀等。其中试切法的对刀精度较低，加工中常用寻边器和 Z 轴设定器对刀，效率高，能保证对刀精度。

2. 对刀工具

(1)寻边器

寻边器主要用于确定工件坐标系原点在机床坐标系中的 X、Y 值，也可以测量工件的简单尺寸。

寻边器有偏心式和光电式等类型，如图 2-1-27 所示，其中以偏心式较为常用。偏心式寻边器的测头一般为 10 mm 和 4 mm 两种的圆柱体，用弹簧拉紧在偏心式寻边器的测杆上。光电式寻边器的测头一般为 10 mm 的钢球，用弹簧拉紧在光电式寻边器的测杆上，碰到工件时可以退让，并将电路导通，发出光信号。通过光电式寻边器的指示和机床坐标位置可得到被测表面的坐标位置。

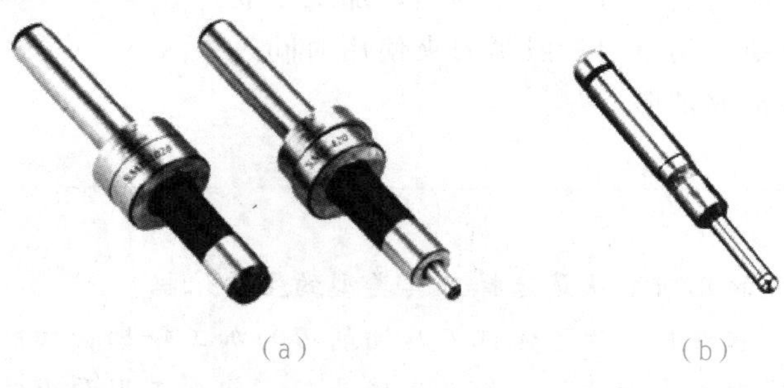

(a)　　　　(b)

图 2-1-27　寻边器

(a)偏心式；(b)光电式

(2)Z 轴设定器

Z 轴设定器主要用于确定工件坐标系原点在机床坐标系的 Z 轴坐标，或者说是确定刀具在机床坐标系中的高度。

Z 轴设定器有光电式和指针式等类型，如图 2-1-28 所示。通过光电指示或指针判断刀具与对刀器是否接触，对刀精度一般可达 0.005 mm。Z 轴设定器带有磁性表座，可以牢固地附着在工件或夹具上，其高度一般为 50 mm 或 100 mm。

(a) (b)

图 2-1-28 Z 轴设定器

(a)光电式；(b)指针式

对刀实例

已精加工过的零件毛坯如图 2-1-29 所示，采用寻边器对刀，其详细步骤如下：

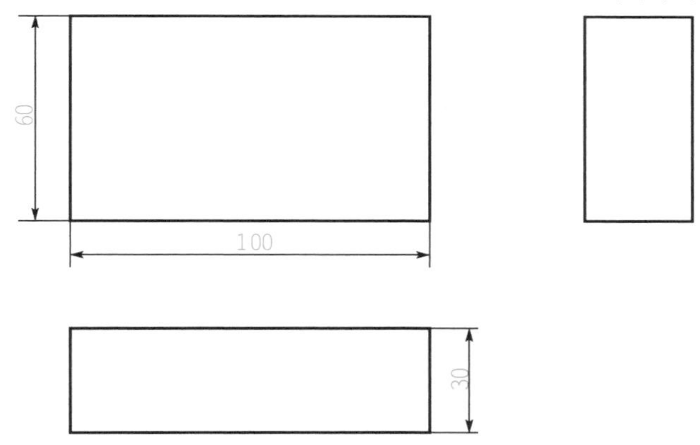

图 2-1-29 100 mm×60 mm×30 mm 的毛坯

1. X、Y 向对刀

1)将工件通过夹具装在机床工作台上，装夹时，工件的四个侧面都应留出寻边器的测量位置。

2)快速移动工作台和主轴，让寻边器测头靠近工件的左侧。

3)改用手轮操作，让测头慢慢接触工件左侧，直到目测寻边器的下部侧头与上固定端重合，将机床坐标设置为相对坐标值显示，按 MDI 面板上的 X 键，然后按 INPUT 键，此时当前位置 X 坐标值为 0。

4)抬起寻边器至工件上表面之上，快速移动工作台和主轴，让测头靠近工件右侧。

5)改用手轮操作，让测头慢慢接触工件右侧，直到目测寻边器的下部侧头与上固定端重合，记下此时机械坐标系中的 X 坐标值，若测头直径为 10 mm，则坐标显示为 110.000。

6)提起寻边器，然后将刀具移动到工件的 X 中心位置，中心位置的坐标值为

110.000/2=55，然后按 X 键，再按 INPUT 键，将坐标设置为 0，查看并记下此时机械坐标系中的 X 坐标值。此值为工件坐标系原点 W 在机械坐标系中的 X 坐标值。

7)同理可测得工件坐标系原点 W 在机械坐标系中的 Y 坐标值。

2. Z 向对刀

1)卸下寻边器，将加工所用刀具装上主轴。

2)准备一支直径为 10 mm 的刀柄(用以辅助对刀操作)。

3)快速移动主轴，让刀具端面靠近工件上表面以于 10 mm，即小于辅助刀柄直径。

4)改用手轮微调操作，在工件上表面与刀具之间的地方平推辅助刀柄，一边用手轮微调 Z 轴，直到辅助刀柄刚好可以通过工件上表面与刀具之间的空隙，此时的刀具断面到工件上表面的距离为一把辅助刀柄的距离，即 10 mm。

5)在相对坐标值显示的情况下，将 Z 轴坐标清零，将刀具移开工件正上方，然后将 Z 轴坐标向下移动 10 mm，记下此时机床坐标系中的 Z 值，此值为工件坐标系原点 W 在机械坐标系中的 Z 坐标值。

3. 输入数据

将测得的 X、Y、Z 值输入机床工件坐标系存储地址中(一般使用 G54～G59 代码存储对刀参数)。

任务评价

完成上述任务后，认真填写表 2-1-10 所示的“数控铣床刀具安装与对刀操作评价表”。

表 2-1-10 数控铣床刀具安装与对刀操作评价表

组别			小组负责人	
成员姓名			班级	
课题名称			实施时间	
评价指标	配分	自评	互评	教师评
数控铣床的启动和停止	20			
数控铣床毛坯的装夹	25			
刀具的安装	10			
对刀方法	10			
刀具补偿值的输入和修改	15			
程序自动运行	15			
能实现前后知识的迁移，与同伴团结协作	5			
总　计	100			
教师总评 (成绩、不足及注意事项)				
综合评定等级(个人 30%，小组 30%，教师 40%)				

练习与实践

1. 试切练习

在学生掌握一些基本操作后，有意识增加学生的试切练习，主要目的是使他们在加工过程中做好心理准备；加强对加工精度和加工尺寸的一些数值的理解，培养实际的眼观、手感，这对提高学生在加工过程中处理实际问题的能力也有一定的益处。

通过简单的试切，让学生对加工工艺参数在一定的范围进行调整，以对数控加工工艺有初步的了解。

试切练习的主要内容如下：

1)利用手轮缓慢加工工件，逐步增加切削深度和加快手轮速度，并多次调整主轴转速(规定的范围内)，进行平面加工，观察、记录并对比不少于 10 个不同的工艺参数对工件表面的影响；加工 100 mm×100 mm 的正方形，以对刀具补偿有初步的认识。

2)利用 MDI 方式编制简单程序进行加工，如加工直线、斜线、圆弧，配合倍率开关进行加工工艺参数的调整；使用不同的编程方式(绝对值与增量值编程)、不同的坐标系，以及不同的刀补，进行单个工序加工，在每个工序之间要求学生测量一下其结果。

2. 对刀练习

在掌握对刀的方法和建立坐标系的基础上，通过对刀的培训反复练习，养成在操作中的良好习惯，消除一些错误的动作，树立安全操作的观念，应做到心、眼、手的协调，动作做到快慢有序。

为反映实际对刀精度要求，学生在完成对刀并建立好坐标系后，重新换一把刀具或有意识重新装夹一次刀具，然后重复对刀过程，将第二次对刀确定的坐标系数值与第一次进行比较。

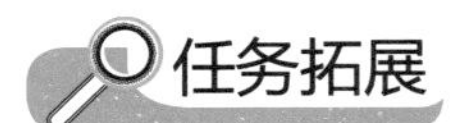

任务拓展

阅读材料一——手动操作要领

通过本任务，我们学习了数控铣床的刀具系统，掌握了刀具的选用、装卸与调试，还进行了手动铣削操作及对刀练习。

在刀具移动距离较大时，一般先用手动方式；在刀具移动距离较小时，可用增量点动方式。接近工件时则应该用手轮方式。

要求如下：

1)明确正负方向，切勿弄错方向。

2)能正确进行脉冲当量的切换。

3)手轮的手感与刀具的移动速度必须匹配。

4)手轮在接近工件时应以最小的移动量操作，主要用在对刀练习。

在广泛使用数控设备的今天，实现自动加工，对产品的质量保证大大提高，然而对于数控操作工来说，对刀过程和技巧是最基本的也是最重要的环节，也是更换刀具后保证产品表面质量的重要保证，是衡量一个操作工的操作水平的重要方面。

对刀的两个主要目的：建立工件坐标系和加工刀具与基准刀的刀补。

阅读材料二——顺铣与逆铣

在铣削加工中，根据铣刀的旋转方向和切削进给方向之间的关系，可以分为顺铣和逆铣两种。如果当铣刀的旋转方向和工件的进给方向相同，则称为顺铣；如果铣刀的旋转方向与工件的进给方向相反，则称为逆铣。

顺铣消耗的功率要比逆铣小，在同等切削条件下，顺铣的消耗功率要低5%～15%，同时顺铣更加有利于排屑。一般应尽量采用顺铣法加工，以降低被加工零件的表面粗糙度，保证尺寸精度。当在切削面上有硬质层、积渣，以及工件表面凹凸不平较显著时，如加工锻造毛坯，应采用逆铣法。

顺铣时，切削由厚变薄，刀齿从未加工表面切入，对铣刀的使用有利。逆铣时，铣刀刀齿接触工件后不能马上切入金属层，而是在工件表面滑动一小段距离，在滑动过程中，由于强烈的摩擦，就会产生大量的热量，同时在待加工表面易形成硬化层，降低了刀具的耐用度，影响工件的表面粗糙度，给切削带来不利。另外，逆铣时，由于刀齿由下往上(或由内往外)切削，且从表面硬质层开始切入，刀齿受很大的冲击负荷，铣刀变钝较快，但刀齿切入过程中没有滑移现象，切削时工作台不会窜动。

对于逆铣和顺铣，因为切入工件时的切削厚度不同，刀齿和工件的接触长度不同，所以铣刀磨损程度不同。实践表明：顺铣时，铣刀耐用度比逆铣时提高2～3倍，表面粗糙度也可降低，但顺铣不宜用于铣削带硬皮的工件。

项目二

铣削简单型面

任务一　铣削六角螺栓头

六边形加工是典型的数控轮廓加工。按照加工工艺要求，根据所用数控机床规定的指令代码及程序格式，将刀具的运动轨迹、位移量、切削用量以及相关辅助动作(包括换刀、主轴正/反转、切削液开/关等)编写成加工程序，输入数控装置中，通过模拟检测，最后进行试切加工零件。

任务目标

• 能独立阅读生产任务单，明确工时、加工数量等要求，说出所加工零件的用途、功能和分类；

• 能识读图样和工艺卡，明确加工技术要求和加工工艺；

• 能根据工艺卡选用合适的量器具；

• 根据零件的加工要求选择合适的刀具；

• 会用游标卡尺、千分尺等量具；

• 能根据现场条件，查阅相关资料，确定符合加工技术要求的工、量、夹具；

• 会使用 G00/G01 指令编制程序。

任务描述

图 2-2-1 所示为六角螺栓头工件，毛坯为 ϕ25 mm×40 mm 的 45 钢，试编写其数控铣床加工程序并进行加工。操作要求参见图 2-2-2。

图 2-2-1　六角螺栓头工件

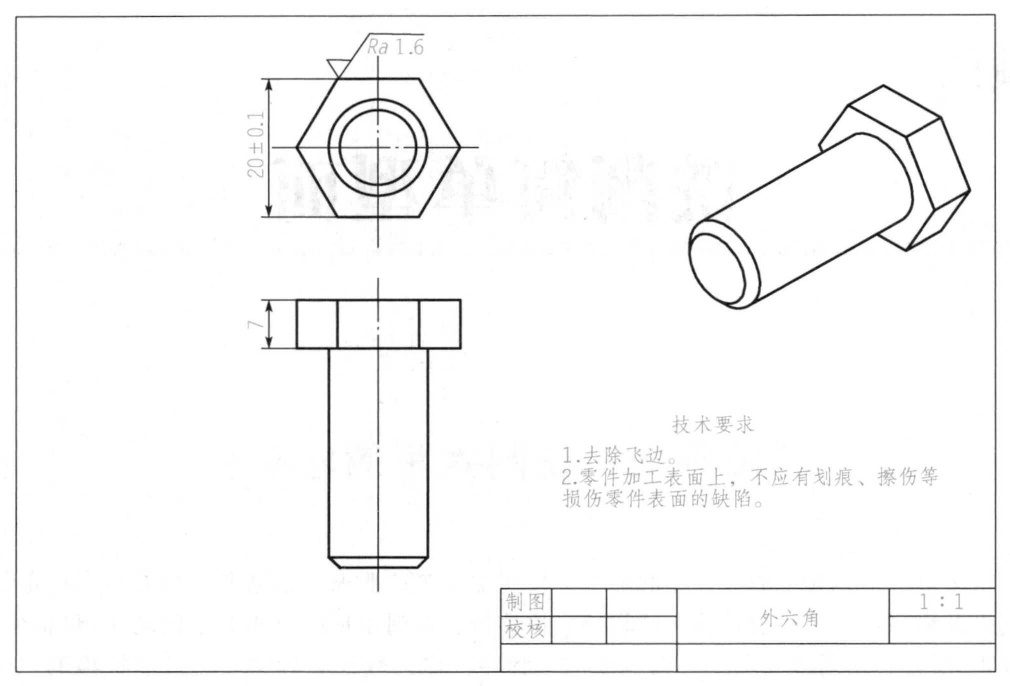

图 2-2-2 操作要求

知识链接

编程指令

1. 快速定位指令(G00)

格式如下：

```
G00 X_ Y_ Z_ ;
```

说明：X、Y、Z 为定位终点坐标，G90 时为终点在工件坐标系中的坐标，G91 时为终点相对于起点的位移量，不运动的轴可以不写。

G00 一般用于加工前快速定位或者加工后快速退刀。移动速度可通过面板上的修调旋钮来调整。在加工中操作者必须小心，以免发生撞刀。常规做法如下：进刀时，先移动 *X* 轴和 *Y* 轴，然后 *Z* 轴下降到加工深度；退刀时，先将 *Z* 轴向上移动到安全高度，然后再移动 *X* 轴和 *Y* 轴。

在执行 G00 指令时，由于各轴以各自速度移动，不能保证各轴同时达到终点，因此联动直线轴的合成不一定是直线。

2. 直线插补指令(G01)

格式如下：

```
G01 X_ Y_ Z_ F_ ;
```

说明：

1)X、Y、Z：直线插补终点坐标，G90 时为终点在工件坐标系中的坐标，G91 时为终点相对于起点的位移量。

2)F：进给量。

G01 指令刀具以联动的方式，按 F 指定的合成进给速度，从当前的位置线性移动到程序指定的终点。

量具的使用

所用量为游标卡尺、外径千分尺，如图 2-2-3 所示。

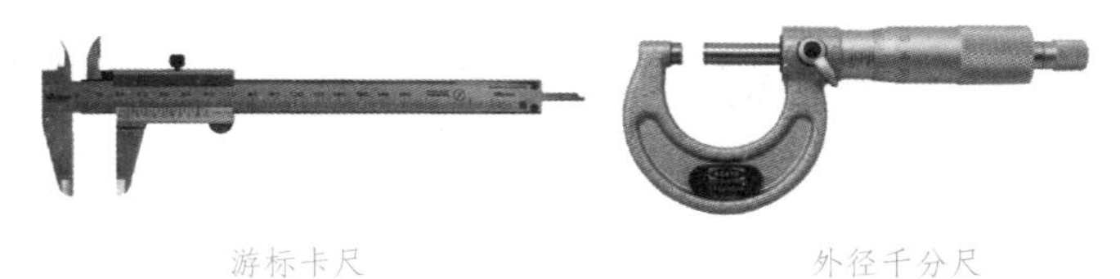

游标卡尺　　外径千分尺

图 2-2-3　量具

查阅书籍，填写表 2-2-1。

表 2-2-1　量具的使用注意事项

安全注意事项	
使用前注意事项	
使用时注意事项	
保管时注意事项	

想一想：

外径千分尺与游标卡尺在结构和识读方面有什么区别？

提示：

1)游标卡尺采用推拉式测量，外径千分尺采用螺纹旋转测量。

2)游标卡尺的测量精度略低于外径千分尺的测量精度，识读尺寸均是主刻度尺寸加副刻度尺寸。

任务实施

工艺准备和要求

1. 工艺准备

本任务选用的机床为 FANUC 0i MC 系统的数控铣床，加工中使用的工具、刀具、量具、夹具如表 2-2-2 所示。

表 2-2-2 工具、刀具、量具、夹具清单

序号	名 称	规 格	数 量	备 注
1	游标卡尺	0～150 mm(0.02 mm)	1	
2	千分尺	0～25 mm、25～50 mm(0.01 mm)	各 1	
3	杠杆百分表	0～10 mm(0.01 mm)	1	
4	磁性表座		1	
5	寻边器	CE－420	1	
6	弹性夹簧	ER32，ϕ12 mm	1	
7	刀柄	BT40	若干	
8	铣刀	ϕ12 mm	2	
9	塞尺	0.01～1 mm	1 副	
10	锁刀座		1 套	
11	材料	25 mm×40 mm	1	
12	其他	铜棒、铜皮、毛刷等常用工具		选用
13		计算机、计算器、编程用书等		

2. 工艺要求

本任务的工时定额(包括编程与程序手动输入)为 2 h，其加工要求如表 2-2-3 所示。

表 2-2-3 加工要求

项目与配分		序号	技术要求	配分	评分标准	检测记录	得分
工件加工评分(40%)	外形轮廓	1	3×20 mm±0.1 mm	12	超差 0.01 mm 扣 2 分		
		2	7 mm±0.05 mm	8	超差 0.01 mm 扣 2 分		
		3	Ra1.6 μm	8	每错一处扣 0.5 分		
		4	工件按时完成	6	未按时完成全扣		
		5	工件无缺陷	6	缺陷一处扣 3 分		
程序与工艺(30%)		6	程序正确合理	15	每错一处扣 2 分		
		7	加工工序卡	15	不合理每处扣 2 分		
机床操作(30%)		8	机床操作规范	15	出错一次扣 2 分		
		9	工件、刀具装夹	15	出错一次扣 2 分		
安全文明生产(倒扣分)		10	安全操作	倒扣	安全事故、停止操作酌扣 5～30 分		
		11	机床整理	倒扣			

填写工艺卡

填写六角螺栓头工艺卡，如表 2-2-4 所示。

表 2-2-4　六角螺栓头工艺卡

单位名称		产品名称		六角螺栓头		图号	第一页	
		零件名称		六角螺栓头	数量	1		
材料种类		材料牌号		毛坯尺寸				
工序号	工序内容	车间	设备	工具			计划工时	实际工时
				夹具	量具	刀具		
更改号		拟定	校正		审核		批准	
更改者								
日期								

刀具的选择

分析零件图样，根据工艺卡选择刀具，完成表 2-2-5。

表 2-2-5　刀具的选用

序号	刀具名称	规格	数量	需领用

编写加工程序

以外圆圆柱中心原点为编程原点，选择的刀具如下：T1 是 ϕ12 mm 立铣刀，T2 是 ϕ12 mm 的精加工铣刀。

其参考程序如表 2-2-6 和表 2-2-7 所示。

表 2-2-6 参考程序(粗加工)

程序	说明
O0001;	程序名
G90 G94 G40 G21 G17 G54;	程序初始化
T01 M06;	换 1 号刀
M03 S600;	主轴正转，转速 600 r/min
G90 G00 X-25 Y-25;	快速定位到(X-25，Y-25)位置
M08;	打开切削液
G43 H01 Z20;	采用 1 号长度正补偿快速定位到 Z20
Z2; `	快速定位到 Z2
G01 Z-7 F50;	直线插补到 Z-7，进给量 50 mm/min
G41 D01 X-5.774 Y-10 F150;	建立左补偿(X-5.774，Y-10)，进给量 150 mm/min
X-11.547 Y0;	进给(X-11.547，Y0)
X-5.774 Y10;	进给(X-5.774，Y10)
X5.774;	进给 X5.774
X11.547 Y0;	进给(X11.547，Y0)
X5.774 Y-10;	进给(X5.774，Y-10)
X-5.774;	进给 X-5.774
G40 G01 X-25 Y-25;	取消刀具补偿(X-25，Y-25)
G0 Z100;	快速退刀
M09;	关闭切削液
M05;	主轴停止
M30;	程序结束

表 2-2-7 参考程序(精加工)

程序	说明
O0002;	程序名
G90 G94 G40 G21 G17 G54;	程序初始化
T02 M06;	换 2 号刀
M03 S900;	主轴正转，转速 900 r/min
G90 G00 X-25 Y-25;	快速定位到(X-25，Y-25)位置
M08;	打开切削液
G43 H02 Z20;	采用 2 号长度正补偿快速定位到 Z20
Z2; `	快速定位到 Z2
G01 Z-7 F50;	直线插补到 Z-7，进给量 50 mm/min
G41 D02 X-5.774 Y-10 F150;	建立左补偿(X-5.774，Y-10)，进给量 150 mm/min
X-11.547 Y0;	进给(X-11.547，Y0)
X-5.774 Y10;	进给(X-5.774，Y10)

续表

程序	说明
X5.774;	进给 X5.774
X11.547 Y0;	进给(X11.547, Y0)
X5.774 Y-10;	进给(X5.774, Y-10)
X-5.774;	进给 X-5.774
G40 G01 X-25 Y-25;	取消刀具补偿(X-25, Y-25)
G0 Z100;	快速退刀
M09;	关闭切削液
M05;	主轴停止
M30;	程序结束

加工过程

按照下面操作步骤，在数控铣床上加工六角螺栓头。

1)安装刀具。

2)在台虎钳上安装 V 形块装夹圆柱。

3)对刀。

4)调用程序 O0001～O0002。

5)切削加工工件。

6)测量工件，去飞边。

7)清理机床。

任务评价

完成上述任务后，认真填写表 2-2-8 所示的“数控铣床六边形加工操作评价表”。

表 2-2-8 数控铣床六边形加工操作评价表

组别			小组负责人	
成员姓名			班级	
课题名称			实施时间	
评价指标	配分	自评	互评	教师评
会正确的编写数控加工程序	15			
能够独立完成工件的加工与尺寸公差的调试	20			
工件的尺寸与表面质量	20			
熟悉工艺卡片的填写	15			
工、量、刀具的规范使用	10			
课堂学习纪律、完全文明生产	10			
着装是否符合安全规程要求	5			

续表

评价指标	配分	自评	互评	教师评
能实现前后知识的迁移，与同伴团结协作	5			
总　　计	100			
教师总评 （成绩、不足及注意事项）				
综合评定等级（个人 30%，小组 30%，教师 40%）				

练习与实践

根据所学知识完成图 2-2-4 所示零件的加工，编写加工程序。

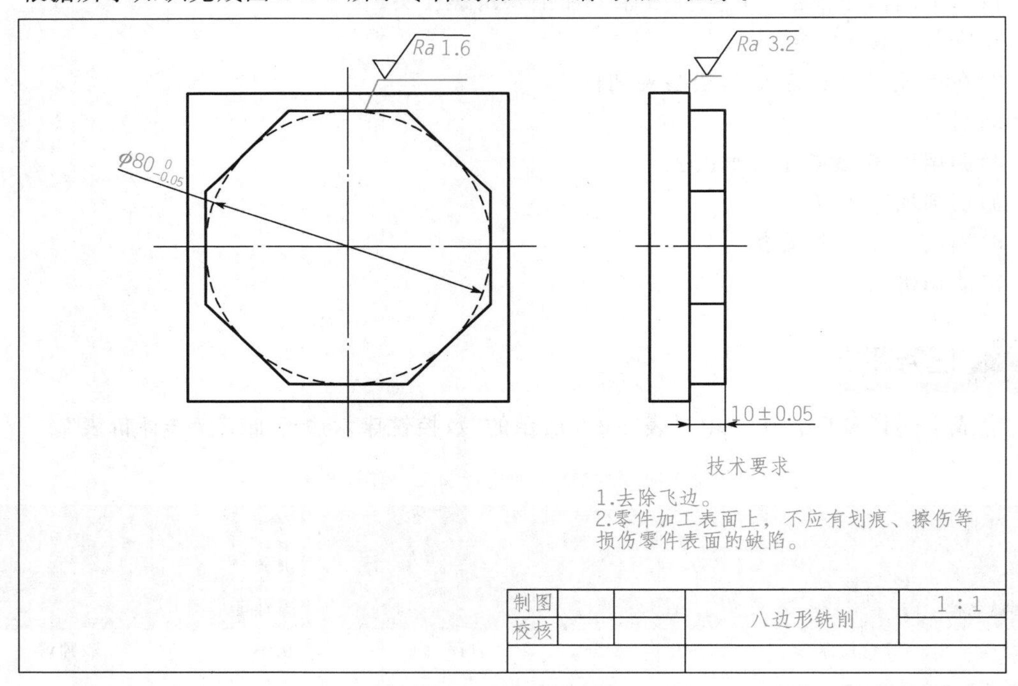

图 2-2-4　实训练习

任务拓展

根据所学知识，在完成一般练习任务的基础上，进行六角凸台的拓展练习，如图 2-2-5 所示。

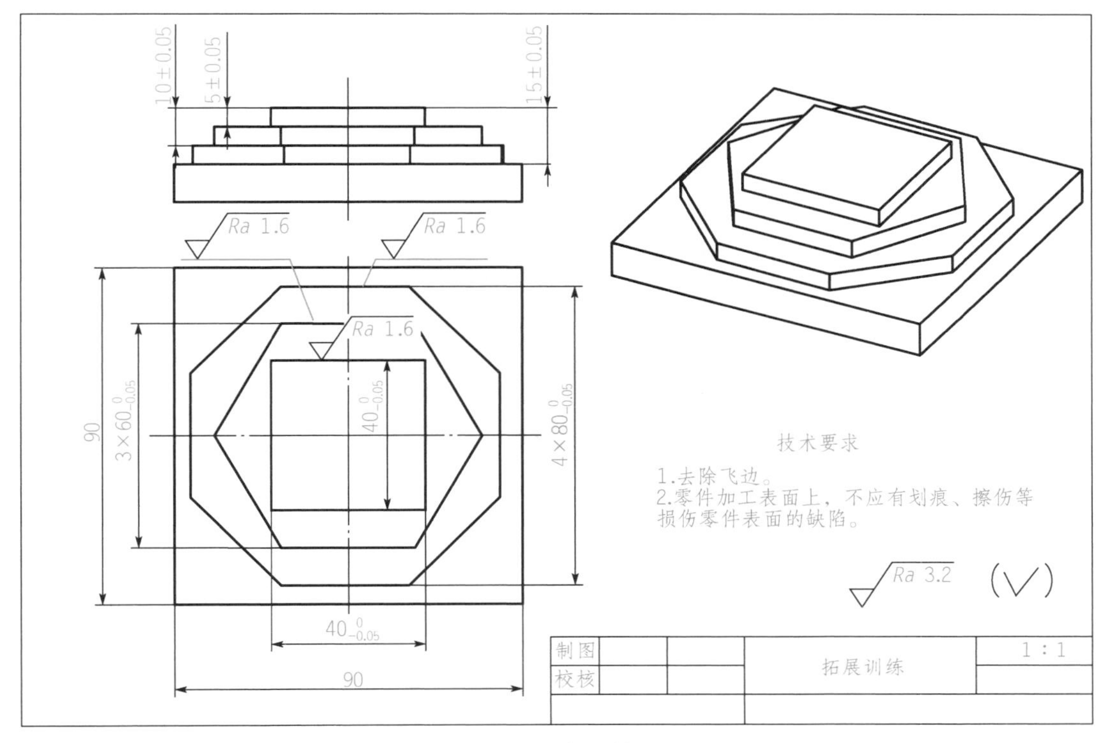

图 2-2-5　拓展练习

任务二　铣削圆弧凸台

数控圆弧铣削是普通铣床较难完成的部分，针对一些规律的圆弧，可以通过 G02/G03 圆弧指令的使用，了解其应用场合和格式。

任务目标

- 能独立阅读生产任务单，明确工时、加工数量等要求，说出所加工零件的用途、功能和分类；
- 能识读图样和工艺卡，明确加工技术要求和加工工艺；
- 能根据工艺卡选用合适的量器具；
- 根据零件的加工要求选择合适的刀具；
- 会用游标卡尺、千分尺、深度尺等量具；
- 能根据现场条件，查阅相关资料，确定符合加工技术要求的工、量、夹具；
- 会使用 G02/G03 指令编制程序。

任务描述

图 2-2-6 所示工件为圆弧凸台，毛坯为 90 mm×90 mm×30 mm 的 45 钢，零件要求参见图 2-2-7，试编写其数控铣床加工程序并进行加工。

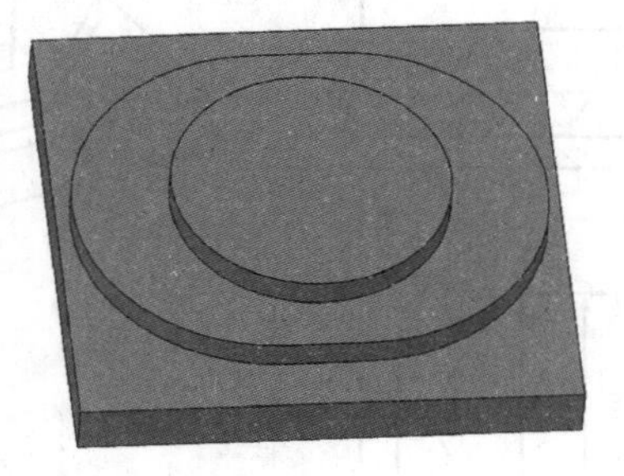

图 2-2-6 圆弧凸台

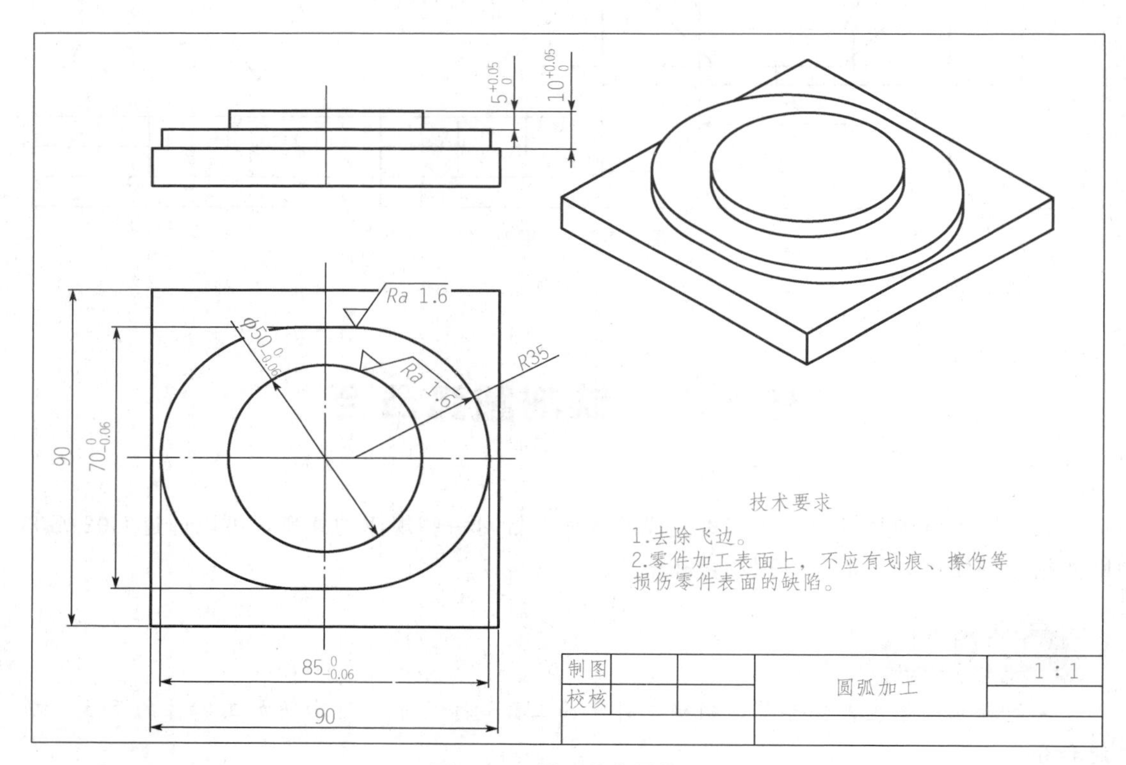

图 2-2-7 圆弧凸台零件图

知识链接

编程指令

圆弧插补指令(G02/G03)的格式如下：

```
G02/G03 X_ Y_ R_ F_ ;
```

或

```
G02/G03 X_ Y_ I_ J_ F_ ;
```

说明：

1)G02 用于顺时针圆弧插补，G03 用于逆时针圆弧插补。

2)X，Y：圆弧终点。

3)I、J、K：圆心相对于圆弧起点的增量值(圆心坐标减去圆弧起点的坐标)。

4)R：圆弧半径，当圆弧圆心角度不大于 180°时，R 为正值，否则 R 为负值。

5)F：进给速度。

注意：

1)圆弧顺逆的判别方法是：沿圆弧所在平面内(如 XY 平面)的第三个轴负方向($-Z$)观察，顺时针方向为 G02，逆时针方向是 G03。

2)整个圆弧编程时不可以使用 R，只能用 I、J、K。

3)同时编写 R 和 I、J、K 时，R 有效。

量具的使用

所用量具为游标卡尺寸、外径千分尺和深度千分尺(图 2-2-8)。

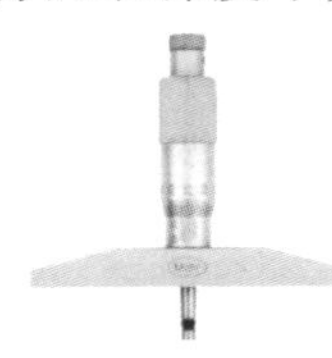

图 2-2-8 深度千分尺

查阅书籍，填写表 2-2-9。

表 2-2-9 量具的使用注意事项

安全注意事项	
使用前注意事项	
使用时注意事项	
保管时注意事项	

想一想：

数控铣床的 G02/G03 的方向(顺时针、逆时针)怎么判别?

提示：

沿圆弧所在平面内(如 XY 平面)的第三个轴负方向($-Z$)观察，顺时针方向为G02，逆时针方向是G03。如果更换加工空间到G18、G19，则需要先判别第三个轴的方向，再判别圆弧的方向(顺时针、逆时针)。

任务实施

工艺准备和要求

1. 工艺准备

本任务选用的机床为FANUC 0i MC系统的数控铣床，加工中使用的工具、刀具、量具、夹具如表2-2-10所示。

表2-2-10 工具、刀具、量具、夹具清单

序号	名 称	规 格	数 量	备 注
1	游标卡尺	0～150 mm(0.02 mm)	1	
2	千分尺	25～50 mm、50～75 mm、75～100 mm(0.01 mm)	各1	
3	深度千分尺	0～25 mm(0.01 mm)	1	
4	杠杆百分表	0～10 mm(0.01 mm)	1	
5	磁性表座		1	
6	寻边器	CE－420	1	
7	弹性夹簧	ER32，ϕ12 mm	1	
8	刀柄	BT40	若干	
9	铣刀	ϕ12 mm	2	
10	塞尺	0.01～1 mm	1副	
11	锁刀座		1套	
12	材料	90 mm×90 mm×30 mm	1	
13	其他	铜棒、铜皮、毛刷等常用工具		选用
14		计算机、计算器、编程用书等		

2. 工艺要求

本任务的工时定额(包括编程与程序手动输入)为2 h，其加工要求如表2-2-11所示。

表 2-2-11　加工要求

项目与配分		序号	技术要求	配分	评分标准	检测记录	得分
工件加工评分（64%）	外形轮廓	1	$\phi 50_{-0.06}^{\ 0}$ mm	10	超差 0.01 mm 扣 2 分		
		2	$85_{-0.06}^{\ 0}$ mm	10	超差 0.01 mm 扣 2 分		
		3	$70_{-0.06}^{\ 0}$ mm	10	超差 0.01 mm 扣 2 分		
		4	$Ra1.6\ \mu m$	6	每错一处扣 0.5 分		
		5	圆弧 $R35$ mm	6	超差 0.01 mm 扣 2 分		
		6	$10_{\ 0}^{+0.05}$ mm	8	超差 0.01 mm 扣 2 分		
		7	$5_{\ 0}^{+0.05}$ mm	8	超差 0.01 mm 扣 2 分		
		8	工件按时完成	3	未按时完成全扣		
		9	工件无缺陷	3	缺陷一处扣 3 分		
程序与工艺（20%）		11	程序正确合理	10	每错一处扣 2 分		
		12	加工工序卡	10	不合理每处扣 2 分		
机床操作（16%）		13	机床操作规范	8	出错一次扣 2 分		
		14	工件、刀具装夹	8	出错一次扣 2 分		
安全文明生产（倒扣分）		15	安全操作	倒扣	安全事故、停止操作酌扣 5～30 分		
		16	机床整理	倒扣			

填写工艺卡

填写圆弧铣削工艺卡，如表 2-2-12 所示。

表 2-2-12　圆弧铣削工艺卡

单位名称		产品名称		圆弧铣削		图号	第一页	
		零件名称		圆弧凸台	数量	1		
材料种类		材料牌号		毛坯尺寸				
工序号	工序内容	车间	设备	工具			计划工时	实际工时
				夹具	量具	刀具		
更改号		拟定	校正		审核		批准	
更改者								
日期								

刀具的选择

分析零件图样，根据工艺卡选择刀具，完成表 2-2-13。

表 2-2-13　刀具的选用

序号	刀具名称	规格	数量	需领用

编写加工程序

以毛坯的中心原点为编程原点，采用四面分中的方法，选择的刀具如下：T1 是 ϕ12 mm 粗铣刀，T2 是 ϕ12 mm 的精铣刀。

其参考程序如表 2-2-14 和表 2-2-15 所示。

表 2-2-14　参考程序(大圆弧粗加工)

程序	说明
O0001;	程序名(大圆弧粗加工)
G90 G94 G40 G21 G17 G54;	程序初始化
T01 M06;	换 1 号刀
M03 S600;	主轴正转，转速 600 r/min
G90 G00 X0 Y-55;	快速定位到(X0，Y-55)位置
M08;	打开切削液
G43 H01 Z20;	采用 1 号长度正补偿快速定位到 Z20
Z2;	快速定位到 Z2
G01 Z-5.02 F50;	直线插补到 Z-5.02，进给量 50 mm/min
G41 D01 X0 Y-35 F150;	建立左补偿(X0，Y-35)，进给量 150 mm/min
X-7.5;	直线进给 X-7.5
G02 X-7.5 Y35 R35;	圆弧进给(X-7.5，Y35)位置，圆弧半径 35 mm
G01X7.5;	直线进给 X7.5
G02 X7.5 Y-35 R35;	圆弧进给(X7.5，Y-35)位置，圆弧半径 35 mm
G01X0;	直线进给 X0
G40 G01 X0 Y-55;	取消刀具补偿退刀(X0，Y-55)
G0 Z100;	快速退刀
M09;	关闭切削液
M05;	主轴停止
M30;	程序结束

表 2-2-15　参考程序(整圆粗加工)

程序	说明
O0002;	程序名(整圆加工)
G90 G94 G40 G21 G17 G54;	程序初始化
T01 M06;	换 1 号刀
M03 S600;	主轴正转，转速 600 r/min
G90 G00 X55 Y0;	快速定位到(X55，Y0)位置
M08;	打开切削液
G43 H01 Z20;	采用 1 号长度正补偿快速定位到 Z20
Z2; `	快速定位到 Z2
G01 Z-5.02 F50;	直线插补到 Z-5.02，进给量 50 mm/min
G41 D01 X25 Y0 F150;	建立左补偿(X25，Y0)，进给量 150 mm/min
G02 I-25 J0 ;	圆弧加工整圆圆心坐标减去起点坐标
G40 G01 X55 Y0;	取消刀具补偿退刀(X55，Y0)
G0 Z100;	快速退刀
M09;	关闭切削液
M05;	主轴停止
M30;	程序结束

注意：精加工和粗加工程序一样，只需要改变切削参数即可。提高主轴转速 $S=900$ r/min，进给量降低 $F=80$ mm/min。

加工过程

按照下面操作步骤，在数控铣床上加工圆弧。

1)安装刀具。

2)在台虎钳上安装方料。

3)对刀。

4)调用程序 O0001～O0002。

5)切削加工工件。

6)测量工件，去飞边。

7)清理机床。

任务评价

完成上述任务后，认真填写表 2-2-16 所示的“数控铣床圆弧加工操作评价表”。

表 2-2-16 数控铣床圆弧加工操作评价表

组别			小组负责人	
成员姓名			班级	
课题名称			实施时间	
评价指标	配分	自评	互评	教师评
会正确编写数控加工程序	15			
能够独立完成工件的加工与尺寸公差的调试	20			
工件的尺寸与表面质量	20			
熟悉工艺卡片的填写	15			
工、量、刀具的规范使用	10			
课堂学习纪律、完全文明生产	10			
着装是否符合安全规程要求	5			
能实现前后知识的迁移，与同伴团结协作	5			
总　　计	100			
教师总评 （成绩、不足及注意事项）				
综合评定等级（个人 30%，小组 30%，教师 40%）				

练习与实践

根据所学知识完成图 2-2-9 所示零件的加工，编写加工程序。

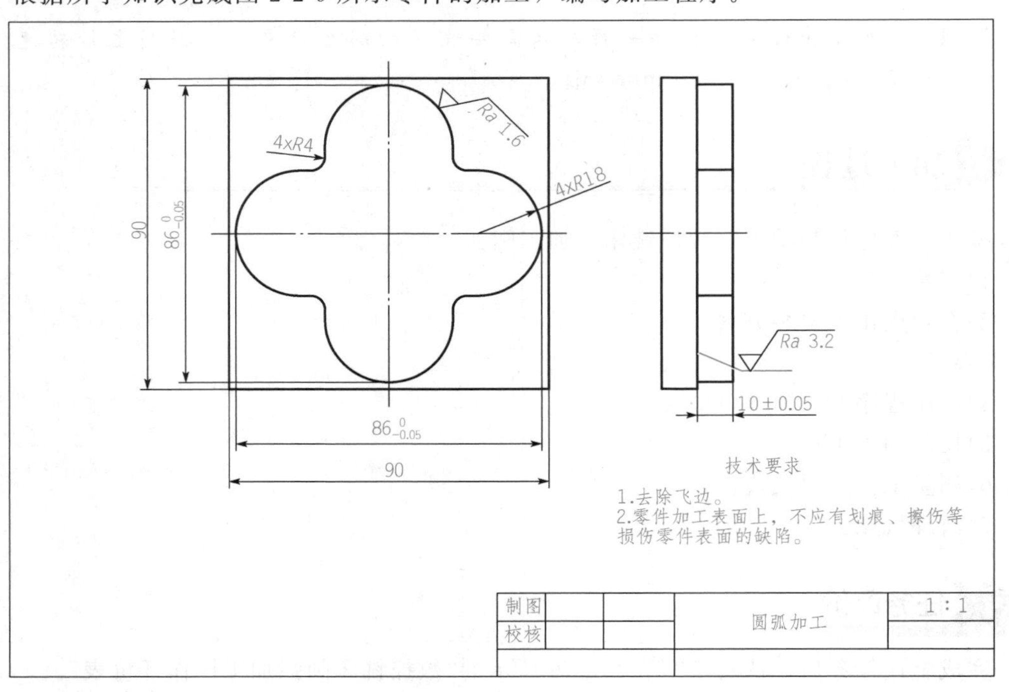

图 2-2-9 实训练习

任务拓展

请根据所学知识，在完成一般练习任务的基础上，进行圆柱凸台、槽的拓展练习，如图 2-2-10 所示。

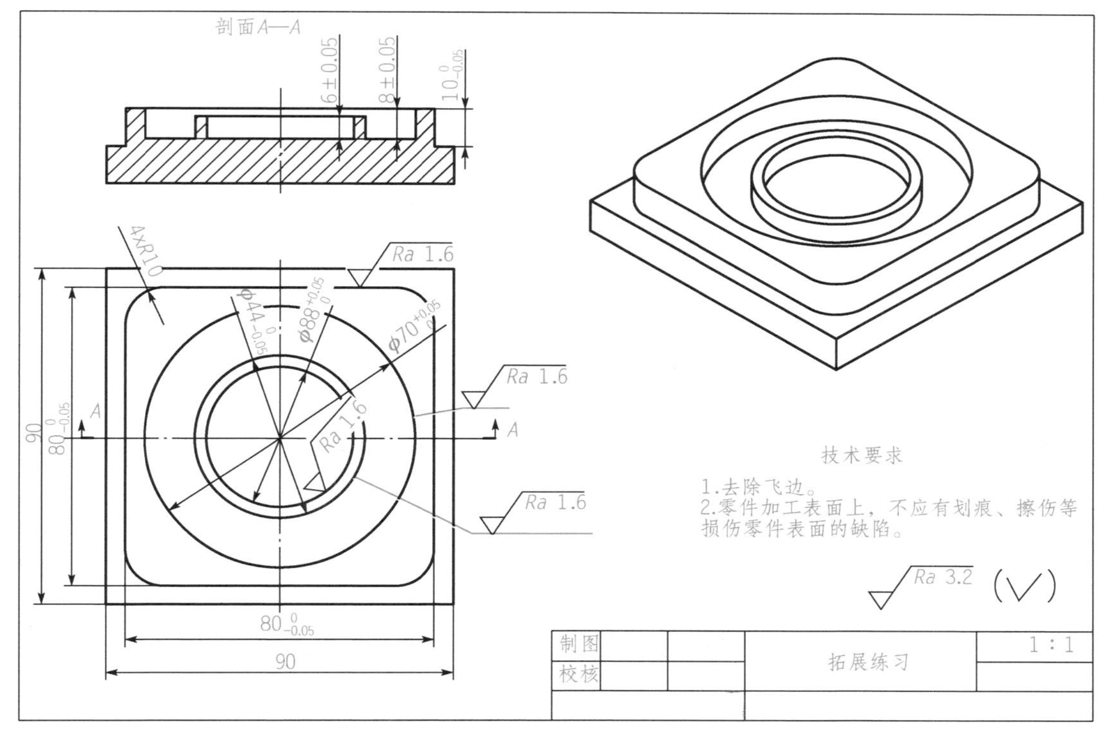

图 2-2-10 拓展练习

任务三 铣削十字键槽

应用自动过渡倒角功能，在实际编程中可以大大减少编程的工作量。旋转功能常用于有规律的图形，灵活掌握，在编程技巧上有很大的作用。

任务目标

• 能独立阅读生产任务单，明确工时、加工数量等要求，说出所加工零件的用途、功能和分类；

• 能识读图样和工艺卡，明确加工技术要求和加工工艺；

• 能根据工艺卡选用合适的量器具；

• 根据零件的加工要求选择合适的刀具；

- 会用游标卡尺、外径千分尺、深度千分尺等量具；
- 能根据现场条件，查阅相关资料，确定符合加工技术要求的工、量、夹具；
- 会使用 G68/G69、G01 指令编制程序。

任务描述

图 2-2-11 所示工件为十字键槽，毛坯为 90 mm×90 mm×40 mm 的 45 钢，试编写其数控铣床加工程序并进行加工。操作要求参见图 2-1-12。

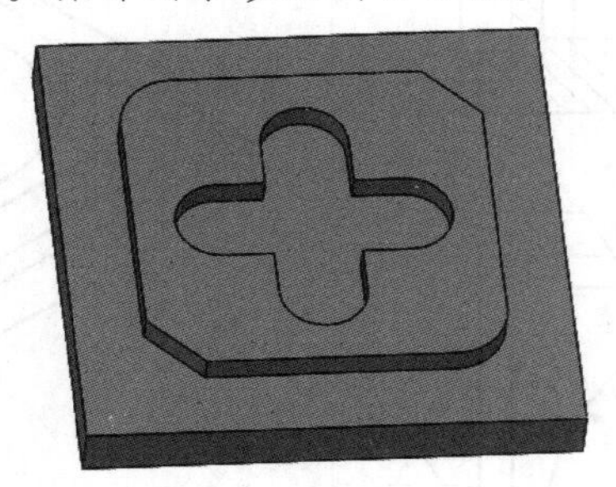

图 2-2-11 十字键槽

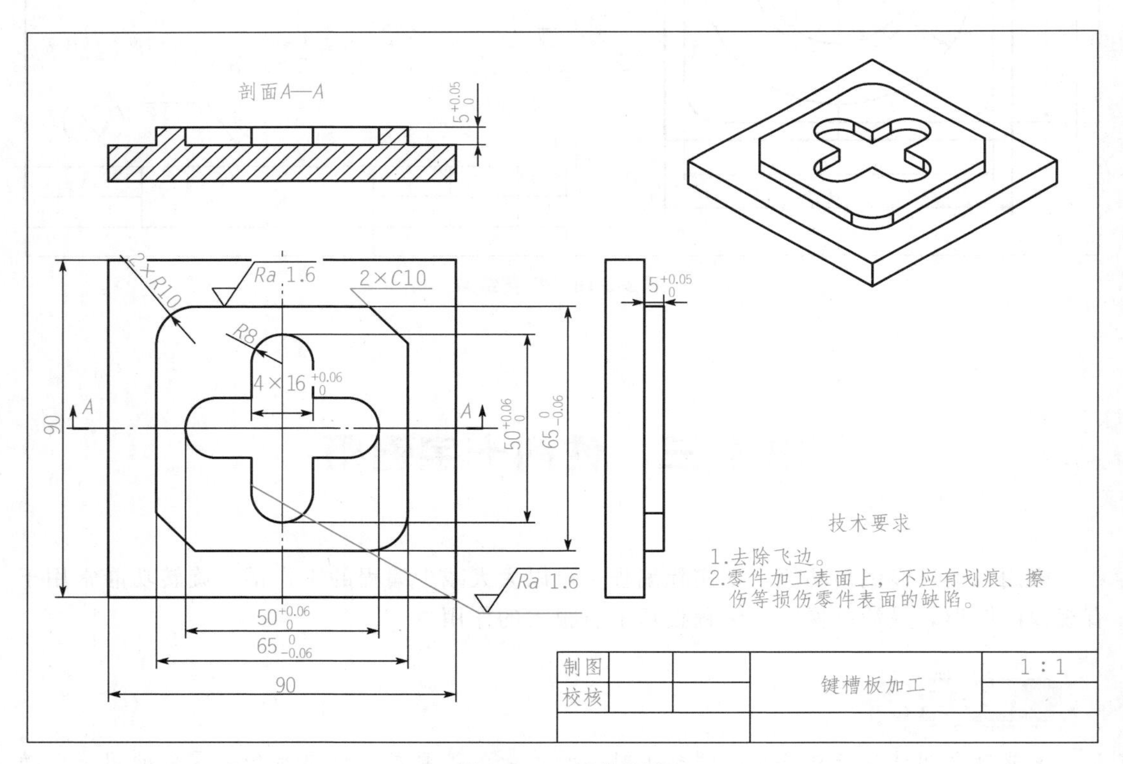

图 2-2-12 操作要求

知识链接

编程指令

1. 圆角自动过渡指令

格式如下：

```
G01 X_ Y_ , R_ F_ ;
```

说明：

1)X、Y：圆弧过渡的两条边的反向交点坐标。

2)R：圆弧半径。

2. 直角自动过渡指令

格式如下：

```
G01 X_ Y_ , C_ F_ ;
```

说明：

1)X、Y：圆弧过渡的两条边的反向交点坐标。

2)C：倒角长度。

3. 旋转功能指令

格式如下：

```
G68_ X_ Y_ R_ ;
```

说明：

1)G69 用于取消坐标系旋转，G68 用于建立旋转功能。

2)X、Y：旋转中心的坐标值。

3)R：旋转角度，单位是度(°)，$0° \leqslant R \leqslant 360°$。

G68 以给定点为旋转中心，将图形旋转 R 角度，如果省略了 R，则以程序原点为中心旋转。

在刀具有补偿的情况下，先旋转后刀补，有缩放的功能情况下，先缩放后旋转。格式中 R 有“+”、“-”之分，规定顺时针旋转为“-”，逆时针旋转为“+”，坐标轴系取代指令为 G69，其也可以指定在其他指令的程序中。

量具的使用

所用量具为游标卡尺、外径千分尺、深度千分尺、内测千分尺(图 2-2-13)。

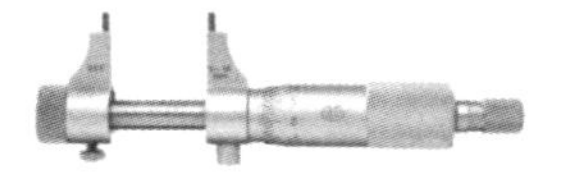

图 2-2-13　内测千分尺

查阅书籍，填写表 2-2-17。

表 2-2-17 量具的使用注意事项

安全注意事项	
使用前注意事项	
使用时注意事项	
保管时注意事项	

想一想：

内测千分尺和深度千分尺分别如何应用？

提示：

内测千分尺可以用来测量部分轮廓的内部尺寸，如键槽、圆等，其使用方法和外径千分尺一样，但是识读数据方法有所区别。

深度千分尺用来测量轮廓的深度尺寸，测量精度较高。

任务实施

工艺准备和要求

1. 工艺准备

本任务选用的机床为 FANUC 0i MC 系统的数控铣床，加工中使用的工具、刀具、量具、夹具如表 2-2-18 所示。

表 2-2-18 工具、刀具、量具、夹具清单

序号	名 称	规 格	数 量	备 注
1	游标卡尺	0～150 mm(0.02 mm)	1	
2	千分尺	50～75 mm(0.01 mm)	各 1	
3	深度千分尺	0～25 mm(0.01 mm)	1	
4	内测千分尺	5～30 mm(0.01 mm)		
5	杠杆百分表	0～10 mm(0.01 mm)	1	
6	磁性表座		1	
7	寻边器	CE－420	1	
8	弹性夹簧	ER32，ϕ12 mm	1	

续表

序号	名 称	规 格	数 量	备 注
9	刀柄	BT40	若干	
10	键槽铣刀	ϕ12 mm	2	
11	塞尺	0.01～1 mm	1 副	
12	锁刀座		1 套	
13	材料	90 mm×90 mm×30 mm	1	
14	其他	铜棒、铜皮、毛刷等常用工具		选用
15		计算机、计算器、编程用书等		

2. 工艺要求

本任务的工时定额(包括编程与程序手动输入)为 2 h，其加工要求如表 2-2-19 所示。

表 2-2-19 加工要求

项目与配分		序号	技术要求	配分	评分标准	检测记录	得分
工件加工评分(64%)	外形轮廓	1	$2\times65_{-0.06}^{0}$ mm	8	超差 0.01 mm 扣 2 分		
		2	$2\times50_{0}^{+0.06}$ mm	8	超差 0.01 mm 扣 2 分		
		3	$4\times16_{0}^{+0.06}$ mm	8	超差 0.01 mm 扣 2 分		
		4	$Ra\,1.6\ \mu m$	5	每错一处扣 0.5 分		
		5	圆弧 R10 mm	6	每错一处扣 3 分		
		6	圆弧 R8 mm	5	每错一处扣 1 分		
		7	倒角 C10	6	每错一处扣 3 分		
		8	$5_{0}^{+0.05}$ mm	6	超差 0.01 mm 扣 2 分		
		9	$5_{0}^{+0.05}$ mm	6	超差 0.01 mm 扣 2 分		
		10	工件按时完成	3	未按时完成全扣		
		11	工件无缺陷	3	缺陷一处扣 3 分		
程序与工艺(20%)		12	程序正确合理	10	每错一处扣 2 分		
		13	加工工序卡	10	不合理每处扣 2 分		
机床操作(16%)		14	机床操作规范	8	出错一次扣 2 分		
		15	工件、刀具装夹	8	出错一次扣 2 分		
安全文明生产(倒扣分)		16	安全操作	倒扣	安全事故、停止操作酌扣 5～30 分		
		17	机床整理	倒扣			

填写工艺卡

填写键槽工艺卡如表 2-2-20 所示。

表 2-2-20 键槽工艺卡

<table>
<tr><td rowspan="2">单位名称</td><td rowspan="2"></td><td colspan="2">产品名称</td><td colspan="2">键槽</td><td>图号</td><td colspan="2" rowspan="2">第一页</td></tr>
<tr><td colspan="2">零件名称</td><td>键槽</td><td>数量</td><td>1</td></tr>
<tr><td>材料种类</td><td></td><td>材料牌号</td><td></td><td>毛坯尺寸</td><td colspan="4"></td></tr>
<tr><td rowspan="2">工序号</td><td rowspan="2">工序内容</td><td rowspan="2">车间</td><td rowspan="2">设备</td><td colspan="3">工具</td><td rowspan="2">计划
工时</td><td rowspan="2">实际
工时</td></tr>
<tr><td>夹具</td><td>量具</td><td>刀具</td></tr>
<tr><td></td><td></td><td></td><td></td><td></td><td></td><td></td><td></td><td></td></tr>
<tr><td></td><td></td><td></td><td></td><td></td><td></td><td></td><td></td><td></td></tr>
<tr><td></td><td></td><td></td><td></td><td></td><td></td><td></td><td></td><td></td></tr>
<tr><td></td><td></td><td></td><td></td><td></td><td></td><td></td><td></td><td></td></tr>
<tr><td>更改号</td><td></td><td>拟定</td><td colspan="2">校正</td><td colspan="2">审核</td><td colspan="2">批准</td></tr>
<tr><td>更改者</td><td></td><td></td><td colspan="2"></td><td colspan="2"></td><td colspan="2"></td></tr>
<tr><td>日期</td><td></td><td></td><td colspan="2"></td><td colspan="2"></td><td colspan="2"></td></tr>
</table>

刀具的选择

分析零件图样，根据工艺卡选择刀具，完成表 2-2-21。

表 2-2-21 刀具的选用

序号	刀具名称	规格	数量	需领用

编写加工程序

以方料的中心位置为编程原点，采用四面分中对刀方法，选择的刀具如下：T1 是 ϕ12 mm粗加工键槽铣刀，T2 是 ϕ12 mm 的精加工铣刀。

其参考程序如表 2-2-22～表 2-2-24。

表 2-2-22 参考程序(外轮廓粗加工)

程序	说明
O0001;	程序名(外轮廓)
G90 G94 G40 G21 G17 G54;	程序初始化
T01 M06;	换 1 号刀
M03 S600;	主轴正转，转速 600 r/min
G90 G00 X0 Y-55;	快速定位到(X0, Y-55)位置

续表

程序	说明
M08;	打开切削液
G43 H01 Z20;	采用 1 号长度正补偿快速定位到 Z20
Z2; `	快速定位到 Z2
G01 Z-5.02 F50;	直线插补到 Z-5.02，进给量 50 mm/min
G41 D01 Y-32.5 F150;	建立左补偿(X0，Y-32.5)，进给量 150 mm/min
X-32.5，C10 ;	进给自动过渡到 X-32.5，倒角 C10
Y32.5，R10;	进给自动过渡到 Y32.5，倒角 R10 mm
X32.5，C10;	进给自动过渡到 X32.5 ，倒角 C10
Y-32.5，R10;	进给自动过渡到 Y-32.5 ，倒角 R10 mm
X0;	进给(X0，Y-32.5)
G40 G01 X0 Y-55;	取消刀具补偿(X0，Y-55)
G0 Z100;	快速退刀
M09;	关闭切削液
M05;	主轴停止
M30;	程序结束

表 2-2-23　参考程序(竖型槽粗加工)

程序	说明
O0001;	程序名(内轮廓粗加工)
G90 G94 G40 G21 G17 G54;	程序初始化
T01 M06;	换 1 号刀
M03 S600;	主轴正转，转速 600 r/min
G90 G00 X0 Y0;	快速定位到(X0，Y0)位置
M08;	打开切削液
G43 H01 Z20;	采用 1 号长度正补偿快速定位到 Z20
Z2; `	快速定位到 Z2
G01 Z-5.02 F50;	直线插补到 Z-5.02，进给量 50 mm/min
G41 D01 X8 Y0 F150;	建立左补偿(X8，Y0)，进给量 150 mm/min
Y17;	切削进给 Y17
G03 X-8 R8;	圆弧进给(X-8，Y17)，圆弧 R8 mm
G01Y-17;	切削进给 Y-17
G03X8R8;	逆时针圆弧进给(X-8，Y-17)，圆弧 R8 mm
G01Y0;	切削进给 Y0
G40G01X0;	取消刀具补偿(X0，Y0)
G0 Z100;	快速退刀
M09;	关闭切削液
M05;	主轴停止
M30;	程序结束

表 2-2-24 参考程序(横槽粗加工)

程序	说明
O0001;	程序名(内轮廓粗加工)
G90 G94 G40 G21 G69 G17 G54;	程序初始化
T01 M06;	换 1 号刀
M03 S600;	主轴正转,转速 600 r/min
G68 X0 Y0 R180;	以圆心坐标(X0, Y0)旋转 180°
G90 G00 X0 Y0;	快速定位到(X0, Y0)位置
M08;	打开切削液
G43 H01 Z20;	采用 1 号长度正补偿快速定位到 Z20
Z2;	快速定位到 Z2
G01 Z-5.02 F50;	直线插补到 Z-5.02,进给量 50 mm/min
G41 D01 X8 Y0 F150;	建立左补偿(X8, Y0),进给量 150 mm/min
Y17;	切削进给 Y17
G03 X-8 R8;	逆时针圆弧进给(X-8, Y17),圆弧 R8 mm
G01Y-17;	切削进给 Y-17
G03X8R8;	逆时针圆弧进给(X-8, Y-17),圆弧 R8 mm
G01Y0;	切削进给 Y0
G40G01X0;	取消刀具补偿(X0, Y0)
G0 Z100;	快速退刀
M09;	关闭切削液
M05;	主轴停止
M30;	程序结束

注意: 精加工和粗加工程序一样,只需要改变切削参数即可。提高主轴转速 $S=$ 900 r/min,进给量降低 $F=80$ mm/min。

加工过程

按照下面操作步骤,在数控铣床上加工键槽槽板。

1)安装刀具。

2)在台虎钳上安装方料。

3)对刀。

4)调用程序 O0001。

5)调用程序 O0002。

6)切削加工工件。

7)测量工件,去飞边。

8)清理机床。

任务评价

完成上述任务后，认真填写表 2-2-25 所示的“数控铣床键槽加工操作评价表”。

表 2-2-25　数控铣床键槽加工操作评价表

组别			小组负责人	
成员姓名			班级	
课题名称			实施时间	
评价指标	配分	自评	互评	教师评
会正确编写数控加工程序	15			
能够独立完成工件的加工与尺寸公差的调试	20			
工件的尺寸与表面质量	20			
熟悉工艺卡片的填写	15			
工、量、刀具的规范使用	10			
课堂学习纪律、完全文明生产	10			
着装是否符合安全规程要求	5			
能实现前后知识的迁移，与同伴团结协作	5			
总　计	100			
教师总评 （成绩、不足及注意事项）				
综合评定等级（个人 30%，小组 30%，教师 40%）				

练习与实践

根据所学知识完成图 2-2-14 所示零件的加工，编写加工程序。

任务拓展

根据所学知识，在完成一般练习任务的基础上，进行圆柱凸台及十字腰槽等的拓展练习，如图 2-2-15 所示。

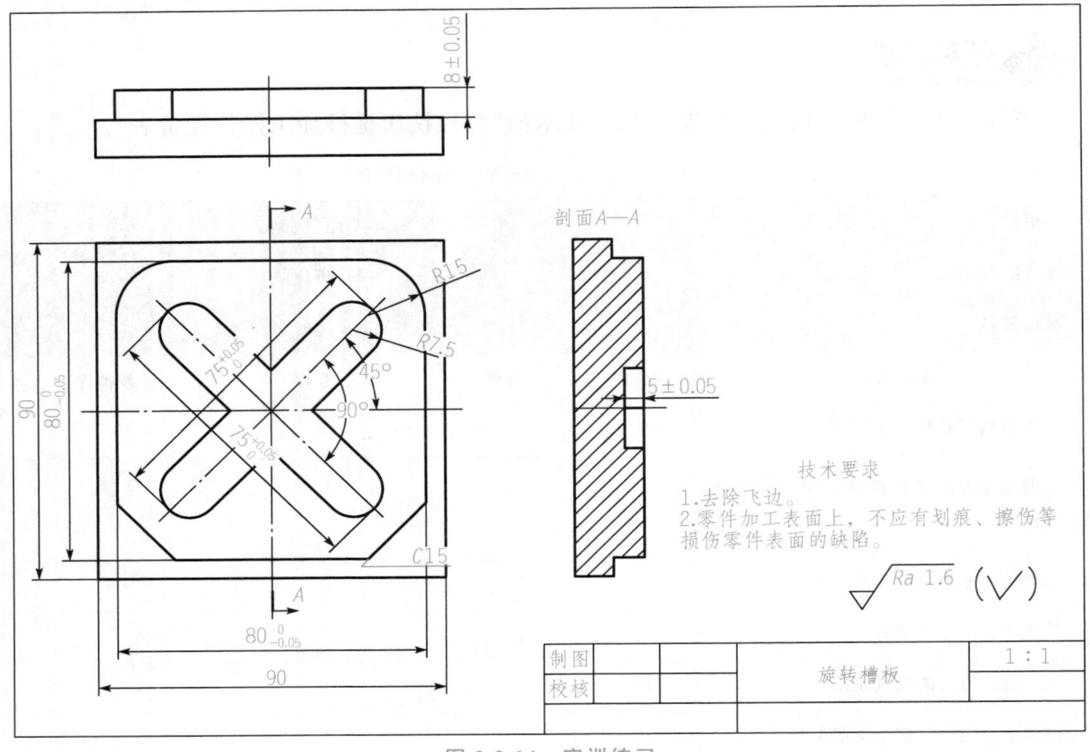

图 2-2-14 实训练习

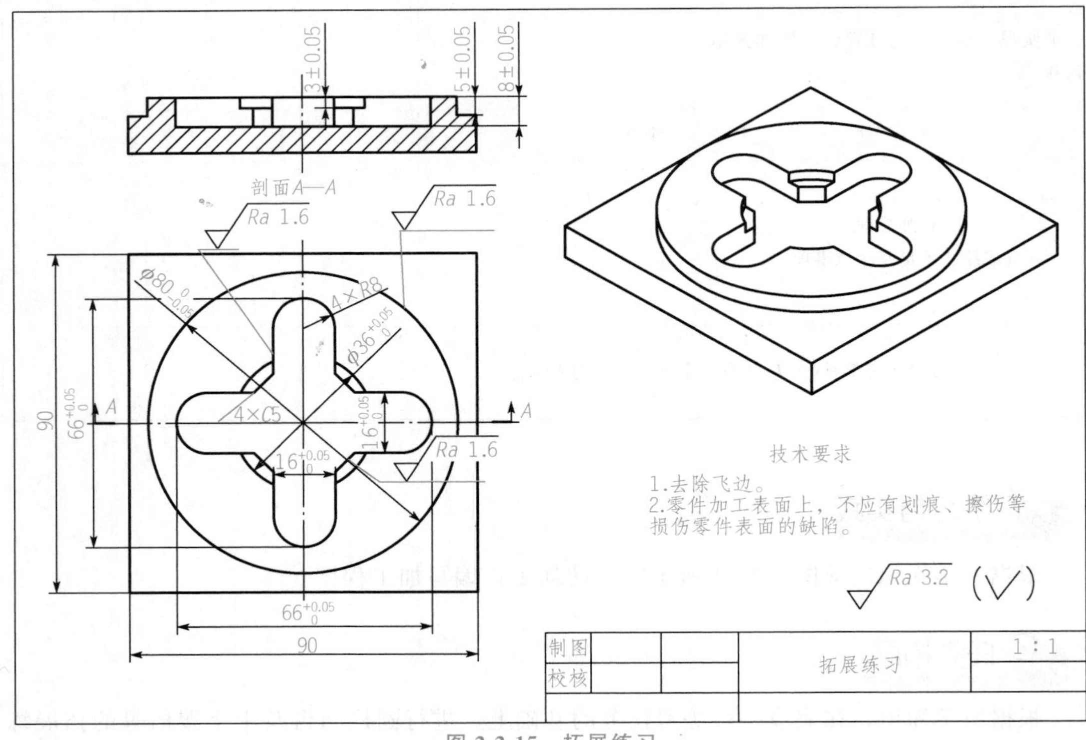

图 2-2-15 拓展练习

项目三

铣削复杂型面

任务　均布孔固定循环加工

固定循环指令用于孔类零件的加工，将钻孔的快速定位、慢速钻孔、孔底动作、快速退刀等固定动作用一个G代码来完成，这样可以大大减少编程，使程序简洁易懂。

任务目标

- 能独立阅读生产任务单，明确工时、加工数量等要求，说出所加工零件的用途、功能和分类；
- 能识读图样和工艺卡，明确加工技术要求和加工工艺；
- 能根据工艺卡选用合适的量器具；
- 根据零件的加工要求选择合适的刀具；
- 会用游标卡尺、光滑塞规、螺纹通止规等量具；
- 能根据现场条件，查阅相关资料，确定符合加工技术要求的工、量、夹具；
- 会使用固定循环指令编制程序。

任务描述

图2-3-1所示工件为均布孔零件，毛坯为90 mm×90 mm×20 mm的45钢，试编写其数控铣床加工程序并进行加工。加工要求如图2-3-2所示。

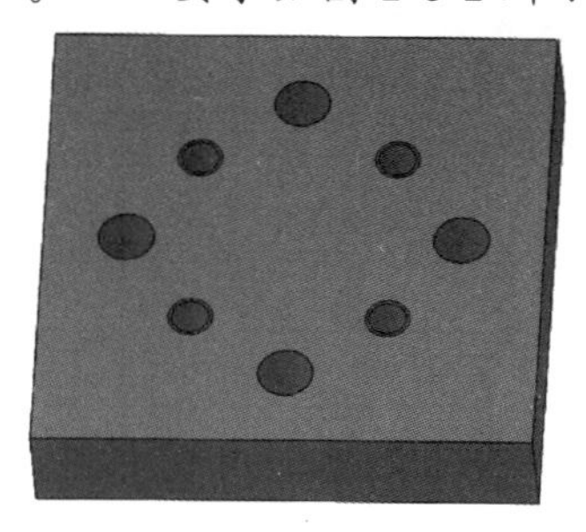

图2-3-1　均布孔零件

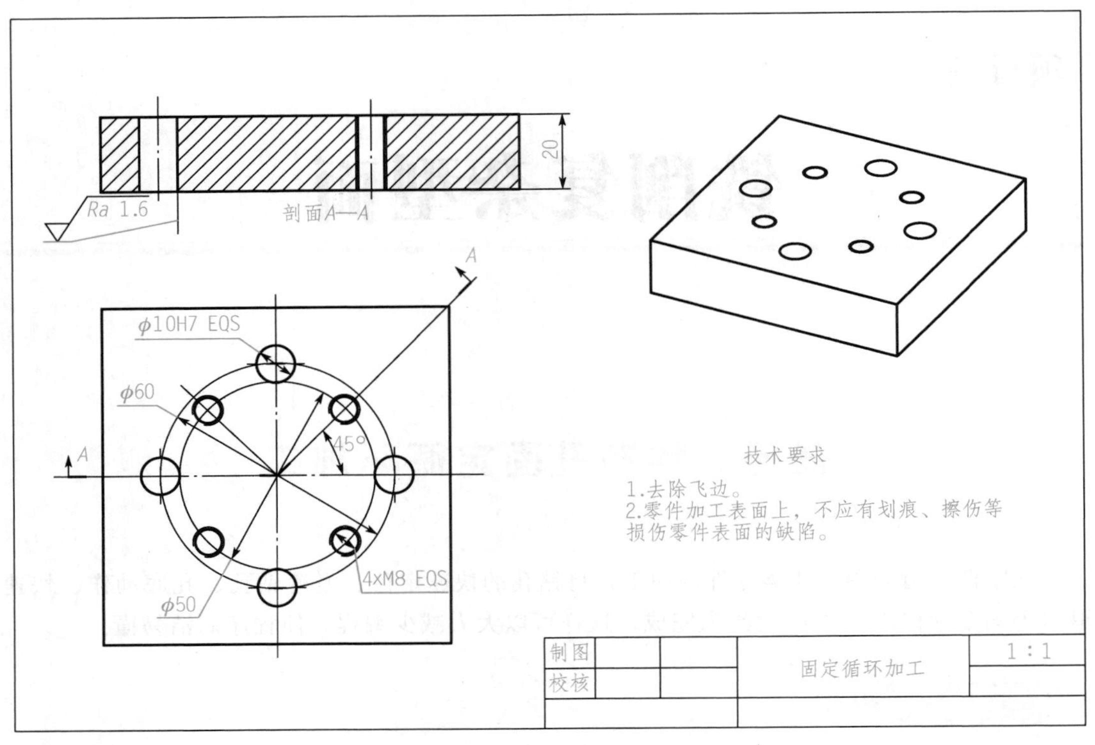

图 2-3-2 加工要求

知识链接

编程指令

在数控加工中，某些加工动作循环已经典型化。例如，钻孔、镗孔的动作是孔位平面定位、快速引进、工作进给、快速退回等，这样一系列典型的加工动作已经预先编好程序，存储在内存中，可用包含 G 代码的一个程序段调用，从而简化编程工作。这种包含了典型动作循环的 G 代码称为循环指令。孔加工固定循环指令如表 2-3-1 所示。

表 2-3-1 孔加工固定循环指令

G 代码	加工动作	孔底动作	退刀动作(Z)	用途
G73	间隙进给	—	快速进给	高速深孔加工
G74	切削进给	暂停，正转	快速进给	攻左螺纹
G76	切削进给	主轴准停	快速进给	精镗
G80	—	—	—	取消固定循环
G81	切削进给	—	快速进给	钻孔
G82	切削进给	暂停	快速进给	钻镗台阶孔
G83	间隙进给	—	快速进给	深钻孔

续表

G代码	加工动作	孔底动作	退刀动作(Z)	用途
G83	切削进给	暂停，正转	快速进给	攻右螺纹
G85	切削进给	—	切削进给	镗孔
G86	切削进给	主轴停	快速进给	镗孔
G87	切削进给	主轴正转	快速进给	反镗孔
G88	切削进给	暂停，主轴停	手动	镗孔
G89	切削进给	暂停	快速进给	镗孔

1. 钻孔循环动作

钻孔循环动作如下：

动作 1——X 轴和 Y 轴定位：使刀具快速定位到孔加工的位置。

动作 2——快进到 R 点：刀具自起始点快速进给到 R 点。

动作 3——孔加工：以切削进给的方式执行孔加工的动作。

动作 4——孔底动作：包括暂停、主轴准停、刀具移动等动作。

动作 5——返回到 R 点：继续加工其他孔时，安全移动刀具。

动作 6——返回起始点：孔加工完成后一般应返回起始点。

固定循环步骤如图 2-3-3 所示。

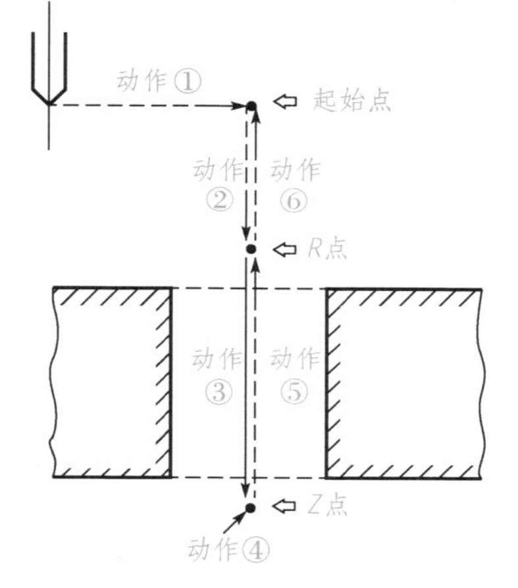

图 2-3-3　固定循环步骤

2. 退刀方法

钻孔后的退刀分两种方法，如图 2-3-4 所示。

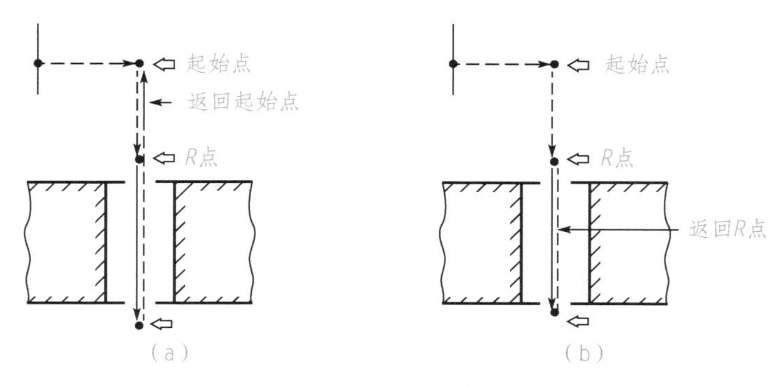

图 2-3-4　退刀方法

(a)返回起始点(G98)；(b)返回 R 点(G99)

3. 固定循环指令通式

格式如下：

$$\left\{\begin{matrix}G90\\G91\end{matrix}\right\}\quad G\quad X\_\quad Y\_\quad Z\_\quad R\_\quad Q\_\quad P\_\quad F\_\quad L\_;$$

说明：

1)X、Y：孔在 XY 平面的坐标位置(绝对值或增量值)。

2)Z：孔底的 Z 坐标值(绝对值或增量值)。

3)R：R 点的 Z 坐标值(绝对值或增量值)。

4)Q：每次进给深度(G73、G83)或刀具位移量(G76、G87)。

5)P：暂停时间，ms。

6)F：切削进给的进给量，mm/min。

7)L：固定循环的重复次数，只循环一次时 L 可不指定。

4. 取消固定循环指令

格式如下：

```
G80;
```

注意： 当用 G80 指令取消孔加工固定循环后，固定循环指令中的孔加工数据也被取消，在固定循环之前的插补模态恢复。

量具的使用

所用量具为游标卡尺、光滑塞规[图 2-3-5(a)]、螺纹通止规[图 2-3-5(b)]。

(a) (b)

图 2-3-5 量具

(a)光滑塞规；(b)螺纹通止规

查阅书籍，填写表 2-3-2。

表 2-3-2 量具的使用注意事项

安全注意事项	
使用前注意事项	
使用时注意事项	
保管时注意事项	

想一想：

1)加工孔时为什么采用中心钻定中心？

2)攻螺纹时候，F 参数如何设置？

提示：

1)加工孔类零件时，需要采用中心钻定孔的位置，保证孔的位置精度，防止麻花钻直接钻加工造成孔的倾斜。

2)螺纹加时，F 值不能随意设置，必须符合公式 $F=S\times P$，否则会出现乱牙断刀现象。

任务实施

工艺准备和要求

1. 工艺准备

本任务选用的机床为 FANUC 0i MC 系统的数控铣床，加工中使用的工具、刀具、量具、夹具如表 2-3-3 所示。

表 2-3-3 工具、刀具、量具、夹具清单

序号	名 称	规 格	数 量	备 注
1	游标卡尺	0～150 mm(0.02 mm)	1	
2	光滑塞规		各 1	
3	螺纹通止规	M8	1	
4	杠杆百分表	0～10 mm(0.01 mm)	1	
5	磁性表座		1	
6	寻边器	CE－420	1	
7	弹性夹簧	ER32	1	
8	刀柄	BT40	若干	
9	中心钻	A 型	1	
10	钻头	ϕ9.8 钻头	1	
11	钻头	ϕ6.8 钻头	1	
12	铰刀	ϕ10H7 铰刀	1	
13	丝锥	M8	1	
14	塞尺	0.01～1 mm	1 副	
15	锁刀座		1 套	
16	材料	90 mm×90 mm×20 mm	1	
17	其他	铜棒、铜皮、毛刷等常用工具		选用
18		计算机、计算器、编程用书等		

2. 工艺要求

本任务的工时定额(包括编程与程序手动输入)为 2 h，其加工要求如表 2-3-4 所示。

表 2-3-4 加工要求

<table>
<tr><th colspan="2">项目与配分</th><th>序号</th><th>技术要求</th><th>配分</th><th>评分标准</th><th>检测记录</th><th>得分</th></tr>
<tr><td rowspan="6">工件加工评分
(64%)</td><td rowspan="6">外形
轮廓</td><td>1</td><td>4×ϕ10</td><td>20</td><td>每错一处扣 0.5 分</td><td></td><td></td></tr>
<tr><td>2</td><td>4×M8</td><td>20</td><td>每错一处扣 0.5 分</td><td></td><td></td></tr>
<tr><td>3</td><td>均分角度</td><td>10</td><td>出错扣 2 分</td><td></td><td></td></tr>
<tr><td>4</td><td>Ra1.6 μm</td><td>10</td><td>每错一处扣 0.5 分</td><td></td><td></td></tr>
<tr><td>10</td><td>工件按时完成</td><td>4</td><td>未按时完成全扣</td><td></td><td></td></tr>
<tr><td>11</td><td>工件无缺陷</td><td>4</td><td>缺陷一处扣 3 分</td><td></td><td></td></tr>
<tr><td colspan="2" rowspan="2">程序与工艺(20%)</td><td>12</td><td>程序正确合理</td><td>10</td><td>每错一处扣 2 分</td><td></td><td></td></tr>
<tr><td>13</td><td>加工工序卡</td><td>10</td><td>不合理每处扣 2 分</td><td></td><td></td></tr>
<tr><td colspan="2" rowspan="2">机床操作(16%)</td><td>14</td><td>机床操作规范</td><td>6</td><td>出错一次扣 2 分</td><td></td><td></td></tr>
<tr><td>15</td><td>工件、刀具装夹</td><td>6</td><td>出错一次扣 2 分</td><td></td><td></td></tr>
<tr><td colspan="2" rowspan="2">安全文明生产(倒扣分)</td><td>16</td><td>安全操作</td><td>倒扣</td><td rowspan="2">安全事故、停止操作酌扣 5～30 分</td><td></td><td></td></tr>
<tr><td>17</td><td>机床整理</td><td>倒扣</td><td></td><td></td></tr>
</table>

填写工艺卡

填写固定循环加工工艺卡，如表 2-3-5 所示。

表 2-3-5 固定循环加工工艺卡

<table>
<tr><td rowspan="2">单位名称</td><td rowspan="2"></td><td colspan="2">产品名称</td><td colspan="2">固定循环加工</td><td>图号</td><td></td><td colspan="2" rowspan="2">第一页</td></tr>
<tr><td colspan="2">零件名称</td><td>均布孔零件</td><td>数量</td><td>1</td><td></td></tr>
<tr><td>材料种类</td><td></td><td>材料牌号</td><td></td><td>毛坯尺寸</td><td colspan="3"></td><td colspan="2"></td></tr>
<tr><td rowspan="2">工序号</td><td rowspan="2">工序内容</td><td rowspan="2">车间</td><td rowspan="2">设备</td><td colspan="4">工具</td><td rowspan="2">计划
工时</td><td rowspan="2">实际
工时</td></tr>
<tr><td>夹具</td><td>量具</td><td colspan="2">刀具</td></tr>
<tr><td></td><td></td><td></td><td></td><td></td><td></td><td colspan="2"></td><td></td><td></td></tr>
<tr><td></td><td></td><td></td><td></td><td></td><td></td><td colspan="2"></td><td></td><td></td></tr>
<tr><td></td><td></td><td></td><td></td><td></td><td></td><td colspan="2"></td><td></td><td></td></tr>
<tr><td></td><td></td><td></td><td></td><td></td><td></td><td colspan="2"></td><td></td><td></td></tr>
<tr><td>更改号</td><td></td><td>拟定</td><td colspan="2">校正</td><td colspan="3">审核</td><td colspan="2">批准</td></tr>
<tr><td>更改者</td><td></td><td></td><td colspan="2"></td><td colspan="3"></td><td colspan="2"></td></tr>
<tr><td>日期</td><td></td><td></td><td colspan="2"></td><td colspan="3"></td><td colspan="2"></td></tr>
</table>

刀具的选择

分析零件图样，根据工艺卡选择刀具，完成表 2-3-6。

表 2-3-6 刀具的选用

序号	刀具名称	规格	数量	需领用

编写加工程序

以方料的中心为编程原点，采用四面分中对刀方法，选择的刀具如下：T1 是中心钻，T2 是钻头，T3 是钻头，T4 是铰刀，T5 是丝锥。

其参考程序如表 2-3-7～表 2-3-11 所示。

表 2-3-7 参考程序(钻中心孔)

程序	说明
O0001;	程序名(钻中心孔)
G90 G94 G40 G21 G17 G54;	程序初始化
T01 M06;	换 1 号刀
M03 S1000;	主轴正转，转速 1 000 r/min
G00 X30 Y0;	快速定位到(X30, Y0)位置
M08;	打开切削液
G43 H01 Z20;	采用 1 号长度正补偿快速定位到 Z20
G98 G81 Z-4 R5 F50;	钻孔深度 4 mm，安全高度 5 mm，进给 50 r/min
X0 Y30;	定位到(X0 , Y30)钻孔
X-30 Y0;	定位到(X-30, Y0)钻孔
X0 Y-30 ;	定位到(X0 , Y-30)钻孔
X17.68 Y17.68;	定位到(X17.68, Y17.68)钻孔
X-17.68 Y17.68;	定位到(X-17.68, Y17.68)钻孔
X-17.68 Y-17.68;	定位到(X-17.68, Y-17.68)钻孔
X17.68 Y-17.68;	定位到(X17.68, Y-17.68)钻孔
G80 G0 Z100;	取消固定循环，快速退刀
M09;	关闭切削液
M05;	主轴停止
M30;	程序结束

表 2-3-8 参考程序(钻孔)

程序	说明
O0002;	程序名(钻孔)
G90 G94 G40 G21 G17 G54;	程序初始化
T02 M06;	换 2 号刀
M03 S700;	主轴正转，转速 700 r/min
G00 X30 Y0;	快速定位到(X30, Y0)位置
M08;	打开切削液
G43 H02 Z20;	采用 2 号长度正补偿快速定位到 Z20
G98 G83 Z-28 R5 Q5 F100; `	钻孔深度 28 mm，安全高度 5 mm，每次钻 5 mm，进给 100 r/min
X0 Y30;	定位到(X0 , Y30)钻孔
X-30 Y0;	定位到(X-30, Y0)钻孔
X0 Y-30 ;	定位到(X0 , Y-30)钻孔
G80 G0 Z100;	取消固定循环，快速退刀
M09;	关闭切削液
M05;	主轴停止
M30;	程序结束

表 2-3-9 参考程序(钻孔)

程序	说明
O0003;	程序名(钻孔)
G90 G94 G40 G21 G17 G54;	程序初始化
T03 M06;	换 3 号刀
M03 S900;	主轴正转，转速 900 r/min
G00 X17.68 Y17.68;	快速定位到(X17.68, Y17.68)位置
M08;	打开切削液
G43 H03 Z20;	采用 3 号长度正补偿快速定位到 Z20
G98 G83 Z-28 R5 Q5 F80;	钻孔深度 28 mm，安全高度 5 mm，每次钻 5 mm，进给 80 r/min
X-17.68 Y17.68;	定位到(X-17.68, Y17.68)钻孔
X-17.68 Y-17.68;	定位到(X-17.68, Y- 17.68)钻孔
X17.68 Y-17.68;	定位到(X17.68, Y-17.68)钻孔
G80 G0 Z100;	取消固定循环，快速退刀
M09;	关闭切削液
M05;	主轴停止
M30;	程序结束

表 2-3-10 参考程序(铰孔)

程序	说明
O0004;	程序名(铰孔)
G90 G94 G40 G21 G17 G54;	程序初始化
T04 M06;	换 4 号刀
M03 S150;	主轴正转，转速 150 r/min
G00 X30 Y0;	快速定位到(X30, Y0)位置
M08;	打开切削液
G43 H04 Z20;	采用 4 号长度正补偿快速定位到 Z20
G98 G85 Z-25 R5 F50;	铰孔深度 25 mm，安全高度 5 mm，进给 50 r/min
X0 Y30;	定位到(X0, Y30)铰孔
X-30 Y0;	定位到(X-30, Y0)铰孔
X0 Y-30;	定位到(X0 , Y-30)铰孔
G80 G0 Z100;	取消固定循环，快速退刀
M09;	关闭切削液
M05;	主轴停止
M30;	程序结束

表 2-3-11 参考程序(攻 M8 螺纹)

程序	说明
O0005;	程序名(攻 M8 螺纹)
G90 G94 G40 G21 G17 G54;	程序初始化
T05 M06;	换 5 号刀
M03 S100;	主轴正转，转速 100 r/min
G00 X17. 68 Y17. 68;	快速定位到(X17. 68, Y17. 68)位置
M08;	打开切削液
G43 H05 Z20;	采用 5 号长度正补偿快速定位到 Z20
G98 G84 Z-25 R5 F125;	攻螺纹深 25 mm，安全高度 5 mm，进给 125 r/min
X-17. 68 Y17. 68;	定位到(X-17. 68, Y17. 68)攻螺纹
X-17. 68 Y-17. 68;	定位到(X-17. 68, Y-17. 68)攻螺纹
X17. 68 Y-17. 68;	定位到(X17. 68, Y-17. 68)攻螺纹
G80 G0 Z100;	取消固定循环，快速退刀
M09;	关闭切削液
M05;	主轴停止
M30;	程序结束

加工过程

按照下面操作步骤，在数控铣床上加工孔类零件。

1)安装刀具。

2)在台虎钳上安装方料。

3)对刀。

4)调用程序 O0001～O0005。

5)切削加工工件。

6)测量工件，去飞边。

7)清理机床。

任务评价

完成上述任务后，认真填写表 2-3-12 所示的“数控铣床固定循环加工操作评价表”。

表 2-3-12 数控铣床固定循环加工操作评价表

组别			小组负责人	
成员姓名			班级	
课题名称			实施时间	
评价指标	配分	自评	互评	教师评
会正确编写孔加工循环的数控加工程序	15			
能够独立完成工件的加工与尺寸公差的调试	20			
工件的尺寸与表面质量	20			
熟悉工艺卡片的填写	15			
工、量、刀具的规范使用	10			
课堂学习纪律、完全文明生产	10			
着装是否符合安全规程要求	5			
能实现前后知识的迁移，与同伴团结协作	5			
总　计	100			
教师总评 （成绩、不足及注意事项）				
综合评定等级（个人 30%，小组 30%，教师 40%）				

练习与实践

根据所学知识完成图 2-3-6 所示零件的加工，编写加工程序。

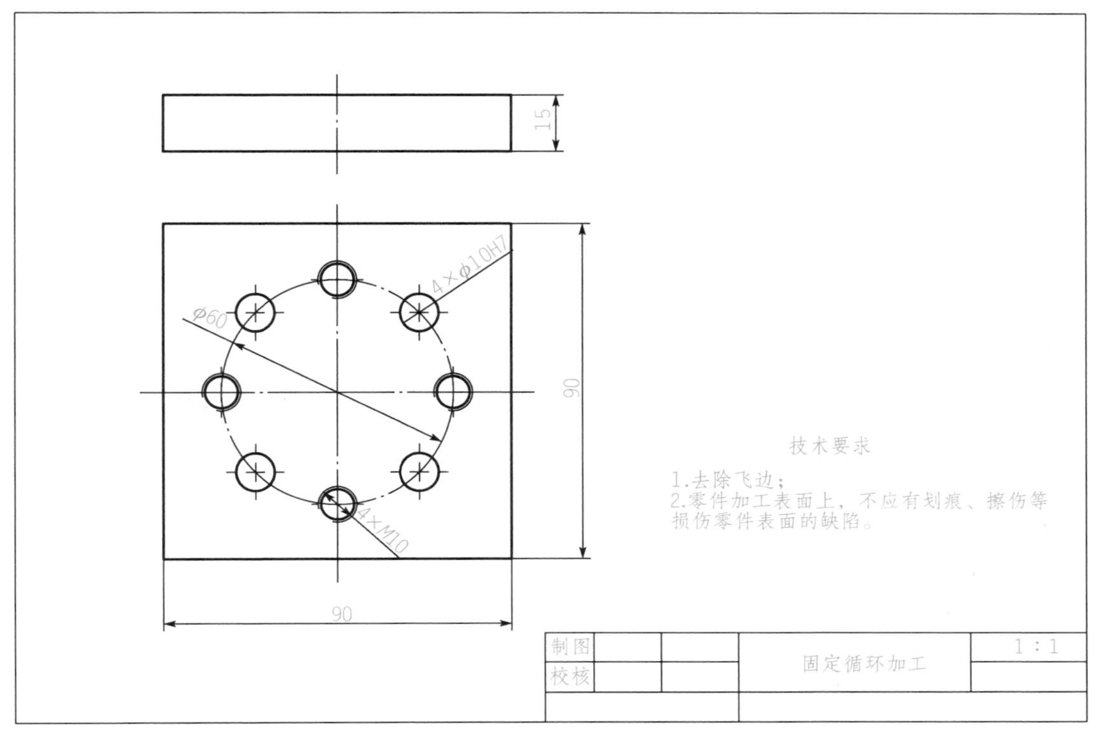

图 2-3-6 实训练习

任务拓展

根据所学知识，在完成一般练习任务的基础上，进行四角凸台及孔的综合加工的拓展练习，如图 2-3-7 所示。

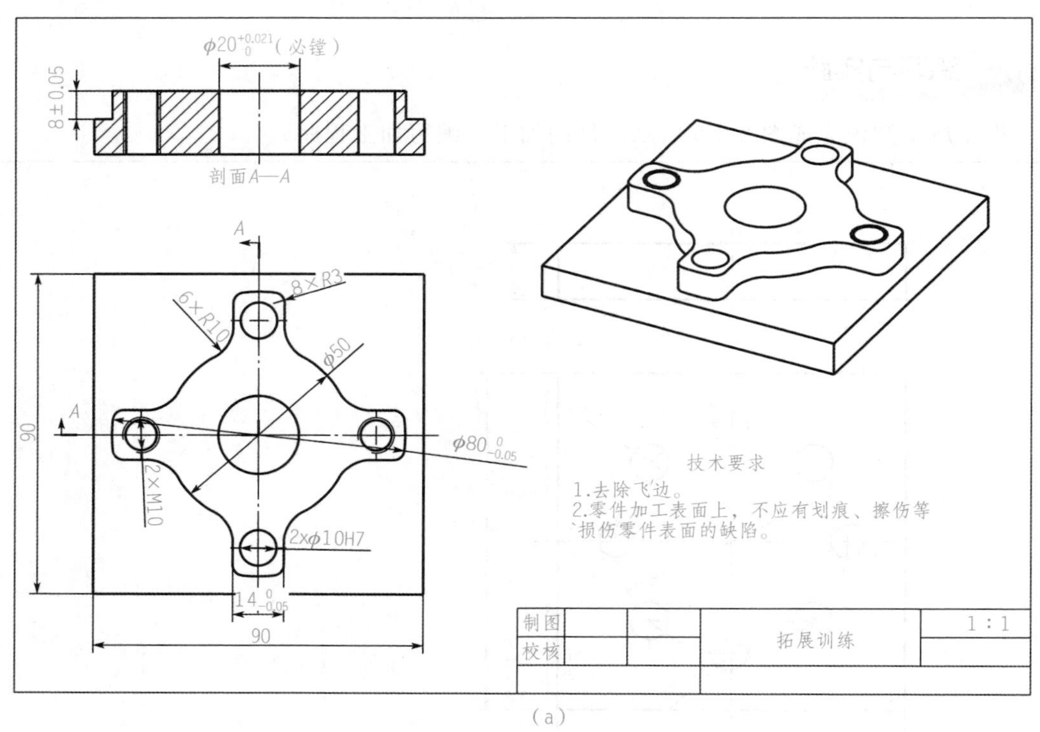
φ20+0.021 0(必镗)
8±0.05
剖面A—A
8×R3
6×R10
φ50
90
A
φ80 0 -0.05
2×M10
2×φ10H7
14 0 -0.05
90
技术要求
1.去除飞边。
2.零件加工表面上，不应有划痕、擦伤等损伤零件表面的缺陷。
制图
校核
拓展训练
1:1

(a)

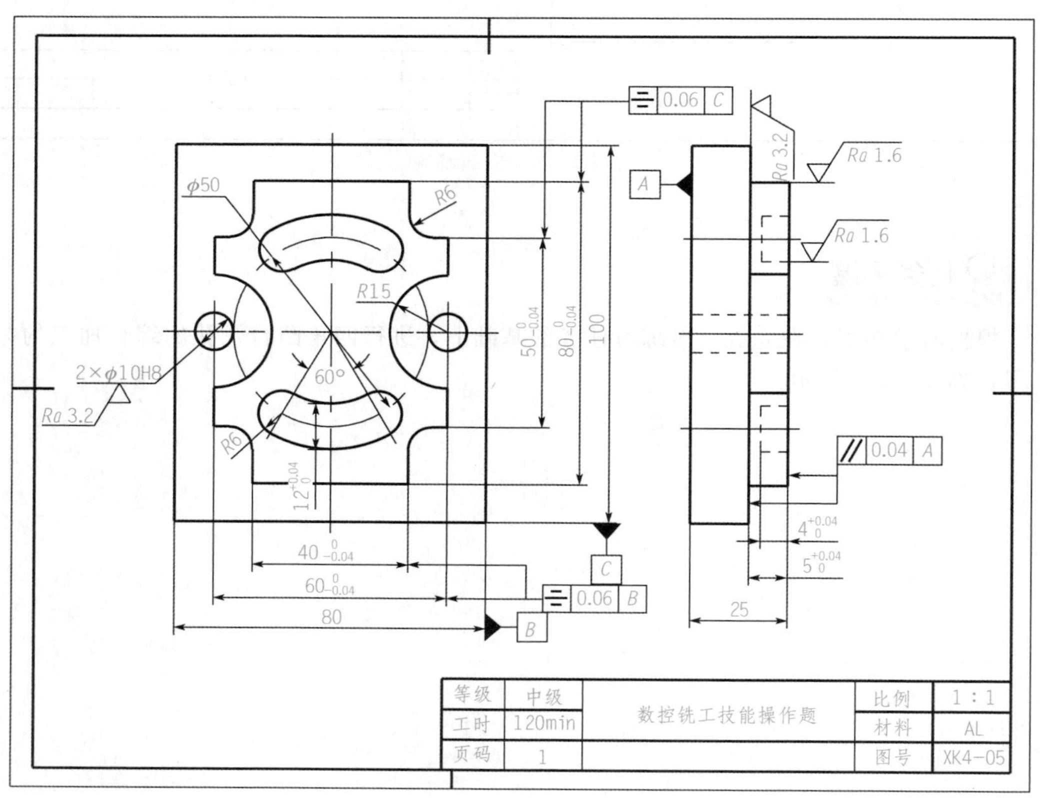
0.06 C
Ra 3.2
Ra 1.6
A
φ50
R6
Ra 1.6
R15
2×φ10H8
Ra 3.2
60°
R6
50 0 -0.04
80 0 -0.04
100
12+0.04 0
0.04 A
4+0.04 0
40 0 -0.04
C
5+0.04 0
60 0 -0.04
0.06 B
80
B
25
等级
中级
工时
120min
页码
1
数控铣工技能操作题
比例
1:1
材料
AL
图号
XK4-05

(b)

图 2-3-7 拓展练习

模块三

综合练习

项目一

数车综合练习

本项目包含两个任务：车削锤柄和车复杂台阶轴。

通过本项目的练习，综合掌握学习过的指令和方法，在技能上得到一个提升。

任务一 车削锤柄

前面学习了外圆、锥面、圆弧、螺纹等指令的编写，锤柄零件基本上涵盖了这些车削工艺，通过本任务的学习，继续对前面学习过的知识进行进一步巩固。

任务目标

- 能够掌握粗车循环指令 G71、精车循环指令 G70 的编程方法；
- 了解中心孔相关内容；
- 进一步熟悉切槽的加工方法；
- 进一步熟悉螺纹加工指令编程方法；
- 会使用螺纹规检测螺纹。

任务描述

如图 3-1-1 所示，锤柄由一些圆柱面、锥面、凹槽及螺纹组成。通过分析图样，完成锤柄的工艺设计及加工程序的编制并完成加工。

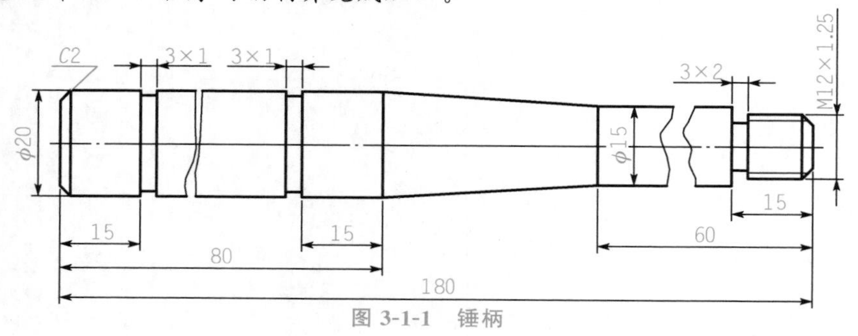

图 3-1-1 锤柄

知识链接

毛坯切削循环指令(G71)

在数控车床编程过程中，最常用的指令为毛坯切削循环指令。

1. 指令格式

格式如下：

```
G00  X_  Z_ ;
G71  U1(Δd)  R(e);
G71  P(ns)  Q(nf) U2(Δu)  W(Δw)  F_  S_  T_ ;
Nns……;
  ……;   用以描述精加工轨迹
Nnf……;
```

说明：

1)X、Z：循环起点坐标，X 为加工前工件的最大尺寸大 1～2 mm 处，Z 为工件的右端面 2～5 mm 处。

2)U_1：表示切削深度(此处为半径值)。

3)R：退刀量，为半径值。

4)P：精车加工程序起始号。

5)Q：精车结束程序号。

6)U_2：X 方向精车加工余量大小(直径值)，外轮廓为“+”，内轮廓为“−”。

7)W：Z 向精加工余量的大小。

8)n_s：精加工形状的第一个程序段号。

9)n_f：精加工形状的最后一个程序段号。

10)F、S、T：分别为进给、转速、刀位。

提示：

在使用 G71 时一定要注意，U_1 为半径值，U_2 为直径值；在 n_s～n_f 程序段中，任何 F、S 或 T 功能在循环中被忽略，而在 G71 程序段中有效。

2. 指令说明

1)利用复合形状固定循环功能，只要编写出最终加工路线，给出每次的背吃刀量等加工参数，车床即能自动地对工件重复切削，直到加工完成。

采用复合固定循环需设置一个循环起点，刀具按照数控系统安排的路径一层一层按照直线插补形式分刀车削成阶梯形状，最后沿着粗车轮廓车削一刀，然后返回到循环起点完成粗车循环。

2)零件轮廓必须满足在 X、Z 轴方向同时单调增大或单调减少，即不可有内凹的轮廓外形。外轮廓加工只能加工从小到大递增的工件。内孔加工只能加工从大到小递减的工件。

精加工程序段中的第一条指令只能用 G00 或 G01，且不可有 Z 轴方向移动指令。

3)G71 指令只是完成粗车程序，虽然程序中编制了精加工程序，目的只是定义零件轮廓，但并不执行精加工程序，只有执行 G70 时才完成精车程序。

提示：

1)程序中的程序段号必须与 G71 的循环开始段号和循环结束段号对应。

2)循环开始的第一程序段必须为单轴移动，必须先移动 X 轴。

3)G71 中的两个程序段不能合并也不缺少。

4)在单步状态下执行 G71 程序时，需要按三次循环启动键才开始加工。

参照图 3-1-2 说明 G71 指令的走刀路线是什么？

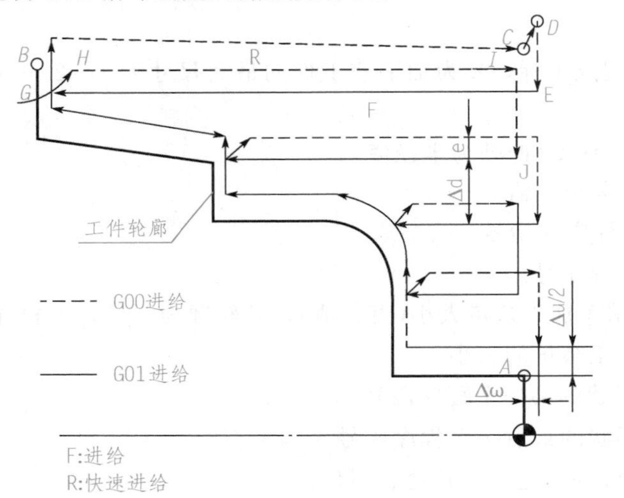

图 3-1-2 G71 走刀路线

精加工复合循环指令(G70)

用 G71 完成粗加工后，可以用精车循环指令进行精加工，保证表面质量。

指令格式如下：

```
G70  P(ns)  Q(nf)
Nns……;
   ……;  } 用以描述精加工轨迹
Nnf……;
```

㊟说明：

1)在精车循环 G70 状态下，n_s 至 n_f 程序段中指定的 F、S、T 有效；如果 n_s 至 n_f 程序段中不指定 F、S、T 时，粗车循环中指定的 F、S、T 有效。

2)执行 G70 循环时，刀具沿工件的实际轨迹进行切削，循环结束后刀具返回循环起点。

3)G70 指令用在 G71、G72 和 G73 指令的程序内容之后，不能单独使用。

任务实施

图样分析

锤柄是轴类零件，由外圆、圆锥、槽、螺纹等内容组成。该零件材料为 45 钢，无热处理要求，棒料毛坯尺寸为 ϕ22 mm×185 mm，粗、精加工外圆、锥体、圆弧和螺纹。根据零件图样分析，此零件需要外圆刀、切槽刀和螺纹刀。

确定加工方案

根据零件图样、尺寸及毛坯材料，先加工左端，采用自定心卡盘装夹。平左右端面后，右端面钻中心孔，车左端的外圆及两个凹槽。调头装夹后，粗车和精车锥体及外圆，后切槽及车螺纹。

此零件比较细长，考虑到右端加工螺纹时受力较大，因此车削右端时，采用一夹一顶的方式。

确定加工路线

1)车左右端面，保证总长，钻中心孔。

2)用自定心卡盘装夹工件毛坯，伸出卡盘 83 mm，粗、精车零件左端 ϕ20 mm 外圆。

3)切两个宽 3 mm、深 1 mm 的矩形槽。

4)掉头装夹。

5)粗、精车右端的锥体、外圆及螺纹大径外圆。

6)切槽。

7)车螺纹。

填写工艺文件

根据加工路线和图 3-1-3 所示工、量具填写表 3-1-1 和表 3-1-2。

图 3-1-3 工、量具

表 3-1-1 工、量、刀具清单

零件名称			图号		数量	
种类	序号	名称	规格	精度	单位	参考图片
工具						
量具						
刀具						

表 3-1-2 锤柄加工工艺卡

零件图号		数控车床加工工艺卡	机床型号	CAK6150
工序	工艺内容	切削用量		
		S/(r/min)	F/(mm/r)	a_p/mm
1				
2				
3				
4				

编写程序

1. 建立工件坐标系

根据坐标系建立原则，车左端时，工件原点设在工件左端面与主轴轴线的交点上；车右端时，工件原点设在工件右端面与主轴轴线的交点上。

2. 参考程序

工件的参考程序如表 3-1-3 和表 3-1-4 所示。

表 3-1-3　锤柄左端切削程序

程序	说明
O3101;	
左端外圆、球面的加工	
预备工作	手动控制车削两端面，保证总长，钻中心孔
G97 G99 M03 S500 T0101 F0.2;	以 500 r/min 启动主轴正转，选择 1 号刀及 1 号刀补
G00 X22.0 Z2.0;	快速定位
G71 U2 R1;	单边切深 2 mm，退刀量 0.5 mm
G71 P10 Q20 U0.5;	精车路线 N10 到 N20
N10 G00 X12;	精车第一段
G01 X20 Z- 2;	车倒角
N20 Z-80;	车 ϕ20 mm 外圆
X22;	退刀
G00 X100 Z150;	快速回到换刀点
M05;	主轴停
M00;	程序停
M03 S1200 T0101 F0.08;	主轴正转，转速为 1 200 r/min，选择 1 号刀及 1 号刀补
G00 X22 Z2;	循环起点
G70 P10 Q20;	左端精加工
G00 X100 Z150;	快速回到换刀点
M05;	正转停
M30;	程序结束
左端切槽	
G97 G99 M03 S300 T0202 F0.15;	主轴转速为 300 r/min，选择 2 号刀及 2 号刀补
G00 X22 Z-18;	定位到左端第一个槽
G01 X19;	切槽
G04 X1;	停留
X22;	退刀
G00 Z-65;	定位到第二个槽
G01 X19;	切槽
G04 X1;	停留
X22;	退刀
G00 X100 Z150;	快速返回换刀点
M05;	主轴停
M30;	程序结束

表 3-1-4　锤柄右端切削程序

程序	说明
O3102;	
预备工作	车完左端后，掉头装夹
G97 G99 M03 S500 T0101 F0.2;	以 500 r/min 启动主轴正转，选择 1 号刀及 1 号刀补

续表

程序	说明
G00 X22.0 Z2.0;	点定位到循环起点
G71 U2 R1;	粗加工切削深度 2 mm，退刀量 1 mm
G71 P10 Q20 U0.5;	
N10 G00 X4 Z2;	精加工起始行
X11.83 Z-2;	精加工倒角
Z-15;	精加工螺纹大径外圆
X15;	精加工台阶
Z-60;	精加工 ϕ15 mm 外圆
N20 X20 Z-100;	精加工圆锥
G00 X100 Z100;	快速回到换刀点
M05;	主轴停止
M00;	程序停
M03 S1200 T0101 F0.08;	主轴正转 1 200 r/min，选择 1 号刀及 1 号刀补
G00 X22 Z2;	快速定位到循环起点
G70 P10 Q20;	精车右端外圆及圆锥
G00 X100 Z150;	快速回到换刀点
M05;	主轴停止
M00;	程序停
G97 G99 M03 S300 T0202 F0.15;	主轴正转 300 r/min，选择 2 号刀及 2 号刀补
G00 X17 Z-15;	快速点定位
G01 X12;	车槽
X10;	车至槽底
X17;	退刀
G00 X100 Z150;	快速退回换刀点
G97 G99 M03 S350 T0303;	主轴正转 350 r/min，选择 3 号刀及 3 号刀补
G00 X12 Z2.5;	快速定位
G92 X11.8 Z- 10.5 F1.25;	第一次(车螺纹循环)
X11.2;	第二次
X10.8;	第三次
X10.5;	第四次
X10.2;	第五次
X10.2;	第六次
G00 X100 Z150;	快速回到换刀点
M05;	主轴停
M30;	程序停

加工过程

加工过程如下：

1)安装车刀，将 1 号、2 号、3 号刀位分别安装粗车、切槽刀和螺纹刀。

2)平端面，钻中心孔。
3)在自定心卡盘上安装好工件，顶上顶尖。
4)对刀，建立左端工件坐标系。
5)确定编程原点，制定加工路线，编制程序。
6)程序仿真，检验程序。
7)加工左端。
8)掉头车右端面，保证总长。
9)用铜皮包住 ϕ20 mm 表面，装夹，顶上顶尖。
10)对刀，建立右端工件坐标系。
11)编制程序，程序仿真模拟，检验程序的准确性。
12)调用程序，机床加工。
13)测量工件，清理机床。

任务评价

完成上述任务后，请认真填写表 3-1-5 所示的“锤柄零件加工质量评价表”。

表 3-1-5 锤柄零件加工质量评价表

组别			小组负责人	
成员姓名			班级	
课题名称			实施时间	
评价指标	配分	自评	互评	教师评
工艺编制	10			
程序编制	10			
工件装夹	5			
机床操作	10			
正确对刀	10			
长度	10			
直径	10			
沟槽	5			
倒角	5			
螺纹	15			
安全操作规程	10			
总　计	100			
教师总评 （成绩、不足及注意事项）				
综合评定等级(个人 30%，小组 30%，教师 40%)				

练习与实践

1)使用 G71 指令应该注意哪些问题？

2)掉头加工时如何确保工件的总体长度？

3)一夹一顶装夹工件时，应该注意哪些问题？

4)如图 3-1-4 所示，自选毛坯，长度足够夹持，编制零件的加工程序。

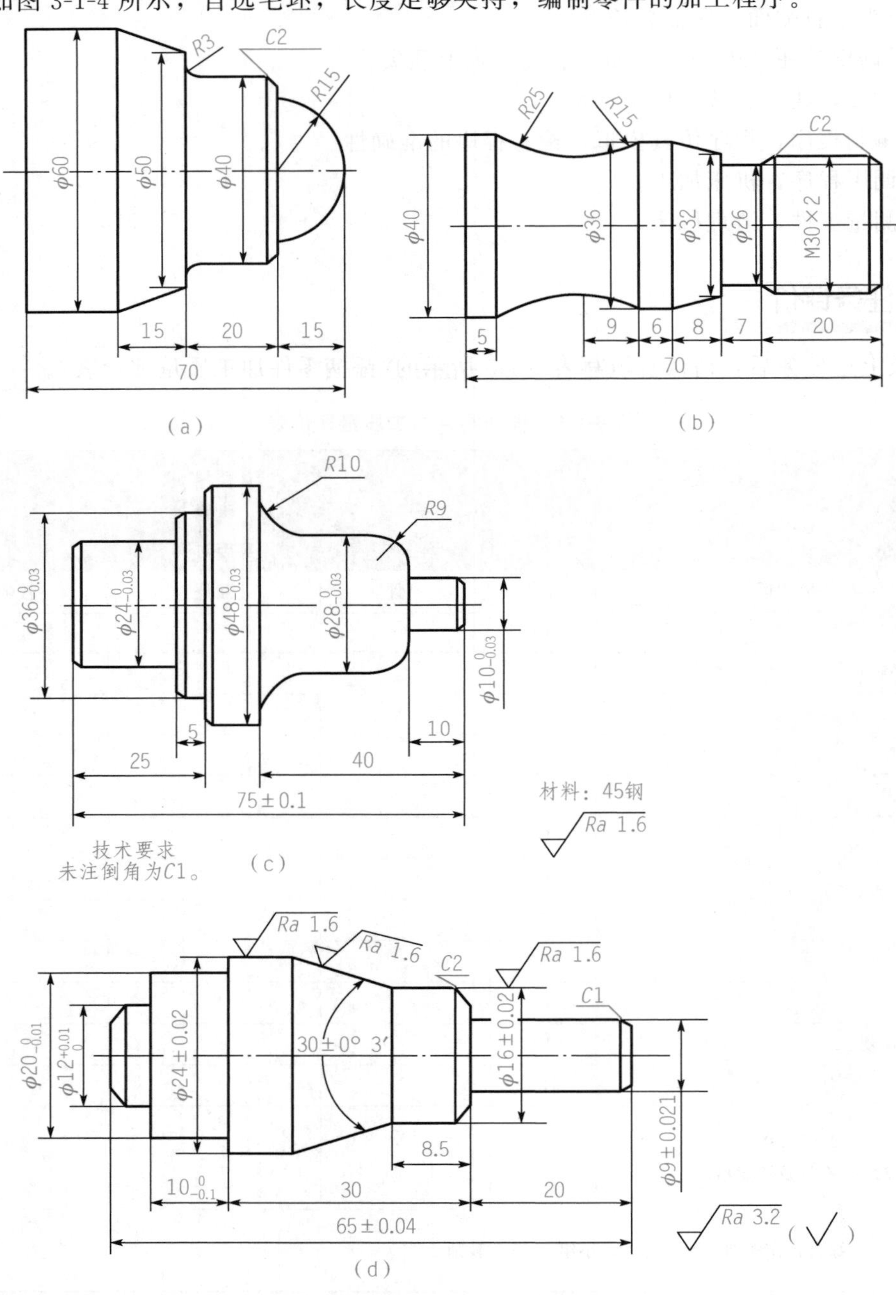

图 3-1-4 轴类零件练习

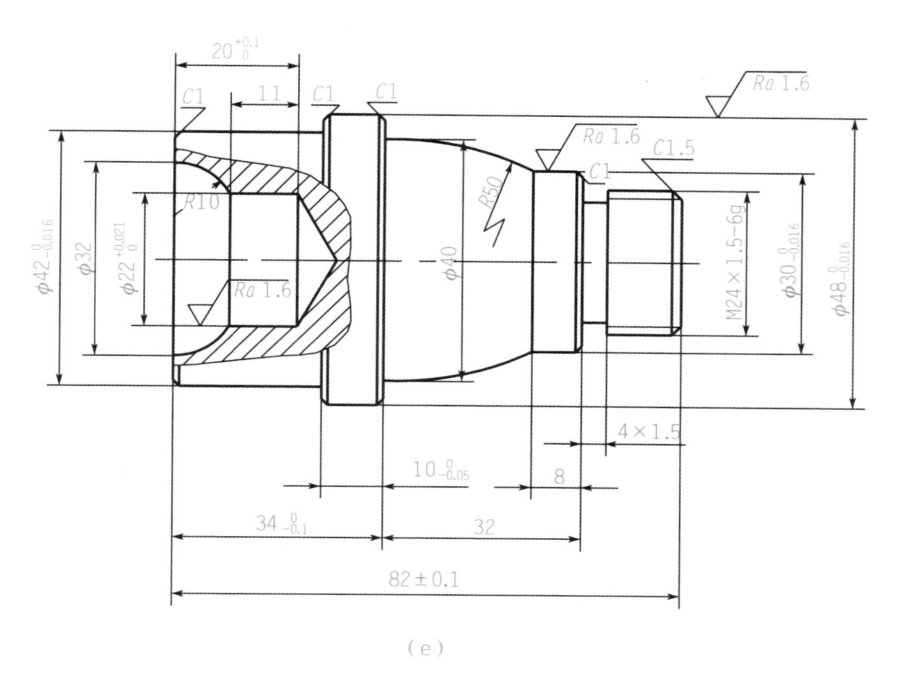

(e)

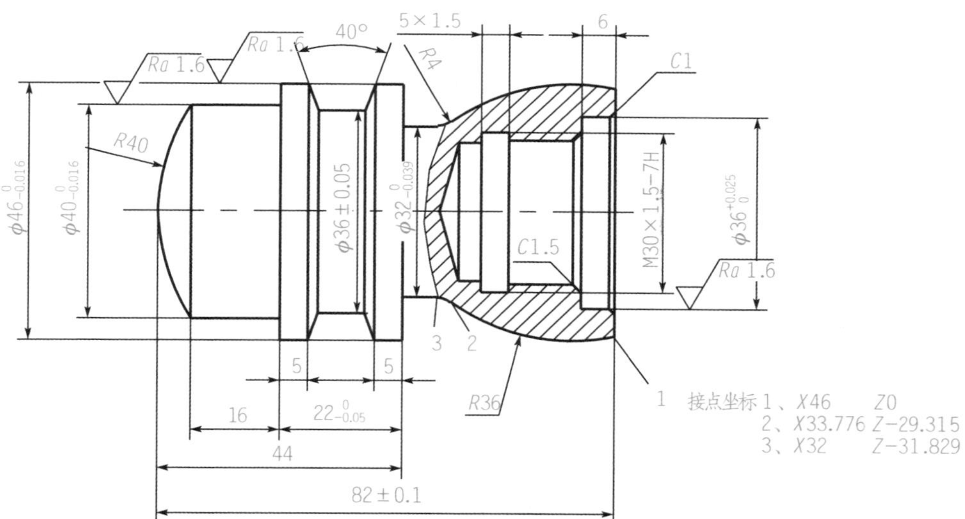

技术要求：
1、不得用锉刀砂布修饰工件表面。
2、锐边倒钝C0.3。

(f)

图 3-1-4　轴类零件练习(续)

任务拓展

阅读材料——端面粗车复合循环指令(G72)

1. 应用场合

端面粗车复合循环指令适用于粗车圆柱棒料毛坯的端面。

端面粗车复合循环指令 G72 与外(内)径粗车复合循环指令 G71 均为粗加工循环指令，其区别在于 G72 切削方向平行于 *X* 轴，而 G71 是沿着平行于 *Z* 轴进行切削循环加工的，如图 3-1-5 所示。

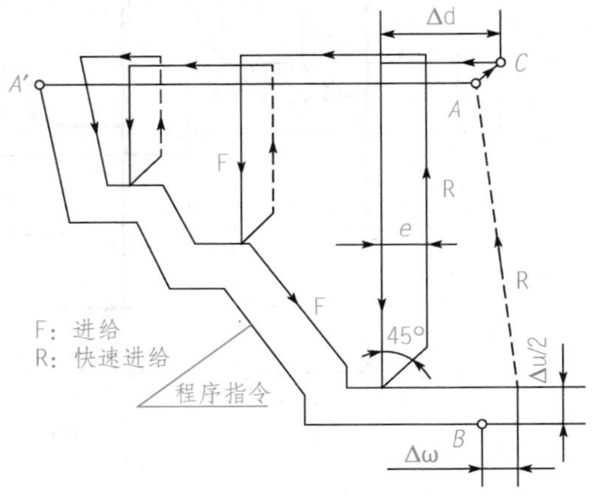

图 3-1-5 G72 切削路线

2. 指令格式

指令格式如下：

```
G00  X_   Z_ ;
G72  U1_   R_ ;
G72  P_   Q_   U2_   W_   F_ ;
```

任务二 车复杂台阶轴

有些台阶轴加工既有外表面加工，也有一些内表面加工。

任务目标

- 通过复杂零件的加工，能说出所加工零件的用途、功能和分类；
- 能识读图样和工艺卡，明确加工技术要求和加工工艺；
- 能根据工艺卡选用合适的量、器具，根据零件的加工要求选择合适的刀具；
- 会用游标卡尺、千分尺、塞规等量具；
- 能根据现场条件，查阅相关资料，确定符合加工技术要求的工、量、夹具；
- 会使用 G71 指令编制程序，了解其走刀路线。

任务描述

如图 3-1-6 所示，工件毛坯为 ϕ50 mm×92 mm 的 45 钢，试编写其数控车加工程序并进行加工。

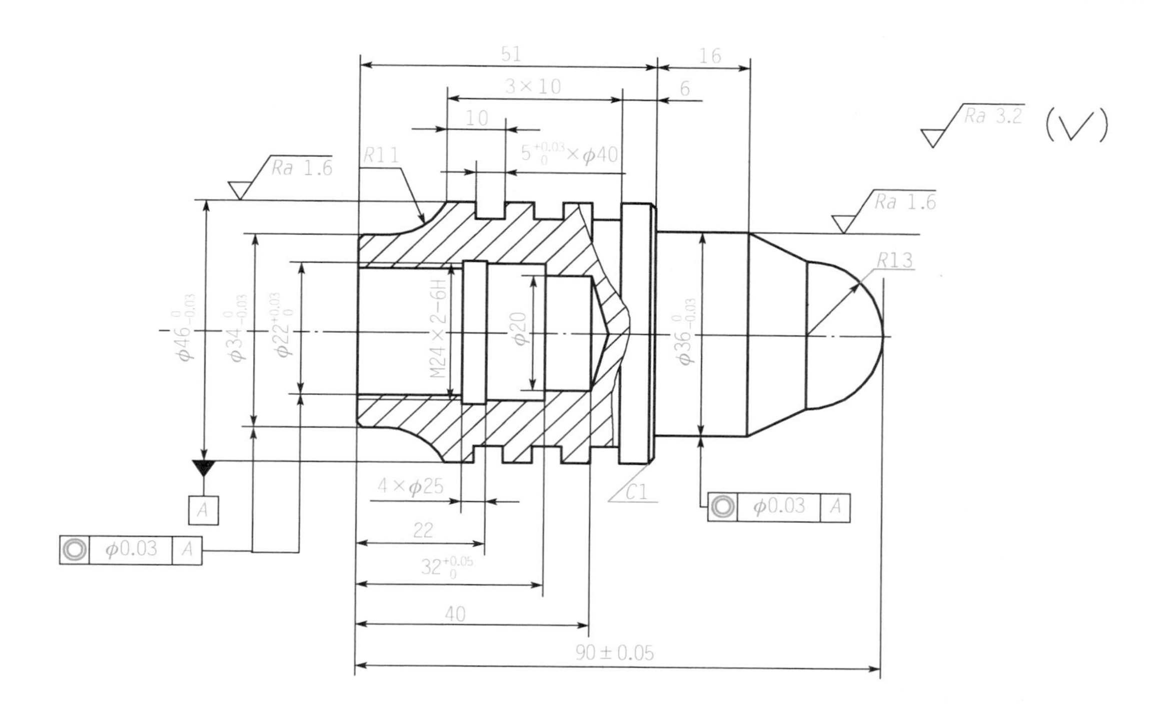

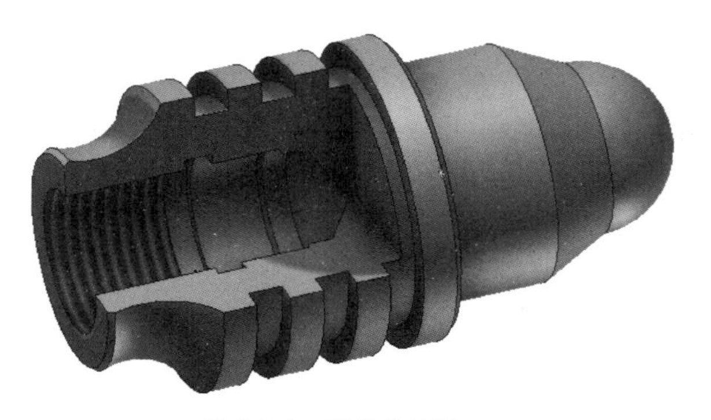

图 3-1-6　复杂台阶轴

知识链接

所用工、量具

所用工、量具如图 3-1-7 所示。

查阅资料，说出图 3-1-7 中工、量具的名称及用途。

查阅书籍，填写表 3-1-6。

图 3-1-7 所用工、量具

表 3-1-6 螺纹环规和塞规的使用注意事项

安全注意事项	
使用前注意事项	
使用时注意事项	
保管时注意事项	

任务实施

工艺准备和要求

1. 工艺准备

本任务选用 FANUC 0i 系统的数控车床，毛坯材料加工前先钻出直径为20 mm、深度为 40 mm 的底孔。加工中使用的工具、刀具、量具、夹具如表 3-1-7 所示。

表 3-1-7 工具、刀具、量具、夹具清单

序号	名　称	规　格	数　量	备　注
1	游标卡尺	0～150 mm(0.02 mm)	1	
2	千分尺	0～25 mm、25～50 mm、50～75 mm(0.01 mm)	各 1	
3	万能量角器	0～320°(2°)	1	
4	螺纹环规	M24×2－6g	1	
5	螺纹塞规	M24×2－6H	1	
6	百分表	0～10 mm(0.01 mm)	1	
7	磁性表座		1	
8	R 规	$R7$～$R14.5$ mm，$R15$～$R25$ mm	各 1c	
9	内径量表	18～35 mm(0.01 mm)	1	
10	塞尺	0.02～1 mm	1 副	
11	外圆车刀	93°，45°	1	
12	不重磨外圆车刀	R 型、V 型、T 型、S 型刀片	各 1	选用
13	内、外切槽刀	ϕ30 mm×5 mm	各 1	

续表

序号	名　称	规　格	数　量	备　注
14	内、外螺纹车刀	三角形螺纹	各 1	
15	内孔车刀	ϕ20 mm 盲孔	1	
16	麻花钻	中心钻，ϕ10 mm，ϕ20 mm	各 1	
17	辅具	莫氏钻套、钻夹头、活络顶尖	各 1	
18	材料	ϕ50 mm×92 mm	1	
19	其他	铜棒、铜皮、毛刷等常用工具		选用
20		计算机、计算器、编程用书等		

2. 工艺要求

本任务的工时定额(包括编程与程序手动输入)为 4 h，其加工要求如表 3-1-8 所示。

表 3-1-8　加工要求

工件编号					总得分		
项目与配分		序号	技术要求	配分	评分标准	检测记录	得分
工件加工评分(80%)	外形轮廓	1	$\phi46_{-0.03}^{0}$ mm	5	超差 0.01 mm 扣 2 分		
		2	$\phi34_{-0.03}^{0}$ mm	5	超差 0.01 mm 扣 2 分		
		3	$\phi36_{-0.03}^{0}$ mm	5	超差 0.01 mm 扣 2 分		
		4	切槽 $5_{0}^{+0.03}$ mm×ϕ40 mm	3×3	超差 0.01 mm 扣 1 分		
		5	同轴度 ϕ0.03 mm	3×2	超差 0.01 mm 扣 1 分		
		6	锥度正确	3	超差全扣		
		7	R13 mm，R11 mm	2×2	超差全扣		
		8	90 mm±0.05 mm	5	超差 0.01 mm 扣 1 分		
		9	Ra1.6 μmm	3	每错一处扣 1 分		
		10	Ra3.2 μm	5	每错一处扣 0.5 分		
	内轮廓	11	$\phi22_{0}^{+0.03}$ mm，Ra1.6 mm	5/1	超差 0.01 mm 扣 2 分		
		12	M24×2−6H	5	超差全扣		
		13	$\phi32_{0}^{+0.05}$ mm	3	超差 0.02 mm 扣 1 分		
		14	内切槽 4×ϕ25 mm	3	超差全扣		
		15	Ra3.2 μm	3	每错一处扣 1 分		
	其他	16	一般尺寸 IT12	3	每错一处扣 1 分		
		17	倒角	1	每错一处扣 0.5 分		
		18	工件按时完成	3	未按时完成全扣		
		19	工件无缺陷	3	缺陷一处扣 3 分		
程序与工艺(10%)		20	程序正确、合理	5	每错一处扣 2 分		
		21	加工工序卡	5	不合理每处扣 2 分		
机床操作(10%)		22	机床操作规范	5	出错一次扣 2 分		
		23	工件、刀具装夹	5	出错一次扣 2 分		

续表

项目与配分	序号	技术要求	配分	评分标准	检测记录	得分
安全文明生产(倒扣分)	24	安全操作	倒扣	安全事故、停止操作酌扣 5～30 分		
	25	机床整理	倒扣			

填写工艺卡

填写台阶轴加工工艺卡，如表 3-1-9 所示。

表 3-1-9 台阶轴加工工艺卡

单位名称		产品名称			图号		第一页	
		零件名称			数量	1		
材料种类		材料牌号		毛坯尺寸				
工序号	工序内容	车间	设备	工具			计划工时	实际工时
				夹具	量具	刀具		
更改号		拟定	校正		审核		批准	
更改者								
日期								

刀具的选择

分析零件图样，根据工艺卡选择刀具，完成表 3-1-10。

表 3-1-10 刀具的选用

序号	刀具名称	规格	数量	需领用

编写加工程序

选择完成后工件的左右端面回转中心作为编程原点，选择的刀具如下：T01 是外圆车刀，T02 是外切槽刀，T03 是内孔车刀，T04 是内切槽刀，T05 是内螺纹车刀。

其参考程序如表 3-1-11 和表 3-1-12 所示。

表 3-1-11　参考程序(左端)

程序	说明
O3103;	加工左端内外轮廓
G99 G97 M03 S800;	程序初始化，主轴正转，800 r/min
T0101 F0.2;	换 1 号外圆车刀
G00 X100 Z100 M08;	刀具至目测安全位置
X52 Z2;	
G71 U2 R0.5;	毛坯切削循环
G71 P80 Q140 U0.5;	
N80 G00 X32 S1500 F0.05;	精加工 S= 1 500 r/min，F= 0.05 mm/r 精加工轮廓描述
G01 Z0;	
X34 Z-1;	
Z-5.2;	
G02 X46 Z-15 R11;	
G01 Z-55;	
N140 X52;	
G70 P80 Q140;	精加工左端外轮廓
G00 X100 Z100;	换外切槽刀
T0202 S500;	
G00 X48 Z-23;	刀具定位
G75 R0.5;	加工第一条外圆槽
G75 X40 Z-25 P2000 Q2000 F0.1;	
G00 Z-33;	刀具重新定位
G75 R0.5;	加工第二条外圆槽
G75 X40 Z-35 P2000 Q2000 F0.1;	
G00 Z-43;	刀具重新定位
G75 R0.5;	加工第三条外圆槽
G75 X40 Z-45 P2000 Q2000 F0.1;	
G00 X100 Z100;	换内孔车刀
T0303 S800;	
G00 X18 Z2;	刀具定位至循环起点
G71 U1 R0.5;	粗车内孔
G71 P200 Q300 U-0.3 F0.2;	精加工余量取负值
N200 G00 X26 S1200 F0.05;	精加工轮廓描述
G01 Z0;	
X22 Z-2;	
Z-40;	
N300 X18;	
G70 P200 Q300;	精车内孔
G00 X100 Z100;	换内切槽刀，转速取 500 r/min
T0404 S500;	

续表

程序	说明
G00 X20 Z2;	注意刀具定位路径
Z-21;	
G75 R0.5;	内切槽加工
G75 X25 Z-22 P1500 Q1000 F0.1;	
G00 Z2;	注意退刀路径
G00 X100 Z100;	
T0505 S600;	换内螺纹车刀，换转速为 600 r/min
G00 X21 Z2;	
G76 P020560 Q50 R-0.05;	加工内螺纹，注意精车余量为负值
G76 X24 Z-20 P1300 Q400 F2;	
G00 X100 Z100;	程序结束部分
M05 M09;	
M30;	

表 3-1-12 参考程序(右端)

程序	说明
O3104;	加工右端内外轮廓
G99 G97 M03 S800;	程序开始部分
T0101 F0.2;	
G00 X100 Z100 M08;	
X52 Z2;	
G71 U2 R0.5;	粗车右端轮廓
G71 P100 Q200 U0.5;	
N100 G00 X0 S1500 F0.05;	确定精车转速与进给量精车轮廓描述
G01 Z0;	
G03 X26 Z-13 R13;	
G01 X36 Z-23;	
Z-39;	
X44;	
X46 Z-40;	
N200 X52;	
G70 P100 Q200;	精加工右端轮廓
G00 X100 Z100;	程序结束部分
M05 M09;	
M30;	

加工过程

按照下面操作步骤，在数控车床上加工台阶轴。

1)安装刀具。

2)先加工左端，用自定心卡盘装夹工件。

3)手动车端面。

4)对刀。

5)调用程序 O3103，加工左端内外轮廓。

6)掉头装夹，用铜皮包住外圆。

7)车右端面，保证总长。

8)调用程序 O3104，加工右端轮廓。

9)测量工件，清理机床。

任务评价

完成上述任务后，请认真填写表 3-1-13 所示的“复杂台阶轴加工质量评价表”。

表 3-1-13　复杂台阶加工质量的评价表

组别			小组负责人	
成员姓名			班级	
课题名称			实施时间	
评价指标	配分	自评	互评	教师评
会正确编写数控加工程序	15			
能够独立完成工件的加工与尺寸公差的调试	20			
工件的尺寸与表面质量	20			
熟悉工艺卡片的填写	15			
工、量、刀具的规范使用	10			
课堂学习纪律、完全文明生产	10			
着装是否符合安全规程要求	5			
能实现前后知识的迁移，与同伴团结协作	5			
总　计	100			
教师总评 （成绩、不足及注意事项）				
综合评定等级（个人 30%，小组 30%，教师 40%）				

练习与实践

1)应该如何保养螺纹规?

2)根据图 3-1-8 完成题目要求。

①确定工件的装夹方式及加工工艺路线。

②选择合适的刀具。

③填写相关工艺卡片。

④编写加工程序。

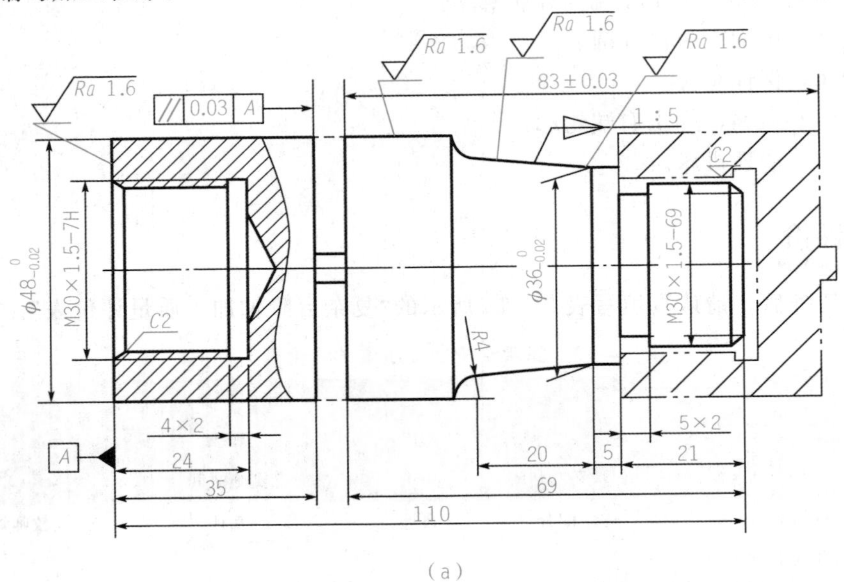

(a)

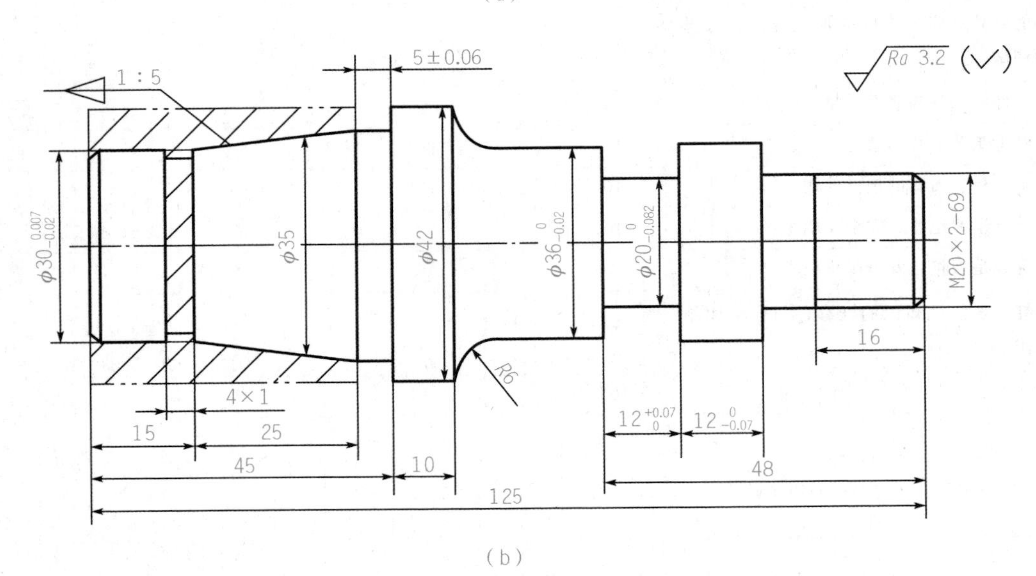

(b)

图 3-1-8 练习题

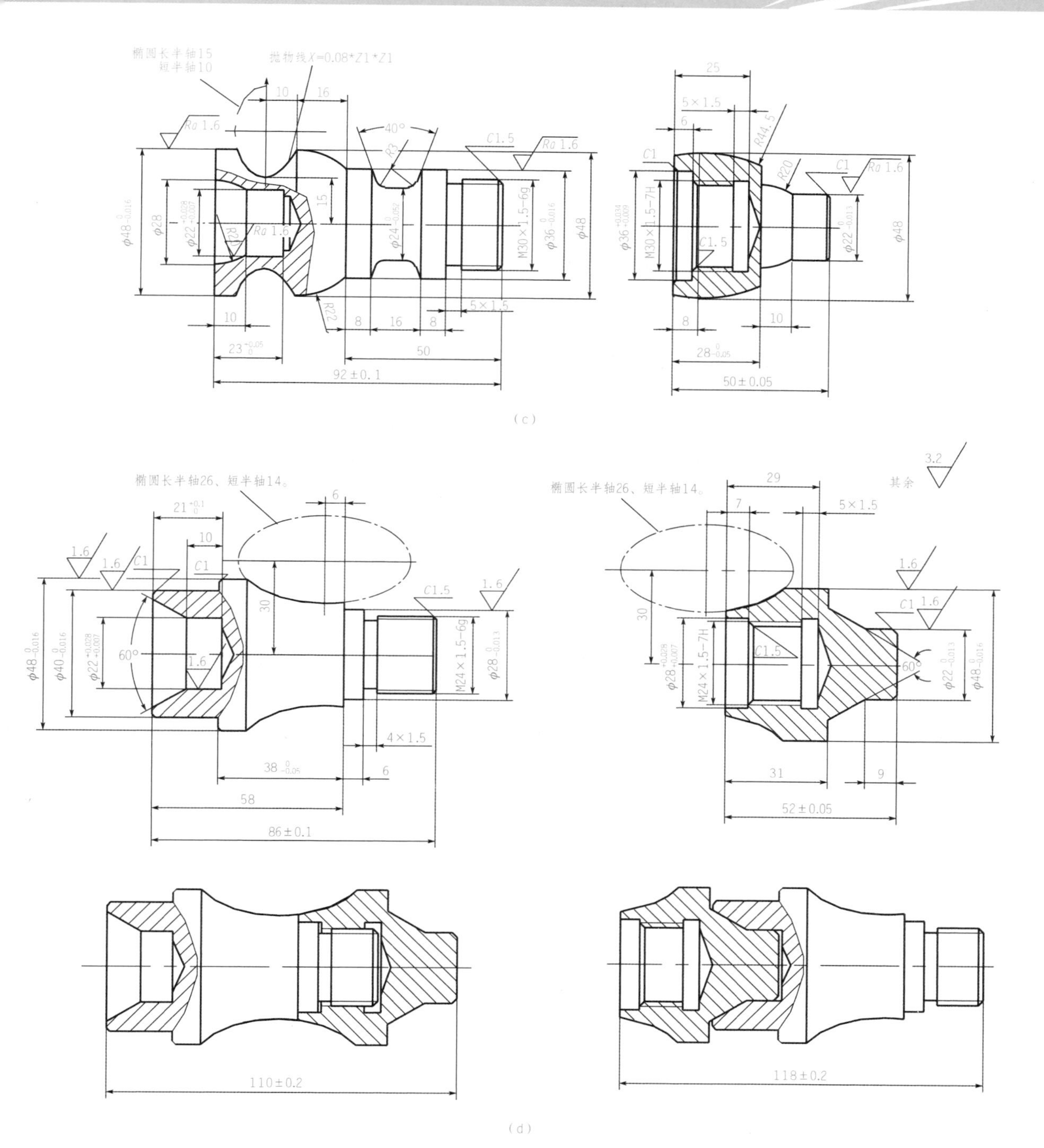
椭圆长半轴15
短半轴10
抛物线X=0.08*Z1*Z1
Ra 1.6
C1.5
R3
40°
15
R22
R21
φ48
φ28
φ24
M30×1.5-6g
φ36
5×1.5
92±0.1
50
23
(c)
25
R44.5
R20
C1
φ22
28
50±0.05
M30×1.5-7H
椭圆长半轴26、短半轴14。
21
C1
30
60°
M24×1.5-6g
φ40
4×1.5
38
58
86±0.1
29
7
5×1.5
其余
3.2
M24×1.5-7H
31
9
52±0.05
110±0.2
118±0.2
(d)

图 3-1-8　练习题(续)

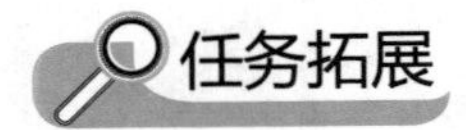

阅读材料——孔的加工知识

1. 车孔的关键技术

车孔的关键技术是解决内孔车刀的刚性和排屑问题。

增加内孔车刀的刚性可采取以下措施：

1)尽量增加刀柄的截面积，通常内孔车刀的刀尖位于刀柄的上面，这样刀柄的截面积较小，不到孔截面积的1/4，若使内孔车刀的刀尖位于刀柄的中心线上，那么刀柄在孔中的截面积可大大地增加。

2)尽可能缩短刀柄的伸出长度，以增加车刀刀柄刚性，减小切削过程中的振动，此外还可将刀柄上下两个平面做成互相平行的，这样就能很方便地根据孔深调节刀柄的伸出长度。

解决排屑问题主要是控制切屑的流出方向。精车孔时，要求切屑流向待加工表面(前排屑)，采用正刃倾角的内孔车刀；加工盲孔时，应采用负刃倾角的内孔车刀，使切屑从孔口排出。

2. 车阶梯孔基础知识

内孔车削指令与外圆车削指令基本相同，关键应该注意，在加工过程中，外圆柱越加工越小，而内孔越加工越大，这在保证尺寸方面尤为重要。对于内外径粗车循环指令G71，在加工外径时余量 X 为正，但在加工孔时余量 X 应为负，这一点应该特别注意，否则内孔尺寸肯定会增多。

项目二

数铣综合加工

任务一 铣削飞机模型

任务目标

• 能独立阅读生产任务单，明确工时、加工数量等要求，能够说出所加工零件的用途、功能和分类；

• 识读图样并编写工艺卡，明确加工技术要求和加工工艺；

• 能根据工艺卡选用合适的工、量具；

• 能够根据的加工要求选择合适的刀具；

• 会用游标卡尺、公法线千分尺、内测千分尺、深度千分尺等量具；

• 能根据现场条件，查阅相关资料，确定符合加工技术要求的工、量、夹具；

• 能够灵活应用数控指令完成编写与加工。

任务描述

图 3-2-1 所示工件为老式飞机模型零件，毛坯尺寸为 120 mm×120 mm×30 mm 的 45 钢，试编写其数控铣床加工程序并进行加工。加工要求如图 3-2-2 所示。

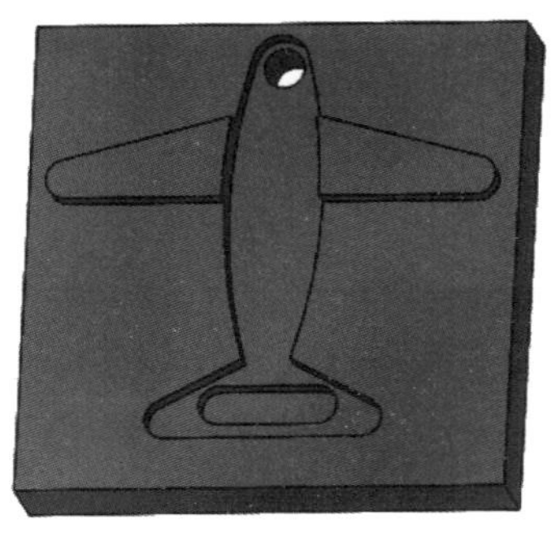

图 3-2-1 飞机模型零件

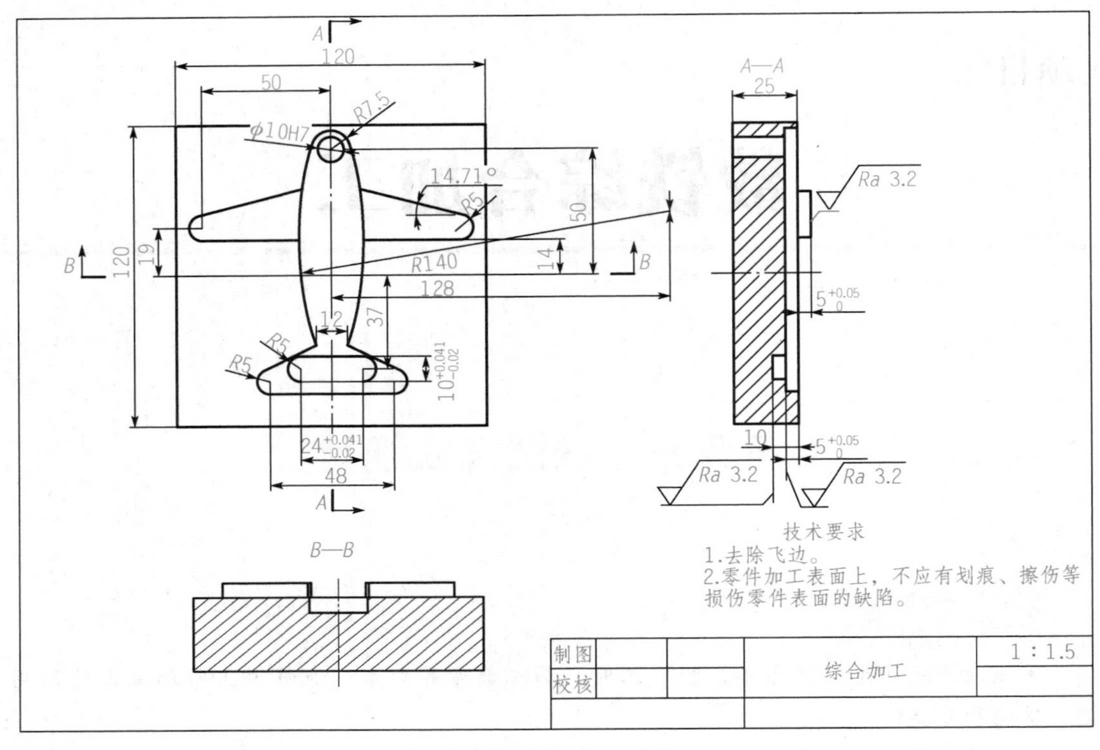

图 3-2-2 加工要求

知识链接

运用常用的 G、M 指令，进行轮廓、孔加工和粗精加工工艺分析。

零件的轮廓由许多不同的几何要素所组成，如直线、圆弧、二次曲线等，各几何要素之间的连接点称为基点。基点可以人工确定。数控系统一般只作直线插补和圆弧插补运动。

如果工件轮廓是非圆曲线，数控系统就无法直接实现插补，而需要通过一定的数学处理。数学处理的方法是用直线段，用直线段或圆弧段去逼近非圆曲线，逼近线段与被加工曲线的交点称为节点。节点的计算一般比较复杂，靠手工计算很难实现，必须借助计算机辅助处理。

量具的使用

所用量具有游标卡尺、深度千分尺、内测千分尺、公法线千分尺[图 3-2-3(a)]和光滑塞规[图 3-2-3(b)]。

查阅书籍，填写表 3-2-1。

(a) (b)

图 3-2-3 部分量具

(a)公法线千分尺；(b)光滑塞规

表 3-2-1　量具的使用注意事项

安全注意事项	
使用前注意事项	
使用时注意事项	
保管时注意事项	

想一想：

图样上的基点、节点坐标如何计算？

提示：

针对复杂图形的计算，需要大家有良好的数学基础，较为方便的方法是通过相应软件进行计算，例如：利用 AutoCAD、CAXA 等软件，可以方便地确定图中所要的坐标点。

任务实施

工艺准备和要求

1. 工艺准备

本任务选用的机床为 FANUC 0i MC 系统的数控铣床，加工中使用的工具、刀具、量具、夹具如表 3-2-2 所示。

表 3-2-2　工具、刀具、量具、夹具清单

序号	名　称	规　格	数　量	备　注
1	游标卡尺	0～150 mm(0.02 mm)	1	
2	公法线千分尺	0～25 mm(0.01 mm)	1	
3	深度千分尺	0～25 mm(0.01 mm)	1	
4	内测千分尺	5～30 mm(0.01 mm)		
5	光滑塞规		1	
6	杠杆百分表	0～10 mm(0.01 mm)	1	
7	磁性表座		1	
8	寻边器	CE－420	1	
9	弹性夹簧	ER32，10 mm、8 mm	1	
10	刀柄	BT40	若干	
11	键槽铣刀	10 mm、8 mm	1	

续表

序号	名 称	规 格	数 量	备 注
12	中心钻	A 型		
13	钻头	9.8 mm		
14	铰刀	10H7		
12	塞尺	0.01～1 mm	1 副	
13	锁刀座		1 套	
14	材料	120 mm×120 mm×30 mm	1	
15	其他	铜棒、铜皮、毛刷等常用工具		选用
16		计算机、计算器、编程用书等		

2. 工艺要求

本任务的工时定额(包括编程与程序手动输入)为 2 h，其加工要求如表 3-2-3 所示。

表 3-2-3 加工要求

项目与配分		序号	技术要求	配分	评分标准	检测记录	得分
工件加工评分(60%)	外形轮廓	1	$10^{+0.041}_{-0.020}$ mm	6	超差 0.01 mm 扣 2 分		
		2	$24^{+0.041}_{-0.020}$ mm	6	超差 0.01 mm 扣 2 分		
		3	$5^{+0.05}_{0}$ mm	4	超差 0.01 mm 扣 2 分		
		4	$5^{+0.05}_{0}$ mm	4	超差 0.01 mm 扣 2 分		
		5	10 mm	4	出错扣 2 分		
		6	*Ra*3.2 mm	4	出错扣 2 分		
		7	圆弧 6×*R*5 mm	3	每错一处扣 0.5 分		
		8	圆弧 *R*7.5 mm	2	出错扣 2 分		
		9	圆弧 *R*140	2	出错扣 2 分		
		10	ϕ10H7	6	超差 0.01 mm 扣 2 分		
		11	角度 14.71°	3	每错一处扣 1.5 分		
		12	2×50 mm	2	超差 0.01 mm 扣 1 分		
		13	14 mm	2	出错扣 2 分		
		14	19 mm	2	出错扣 2 分		
		15	48 mm	2	出错扣 2 分		
		16	37 mm	2	出错扣 2 分		
		17	工件按时完成	3	未按时完成全扣		
		18	工件无缺陷	3	缺陷一处扣 3 分		
程序与工艺(30%)		19	程序正确合理	15	每错一处扣 2 分		
		20	加工工序卡	15	不合理每处扣 2 分		
机床操作(10%)		21	机床操作规范	5	出错一次扣 2 分		
		22	工件、刀具装夹	5	出错一次扣 2 分		
安全文明生产(倒扣分)		23	安全操作	倒扣	安全事故、停止操作酌扣 5～30 分		
		24	机床整理	倒扣			

填写工艺卡

填写综合件加工工艺卡，如表 3-2-4 所示。

表 3-2-4　综合件加工工艺卡

单位名称		产品名称		综合件 1		图号	第一页	
		零件名称		综合件 1	数量	1		
材料种类		材料牌号		毛坯尺寸				
工序号	工序内容	车间	设备	工具			计划工时	实际工时
				夹具	量具	刀具		
更改号		拟定	校正		审核		批准	
更改者								
日期								

刀具的选择

分析零件图样，根据工艺卡选择刀具，完成表 3-2-5。

表 3-2-5　刀具的选用

序号	刀具名称	规格	数量	需领用

编写加工程序

以方料的中心为编程原点，采用四面分中对刀方法，选择的刀具如下：T1 是中心钻，T2 是 9.8 mm 麻花钻，T3 是 10H7 铰刀，T4 是 ϕ10 mm 键槽铣刀，T5 是 ϕ8 mm 键槽铣刀。

其参考程序如表 3-2-6～表 3-2-11。

表 3-2-6 参考程序(钻中心孔位)

程序	说明
O0001;	程序名(钻中心孔位)
G90 G94 G40 G80 G21 G15 G17 G54;	程序初始化
T01 M06;	换 1 号刀
M03 S1000;	主轴正转，转速 1 000 r/min
G90 G00 X0 Y50;	定位到(X0, Y50)的位置
M08;	打开切削液
G43 H01 Z20;	采用 1 号长度正补偿快速定位到 Z20
G98 G81 Z-5 R5 F50;	钻孔深度 5 mm，安全高度 5 mm，进给量 50 mm/min
G80;	取消固定循环
G0 Z100;	快速退刀
M09;	关闭切削液
M05;	主轴停止
M30;	程序结束

表 3-2-7 参考程序(钻孔)

程序	说明
O0002;	程序名(钻孔)
G90 G94 G40 G80 G21 G15 G17 G54;	程序初始化
T02 M06;	换 2 号刀
M03 S650;	主轴正转，转速 650 r/min
G90 G00 X0 Y50;	定位到(X0, Y50)的位置
M08;	打开切削液
G43 H02 Z20;	采用 2 号长度正补偿快速定位到 Z20
G98 G83 Z-35 R5 Q5 F100;	钻孔深度 35 mm，安全高度 5 mm，每次钻深 5 mm，进给量 100 mm/min
G80;	取消固定循环
G0 Z100;	快速退刀
M09;	关闭切削液
M05;	主轴停止
M30;	程序结束

表 3-2-8 参考程序(铰孔)

程序	说明
O0003;	程序名(铰孔)
G90 G94 G40 G80 G21 G15 G17 G54;	程序初始化
T03 M06;	换 3 号刀
M03 S100;	主轴正转，转速 100 r/min
G90 G00 X0 Y50;	定位到(X0, Y50)的位置
M08;	打开切削液
G43 H03 Z20;	采用 3 号长度正补偿快速定位到 Z20
G98 G85 Z-35 R5 F50;	铰孔深度 35 mm，安全高度 5 mm，进给量 50 mm/min
G80;	取消固定循环

续表

程序	说明
G0 Z100;	快速退刀
M09;	关闭切削液
M05;	主轴停止
M30;	程序结束

表 3-2-9 参考程序(飞机机翼加工)

程序	说明
O0004;	程序名(飞机机翼加工)
G90 G94 G40 G21 G15 G17 G54;	程序初始化
T04 M06;	换 4 号刀
M03 S600;	主轴正转，转速 600 r/min
G90 G00 X0 Y0;	快速定位到(X0，Y0)
M08;	打开切削液
G43 H04 Z20;	采用 4 号长度正补偿快速定位到 Z20
Z2;	快速定位到 Z2
G01 Z-5.02 F30;	直线插补到 Z-5.02，进给量 30 mm/min
G41 D01 X0 Y14 F150;	建立左补偿(X0，Y14)，进给量 150 mm/min
G01 X-50;	直线切削到 X-50
G02 X-51.27 Y23.84 R5 ;	顺时针切削到(X-51.27，Y23.84)，半径是 R5 mm
G01 X-10.99 Y34.41;	直线切削进给到(X-10.99，Y34.41)
X10.99;	直线切削进给到 X10.99
X51.27 Y23.84;	直线切削进给到(X51.27，Y23.84)
G02 X50 Y14 R5;	顺时针切削到(X50，Y14)，半径是 R5 mm
G01 X0;	直线切削进给到 X0
G40 X0 Y0;	取消刀具补偿(X0，Y0)
G0 Z100;	主轴抬刀
M09;	关闭切削液
M05;	主轴停止
M30;	程序结束

表 3-2-10 参考程序(飞机机身加工)

程序	说明
O0005;	程序名(飞机机身加工)
G90 G94 G40 G21 G15 G69 G17 G54;	程序初始化
T04 M06;	换 4 号刀
M03 S700;	主轴正转，转速 700 r/min
G90 G00 X0 Y50;	快速定位到(X0，Y50)位置
M08;	打开切削液
G43 H04 Z20;	采用 4 号长度正补偿快速定位到 Z20
Z2;	快速定位到 Z2

续表

程序	说明
G01 Z-10.02 F30;	直线插补到 Z-10.02，进给量 30 mm/min
G41 D01 X6.97 Y53.12 F150;	建立左补偿(X6.97，Y53.12)，进给量 150 mm/min
G03 X-6.97 R7.5;	逆时针圆弧进给 X-6.97，圆弧 R7.5 mm
G03 X-6 Y-27.65 R140;	逆时针圆弧进给(X-6，Y-27.65)，圆弧 R140 mm
G01X-26.19 Y-37.51;	直线切削进给到(X-26.19，Y-37.51)
G03 X-24 Y-47 R5;	逆时针圆弧进给(X-24，Y-47)，圆弧 R5 mm
G01 X24;	直线切削进给到 X24
G03 X26.19 Y-37.51 R5;	逆时针圆弧进给(X26.19，Y-37.51)，圆弧 R5 mm
G01 X6 Y-27.65;	直线切削进给到(X6，Y-27.65)
G03 X6.97 Y53.12 R140;	逆时针圆弧进给(X6.97，Y53.12)，圆弧 R140 mm
G40 G01 X0 Y50;	取消刀具补偿(X0，Y50)
G0 Z100;	主轴抬刀 Z100
M09;	关闭切削液
M05;	主轴停止
M30;	程序结束

表 3-2-11 参考程序(机尾加工)

程序	说明
O0006;	程序名(机尾加工加工)
G90 G94 G40 G21 G15 G69 G17 G54;	程序初始化
T05 M06;	换 5 号刀
M03 S1000;	主轴正转，转速 1 000 r/min
G90 G00 X0 Y-37;	快速定位到位置
M08;	打开切削液
G43 H05 Z20;	采用 5 号长度正补偿快速定位到 Z20
Z2;	快速定位到 Z2
G01 Z-15 F30;	直线插补到 Z-15，进给量 30 mm/min
G41 D01 X0 Y-32 F150;	建立左补偿(X0，Y-32)，进给量 150 mm/min
G01 X-12;	直线切削进给到 X-12
G03 Y-42 R5;	逆时针圆弧进给 Y-42，圆弧 R5 mm
G01 X12;	直线切削进给到 X12
G03 Y-32 R5;	逆时针圆弧进给 Y-32，圆弧 R5 mm
G01X0;	直线切削进给到 X0
G40 G01 X0 Y-37;	取消刀具补偿(X0，Y-37)
G0 Z100;	快速退刀 Z100
M05;	主轴停止
M30;	程序结束

注意：精加工和粗加工程序一样，只需改变切削参数即可。提高主轴转速，降低进给量。

加工过程

按照下面操作步骤，在数控铣床上加工综合件。

1)安装刀具。

2)在台虎钳上安装方料。

3)对刀。

4)调用程序 O0001～O0006。

5)切削加工工件。

6)测量工件，去飞边。

7)清理机床。

任务评价

完成上述任务后，认真填写表 3-2-12 所示的“数控铣床综合加工操作评价表”。

表 3-2-12　数控铣床综合加工操作评价表

组别			小组负责人	
成员姓名			班级	
课题名称			实施时间	
评价指标	配分	自评	互评	教师评
会正确编写数控加工程序	15			
能够独立完成工件的加工与尺寸公差的调试	20			
工件的尺寸与表面质量	20			
熟悉工艺卡片的填写	15			
工、量、刀具的规范使用	10			
课堂学习纪律、完全文明生产	10			
着装符合安全规程要求	5			
能实现前后知识的迁移，与同伴团结协作	5			
总　　计	100			
教师总评 （成绩、不足及注意事项）				
综合评定等级(个人 30%，小组 30%，教师 40%)				

练习与实践

根据所学知识完成图 3-2-4 所示零件的加工，编写加工程序。

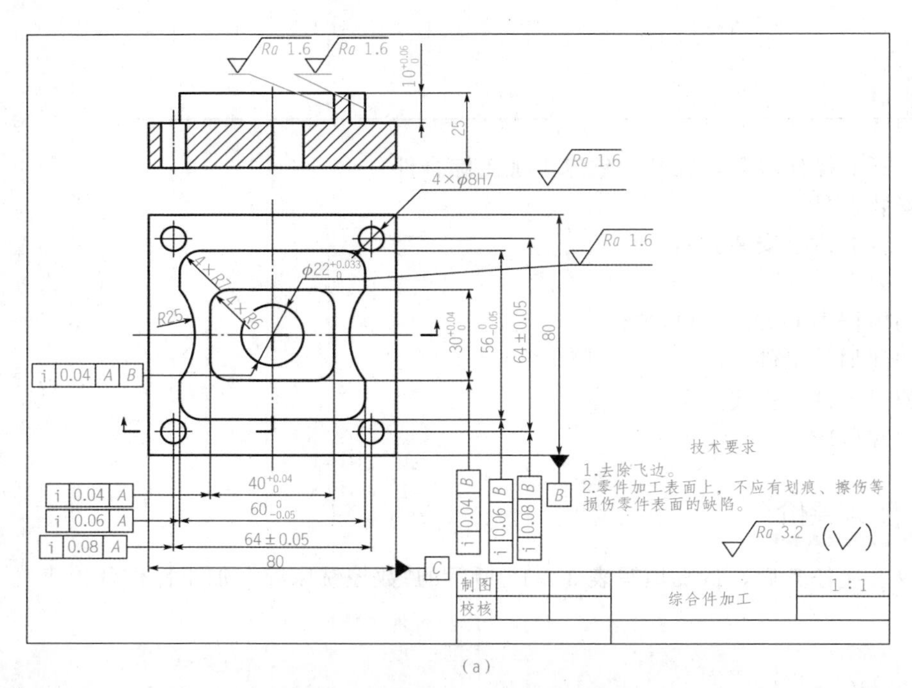
Ra 1.6
4×φ8H7
φ22
4×R7
4×R6
R25
技术要求
1.去除飞边。
2.零件加工表面上，不应有划痕、擦伤等损伤零件表面的缺陷。
Ra 3.2
制图
校核
综合件加工
1：1
(a)

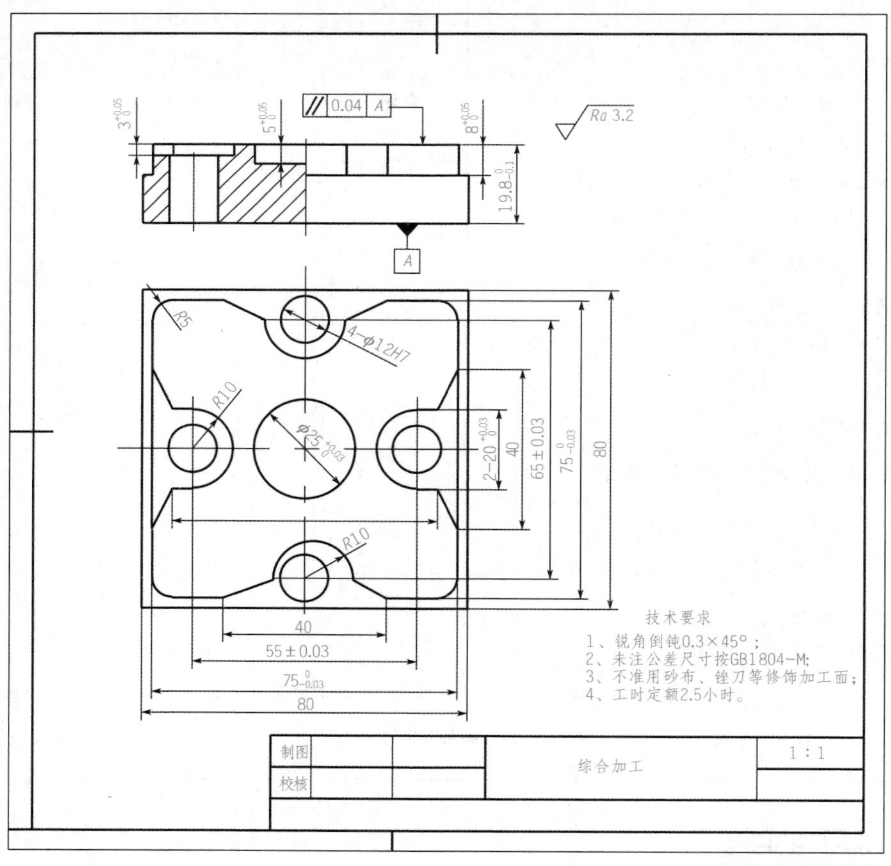
Ra 3.2
0.04 A
19.8
R5
4-φ12H7
R10
65±0.03
55±0.03
80
技术要求
1、锐角倒钝0.3×45°；
2、未注公差尺寸按GB1804-M;
3、不准用砂布、锉刀等修饰加工面；
4、工时定额2.5小时。
制图
校核
综合加工
1：1
(b)

图 3-2-4 实训练习

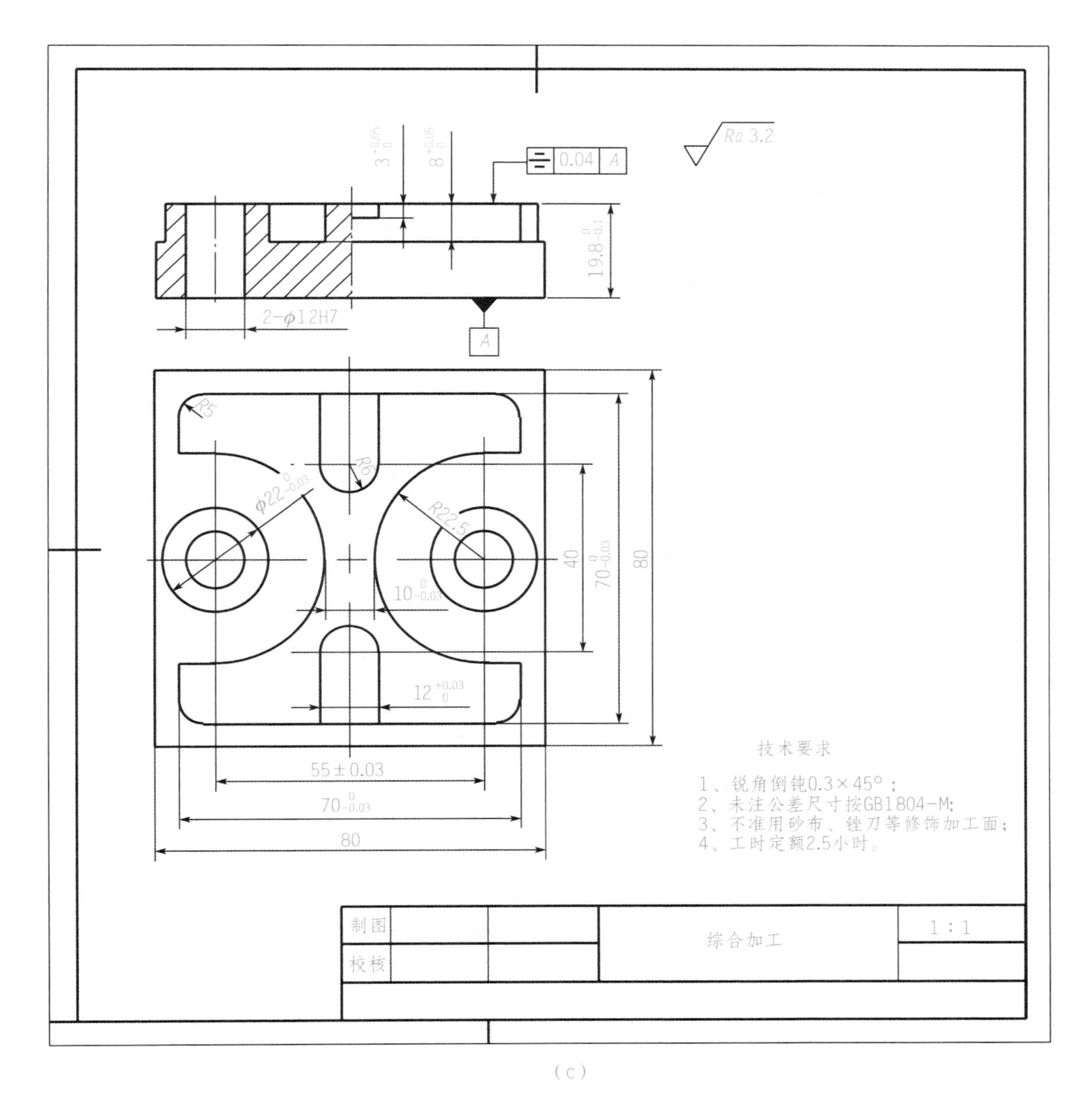

（c）

图 3-2-4　实训练习(续)

任务拓展

请根据所学知识，在完成一般练习任务的基础上，进行凸台、十字槽及孔的综合加工的拓展练习，如图 3-2-5 所示。

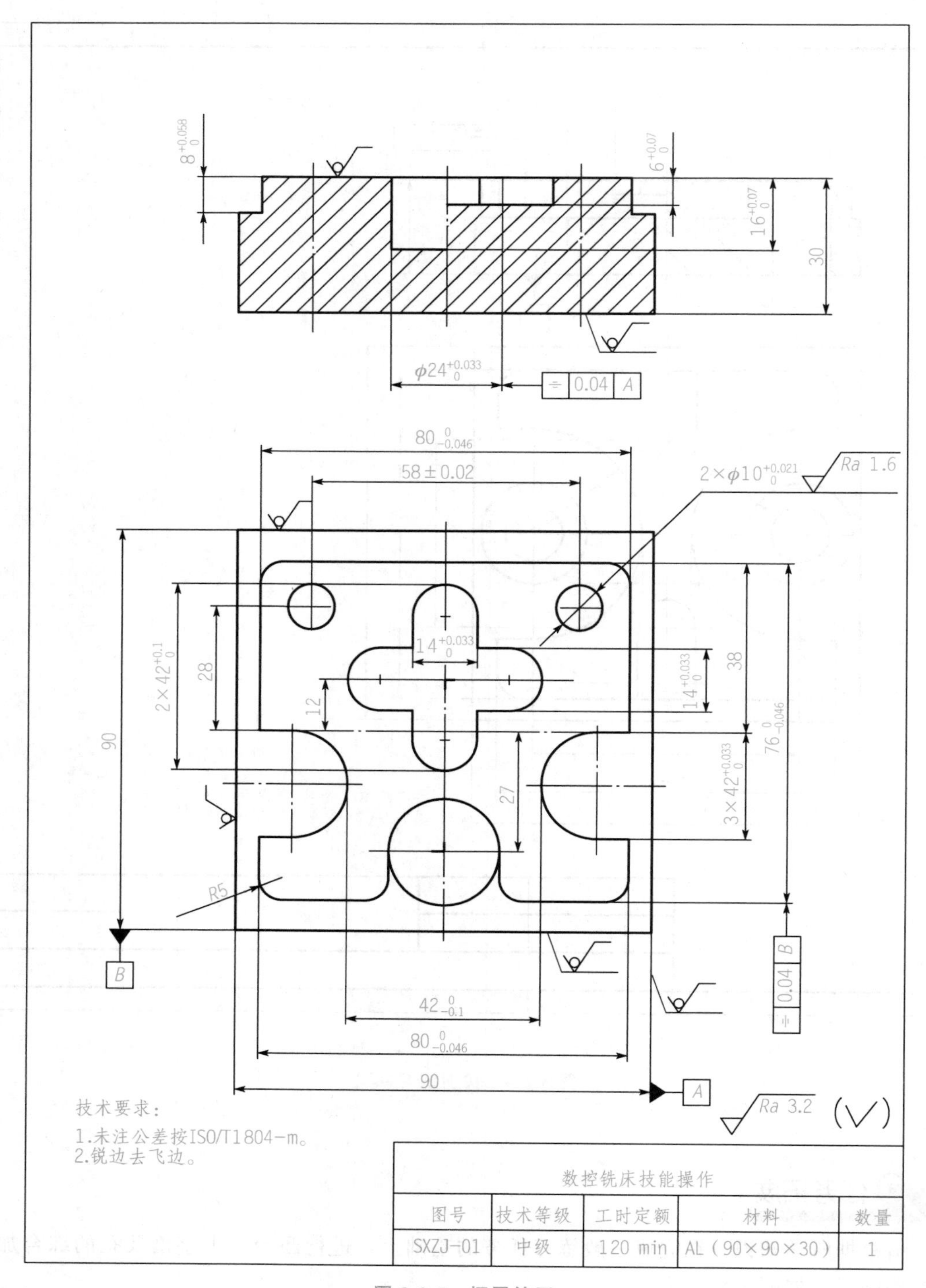

$8^{+0.058}_{0}$
$6^{+0.07}_{0}$
$16^{+0.07}_{0}$
30
$\phi24^{+0.033}_{0}$
0.04 A
$80^{0}_{-0.046}$
58±0.02
$2\times\phi10^{+0.021}_{0}$
Ra 1.6
$14^{+0.033}_{0}$
$2\times42^{+0.1}_{0}$
28
12
90
$14^{+0.033}_{0}$
38
$76^{0}_{-0.046}$
$3\times42^{+0.033}_{0}$
27
R5
B
0.04 B
$42^{0}_{-0.1}$
$80^{0}_{-0.046}$
90
A
Ra 3.2
技术要求：
1.未注公差按ISO/T1804-m。
2.锐边去飞边。
数控铣床技能操作
图号 技术等级 工时定额 材料 数量
SXZJ-01 中级 120 min AL（90×90×30） 1

图 3-2-5 拓展练习

任务二　铣削向日葵模型

任务目标

- 能识读图样和工艺卡，明确加工技术要求和加工工艺；
- 能根据工艺卡选用合适的量器具；
- 会用游标卡尺、公法线千分尺、内测千分尺、深度千分尺等量具；
- 能根据现场条件，查阅相关资料，确定符合加工技术要求的工、量、夹具；
- 熟练综合采用数控指令完成程序的编制，独立完成机床的操作模拟与加工。

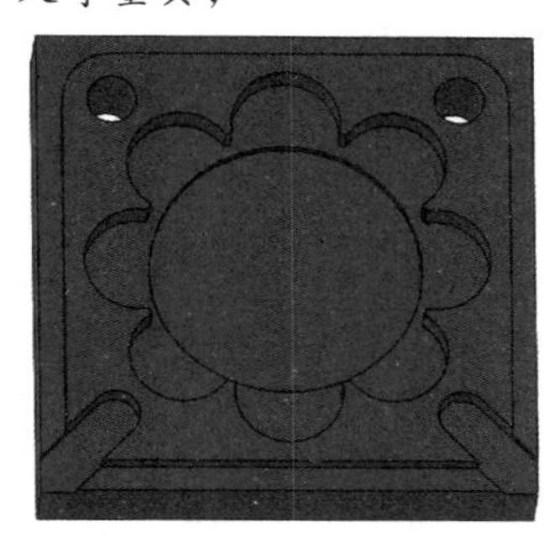

图 3-2-6　向日葵模型

任务描述

图 3-2-6 所示工件是向日葵模型，毛坯为 100 mm×100 mm×20 mm 的 45 钢，编写其数控铣床加工程序并进行加工。加工要求如图 3-2-7 所示。

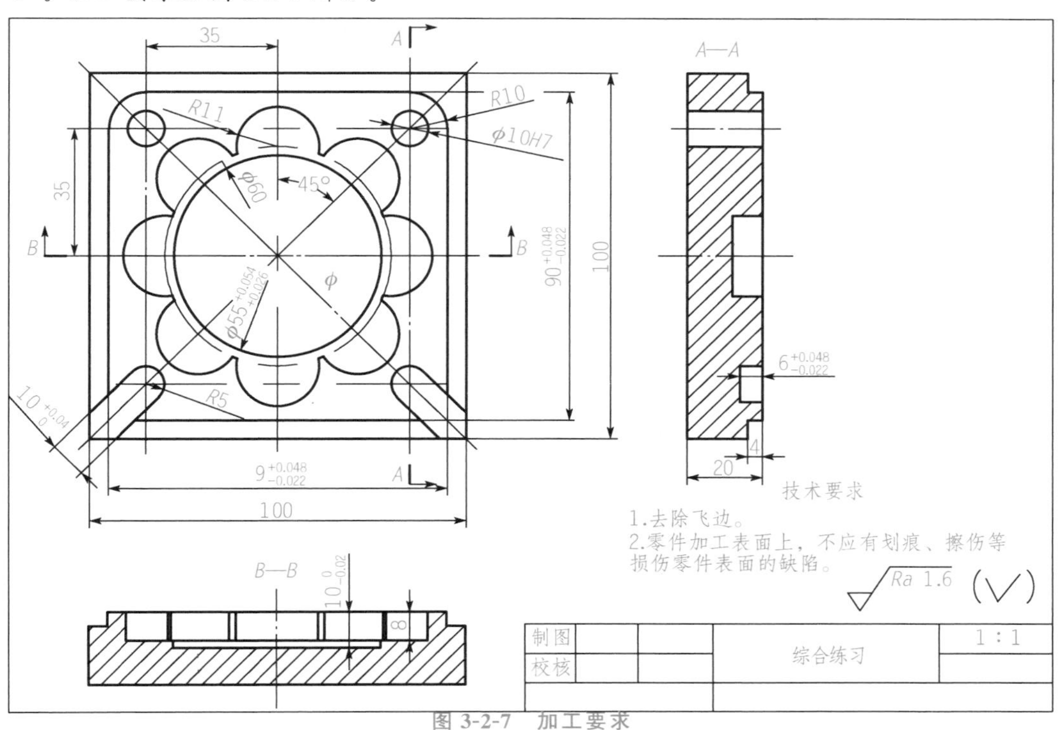

图 3-2-7　加工要求

知识链接

子程序及其应用

1. 子程序

在数控加工中，很多图形存在着一定的技巧性和规律性，诸如在一些图形中，部分局部图形一样，此时应该考虑到技巧的应用。M98/M99 指令的应用可以使程序简单，减轻编程量，更便于理解和应用。

2. 子程序的调用格式

调用格式如下：

```
M98 Pxxxx    Lxxx;
```

或

```
M98Pxxxxxxx;
```

在第一种格式中，P 后面是调用子程序的程序名，L 是调用子程序的次数；在第二种格式中，前三位表示调用子程序的次数，而后面是调用子程序的名称。

例如，在表 3-2-13 所示程序中，主程序 O2000 执行到 N0020 时执行 O2010；子程序执行结束后继续执行主程序段号 N0030，在主程序执行 N0070 时，又转去执行子程序 O2010 两次，返回时又继续执行主程序的 N0080 后面的程序。

表 3-2-13　子程序调用示例

主程序	子程序
O2000;	O2010;
…	…
N0020 M98 P2010;	…
N0030;	…
N0070 M98 P2010 L2;	…
N0080;	…
…	M99;

3. 使用子程序的注意事项

1)主程序中的模态 G 代码可被子程序中同一组的其他 G 代码所代替，主程序中的 G90 被子程序中的 G91 更改，从子程序返回时也就变成了 G91 状态了。

2)尽量不要在刀具补偿状态下的主程序中调用子程序，因为当子程序中连续出现两段以上非移动指令或者非刀补平面轴运动指令时，很容易出现过切等错误。

量具的使用

所用量具有游标卡尺、深度千分尺、内测千分尺、公法线千尺、光滑塞规等。

查阅书籍，填写表 3-2-14。

表 3-2-14　量具的使用注意事项

安全注意事项	
使用前注意事项	
使用时注意事项	
保管时注意事项	

想一想：

子程序和主程序有什么不同？

提示：

针对复杂的图形，找到相同的走刀路线，将这部分程序单独处理，编写成一个独立的程序，可以供不同的主程序来调用，从而可以简化编程。

任务实施

工艺准备和要求

1. 工艺准备

本任务选用的机床为 FANUC 0i MD 系统的数控铣床，加工中使用的工具、刀具、量具、夹具如表 3-2-15 所示。

表 3-2-15　工具、刀具、量具、夹具清单

序号	名　称	规　格	数　量	备　注
1	游标卡尺	0～150 mm(0.02 mm)	1	
2	公法线千分尺	75～100 mm(0.01 mm)	1	
3	深度千分尺	0～25 mm(0.01 mm)	1	
4	内测千分尺	5～30 mm(0.01 mm)	1	
5	光滑塞规	ϕ10H7	1	
6	杠杆百分表	0～10 mm(0.01 mm)	1	
7	磁性表座		1	
8	寻边器	CE－420	1	
9	弹性夹簧	ER32(ϕ 10 mm，ϕ8 mm)	1	
10	刀柄	BT40	若干	

续表

序号	名 称	规 格	数 量	备 注
11	键槽铣刀	ϕ 12 mm，ϕ 8 mm	1	
12	中心钻	A 型	1	
13	钻头	ϕ 9.8 mm		
14	铰刀	ϕ10H7		
15		计算机、计算器、编程用书等		

2. 工艺要求

本任务的工时定额(包括编程与程序手动输入)为 2 h，其加工要求如表 3-2-16 所示。

表 3-2-16 加工要求

工件编写				总得分			
项目与配分		序号	技术要求	配分	评分标准	检测记录	得分
工件加工评分(70%)	外形轮廓	1	$2\times90^{+0.048}_{-0.022}$	6	超差 0.01 mm 扣 2 分		
		2	$\phi55^{+0.054}_{-0.026}$	6	超差 0.01 mm 扣 2 分		
		3	$2\times10^{+0.04}_{0}$	8	超差 0.01 mm 扣 2 分		
		4	ϕ60 mm	4	超差 0.01 mm 扣 2 分		
		5	Ra1.6 μm	4	每错一处扣 0.5 分		
		6	8×R11 mm	6	超差 0.01 mm 扣 2 分		
		7	孔位	2	超差 0.01 mm 扣 2 分		
		8	2×ϕ10H7	8	超差 0.01 mm 扣 2 分		
		9	旋转 45°，135°	4	每错一出扣 2 分		
		10	ϕ66 mm	2	出错扣 2 分		
		11	2×R10 mm	2	每错一出扣 2 分		
		12	4	2			
		13	$6^{+0.048}_{+0.022}$	4	超差 0.01 mm 扣 2 分		
		14	8	2			
		15	$10^{0}_{-0.02}$	4	超差 0.01 mm 扣 2 分		
		16	工件按时完成	3	未按时完成全扣		
		17	工件无缺陷	3	缺陷一处扣 3 分		
程序与工艺(20%)		18	程序正确合理	10	每错一处扣 2 分		
		19	加工工序卡	10	不合理每处扣 2 分		
机床操作(10%)		20	机床操作规范	5	出错一次扣 2 分		
		21	工件、刀具装夹	5	出错一次扣 2 分		
安全文明生产(倒扣分)		22	安全操作	倒扣	安全事故、停止操作酌扣 5～30 分		
		23	机床整理	倒扣			

填写工艺卡

填写极坐标加工工艺卡，如表 3-2-17 所示。

表 3-2-17　极坐标加工工艺卡

单位名称		产品名称		综合加工		图号	第一页	
		零件名称		综合加工	数量	1		
材料种类		材料牌号		毛坯尺寸				
工序号	工序内容	车间	设备	工具			计划工时	实际工时
				夹具	量具	刀具		
更改号		拟定	校正		审核		批准	
更改者								
日期								

刀具的选择

分析零件图样，根据工艺卡选择刀具，完成表 3-2-18。

表 3-2-18　刀具的选用

序号	刀具名称	规格	数量	需领用

编写加工程序

以方料的中心为编程原点，采用四面分中对刀方法，选择的刀具如下：T1 是中心钻，T2 是 $\phi 9.8$ mm 麻花钻，T3 是 $\phi 10H7$ 铰刀，T4 是 $\phi 12$ mm 键槽铣刀，T5 是 $\phi 8$ mm 键槽铣刀。

其参考程序如表 3-2-19～表 3-2-24 所示。

表 3-2-19 参考程序(中心整圆粗加工)

程序	说明
O0001;	程序名(中心圆孔粗加工)
G90 G94 G40 G21 G15 G17 G54;	程序初始化
T04 M06;	换 4 号刀
M03 S600;	主轴正转，转速 600 r/min
G90 G00 X0 Y0;	快速定位(X0，Y0)位置
M08;	打开切削液
G43 H04 Z20;	采用 4 号长度正补偿快速定位到 Z20
Z2;	快速定位到 Z2
G01 Z-10 F30;	直线插补到 Z-10，进给量 30 mm/min
G41 D01 X27.5 Y0 F150;	建立左补偿(X27.5，Y0)，进给量 150 mm/min
G03 I-27.5;	逆时针整圆加工，圆弧半径 R27.5 mm
G40 G01 X0 Y0;	取消刀具补偿，退到(X0，Y0)位置
G0 Z100;	快速退刀
M09;	关闭切削液
M05;	主轴停止
M30;	程序结束

表 3-2-20 参考程序(方形外轮廓粗加工)

程序	说明
O0002;	程序名(方形外轮廓粗加工)
G90 G94 G40 G21 G15 G17 G54;	程序初始化
T04 M06;	换 4 号刀
M03 S600;	主轴正转，转速 600 r/min
G90 G00 X-60 Y-60;	采用快速定位到(X-60，Y-60)的位置
M08;	打开切削液
G43 H04 Z20;	采用 4 号长度正补偿快速定位到 Z20
Z2;	快速定位到 Z2
G01 Z-4 F30;	直线插补到 Z-4，进给量 30 mm/min
G41 D01 X-45 F150;	建立左补偿 X-45，进给量 150 mm/min
G01 Y45，R10;	直线插补到 Y45，采用自动过渡 R10 mm
X45，R10 ;	直线插补到 X45，采用自动过渡 R10 mm
Y-45;	直线插补到 Y-45 位置
X-45;	直线插补到 X-45 位置
G40 G01 X-60 Y-60;	取消刀具补偿移动到(X-60，Y-60)的位置
G0 Z100;	快速退刀
M09;	关闭切削液
M05;	主轴停止
M30;	程序结束

表 3-2-21 参考程序(ϕ60 mm 粗加工)

程序	说明
O0003;	程序名(ϕ60 圆整粗加工)
G90 G94 G40 G21 G15 G69 G17 G54;	程序初始化
T04 M06;	换 4 号刀
M03 S600;	主轴正转，转速 600 r/min
G00 X0 Y0;	快速定位到(X0，Y0)位置
M08;	打开切削液
G43 H04 Z20;	采用 4 号长度正补偿快速定位到 Z20
Z2;	快速定位到 Z2
G01 Z-8 F30;	直线插补到 Z-8，进给量 30 mm/min
G41 D01 X30 Y0 F150;	建立左补偿 X30，进给量 150 mm/min
G03 I-30;	逆时针加工整圆圆弧 R30 mm
G40 G01 X0 Y0;	取消刀具补偿(X0，Y0)
G0 Z100;	主轴快速退刀
M09;	关闭切削液
M05;	主轴停止
M30;	程序结束

表 3-2-22 参考程序(六个圆弧粗加工)

程序	说明
O0004;	程序名(六个圆弧粗加工)
G90 G94 G40 G21 G15 G69 G17 G54;	程序初始化
T04 M06;	换 4 号刀
M03 S600;	主轴正转，转速 600 r/min
G16 G0 X30 Y0;	采用极坐标定位到极长 30 mm、角度 0°位置
G43 H04 G0Z20;	采用 4 号长度正补偿移动到 Z20 位置
M98 P0005;	调用子程序 O0005
G16 G0 X30 Y45;	采用极坐标定位到极长 30 mm、角度 45°位置
M98 P0005;	调用子程序 O0005
G16 G0 X30 Y90;	采用极坐标定位到极长 30 mm、角度 90°位置
M98 P0005;	调用子程序 O0005
G16 G0 X30 Y135;	采用极坐标定位到极长 30 mm、角度 135°位置
M98 P0005;	调用子程序 O0005
G16 G0 X30 Y180;	采用极坐标定位到极长 30mm、角度 180°位置
M98 P0005;	调用子程序 O0005
G16 G0 X30 Y225;	采用极坐标定位到极长 30 mm、角度 225°位置
M98 P0005;	调用子程序 O0005
G16 G0 X30 Y270;	采用极坐标定位到极长 30 mm、角度 270°位置
M98 P0005;	调用子程序 O0005
G16 G0 X30 Y315;	采用极坐标定位到极长 30 mm、角度 315°位置

续表

程序	说明
M98 P0005;	调用子程序 O0005
M09;	关闭切削液
M05;	主轴停止
M30;	程序结束
O0005;	子程序名(整圆子程序)
G0Z2;	快速定位到 Z2 位置
G01 Z-8 F30;	直线插补到 Z-8，进给量 30 mm/min
G15 G41 D01 G91 G01 X11 F150;	建立左补偿增量正移动 11 mm，进给量 150 mm/min
G03 I-11;	整圆加工圆弧半径 R11 mm
G40 G01 X-11;	取消刀具补偿负方向移动 11 mm
G90 G15;	取消极坐标，采用绝对量编程
G0 Z20;	主轴退到 Z20
M99;	子程序结束

表 3-2-23 参考程序(旋转腰槽粗加工)

程序	说明
O0006;	程序名(旋转腰槽粗加工主程序)
G90 G94 G40 G21 G15 G69 G17 G54;	程序初始化
T05 M06;	换 5 号刀
M03 S800;	主轴正转，转速 800 r/min
G68 X0 Y0 R-45;	以中心坐标(X0，Y0)旋转-45°
G0 X60 Y0;	快速定位到(X60，Y0)位置
M08;	打开切削液
G43 H05 Z20;	采用 5 号长度正补偿快速定位到 Z20
M98 P0007;	调用子程序 O0007 一次
G68 X0 Y0 R-135;	以中心坐标(X0，Y0)旋转-135°
M98 P0007;	调用子程序 O0007 一次
G00 Z100;	主轴退到 Z100
G69;	取消极坐标功能
M05;	主轴停止
M30;	程序结束
O0007;	子程序名(旋转腰槽子程序)
G0 X60 Y0;	快速定位到(X60，Y0)位置
G0 Z2;	快速定位到 Z2 位置
G01 Z-6.03 F30;	直线插补到 Z-6.03 位置，进给量 30 mm/min
G41 D01 G01 Y5 F100;	采用左刀补直线切削到 Y5 位置，进给量 100 mm/min
G01 X49.497;	直线补偿到 X49.497

续表

程序	说明
G03 Y- 5 R5;	逆时针圆弧切削到 Y-5，圆弧半径 R5 mm
G01 X60;	直线切削到 X60 位置
G40 Y0;	取消刀具补偿退到 Y0 位置
G0 Z20;	主轴退刀
M99;	子程序结束

表 3-2-24　参考程序(ϕ10H7 孔加工)

程序	说明
O0008;	程序名(ϕ10H7 中心孔加工)
G90 G94 G40 G21 G15 G69 G17 G54;	程序初始化
T01 M06;	换 1 号刀
M03 S1000;	主轴正转，转速 1 000 r/min
M08;	打开切削液
G0 X35 Y35;	快速定位到(X35，Y35)位置
G43 H01 G0 Z20;	采用 1 号长度正补偿快速定位到 Z20
G98 G81 Z-5 R5 F50;	一般钻孔深度 5 mm，安全高度 5 mm，进给量 50 mm/min
X-35;	孔位(X-35，Y35)
G80 G0 Z100;	取消固定循环主轴退刀 Z100
M09;	关闭切削液
M30;	程序结束
O0009;	程序名(ϕ10H7 孔加工)
G90 G94 G40 G21 G15 G69 G17 G54;	程序初始化
T02 M06;	换 2 号刀
M03 S700;	主轴正转，转速 700 r/min
M08;	打开切削液
G0 X35 Y35;	快速定位到(X35，Y35)位置
G43 H02 G0 Z20;	采用 2 号长度正补偿快速定位到 Z20
G98 G83 Z-25 R5 Q5 F100;	钻孔深度 25 mm，安全高度 5 mm，每次钻深 5 mm，进给量 100 mm/min
X-35;	孔位(X-35，Y35)
G80 G0 Z100;	取消固定循环主轴退刀 Z100
M09;	关闭切削液
M30;	程序结束
O0010;	程序名(ϕ10H7 铰孔加工)
G90 G94 G40 G21 G15 G69 G17 G54;	程序初始化
T03 M06;	换 3 号刀
M03 S150;	主轴正转，转速 150 r/min

续表

程序	说明
M08;	打开切削液
G0 X35 Y35;	快速定位到(X35, Y35)位置
G43 H03 G0 Z20;	采用3号长度正补偿快速定位到Z20
G98 G85 Z-25 R5 F50;	铰孔深度25 mm，安全高度5 mm，进给量100 mm/min
X-35;	孔位(X-35, Y35)
G80 G0 Z100;	取消固定循环主轴退刀Z100
M09;	关闭切削液
M30;	程序结束

注意：精加工和粗加工程序一样，只需改变切削参数即可。提高主轴转速，进给降低。

加工过程

按照下面操作步骤，在数控铣床上加工综合件。

1)安装刀具。

2)在台虎钳上安装方料。

3)对刀。

4)调用程序O0001～O0010。

5)切削加工工件。

6)测量工件，去飞边。

7)清理机床。

任务评价

完成上述任务后，认真填写表3-2-25所示的“数控铣床镜像加工操作评价表”。

表3-2-25 数控铣床镜像加工操作评价表

组别			小组负责人	
成员姓名			班级	
课题名称			实施时间	
评价指标	配分	自评	互评	教师评
会正确编写数控加工程序	15			
能够独立完成工件的加工与尺寸公差的调试	20			
工件的尺寸与表面质量	20			
熟悉工艺卡片的填写	15			

续表

评价指标	配分	自评	互评	教师评
工、量、刀具的规范使用	10			
课堂学习纪律、完全文明生产	10			
着装是否符合安全规程要求	5			
能实现前后知识的迁移，与同伴团结协作	5			
总　　计	100			
教师总评 （成绩、不足及注意事项）				
综合评定等级（个人 30%，小组 30%，教师 40%）				

练习与实践

根据所学知识完成图 3-2-8 所示零件的加工，编写加工程序。

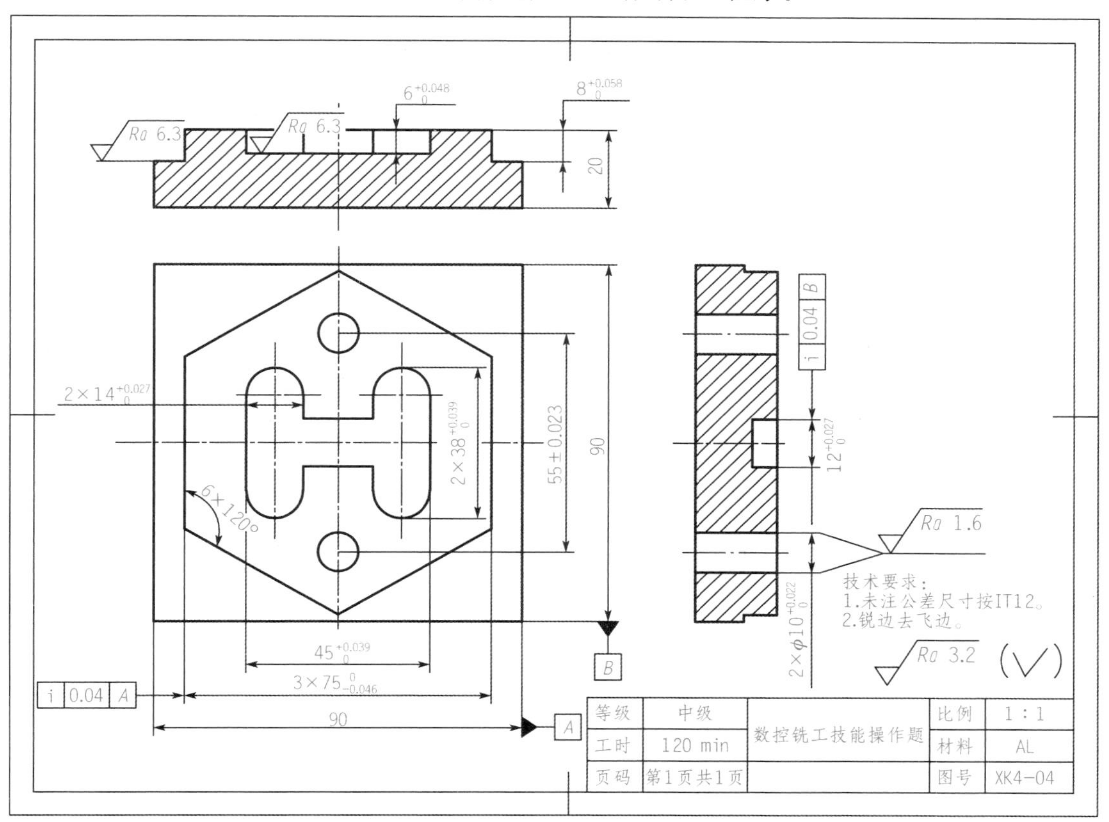

（a）

图 3-2-8　实训练习

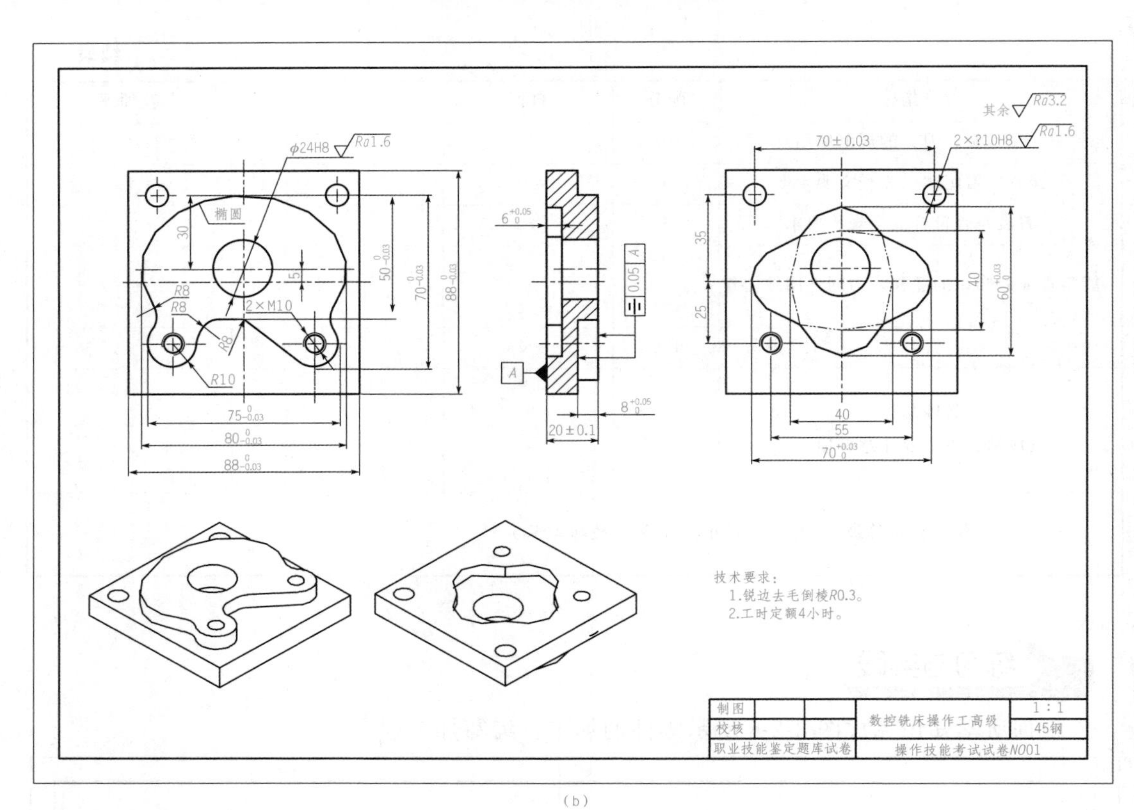

（b）

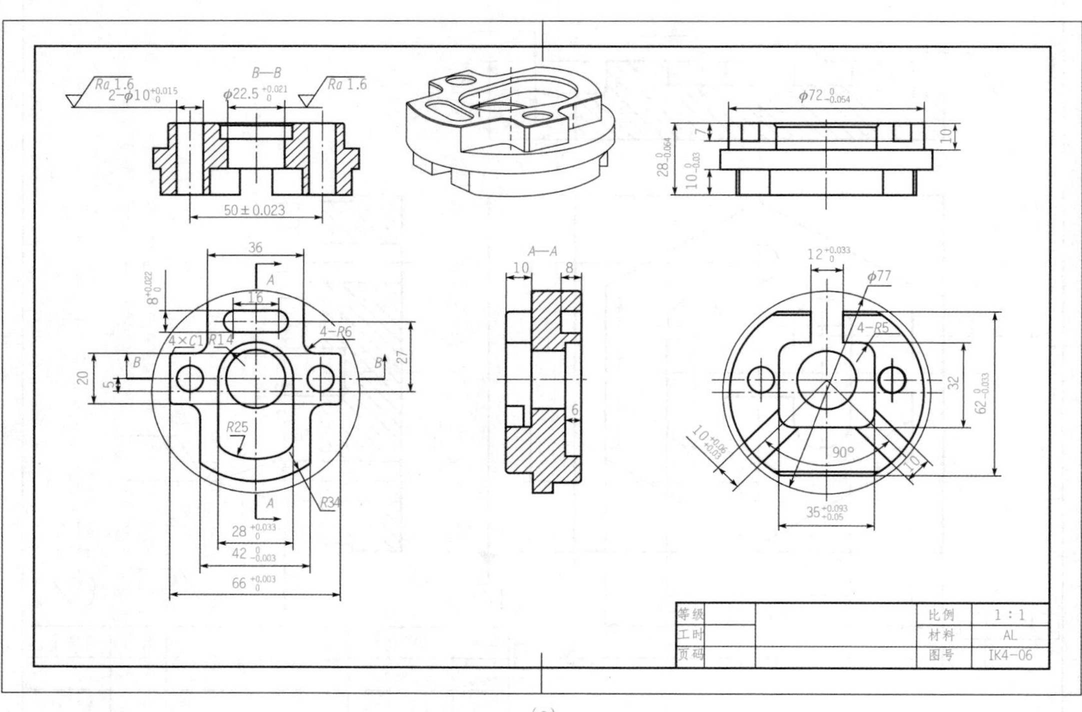

（c）

图 3-2-8 实训练习（续）

任务拓展

请根据所学知识，在完成一般练习任务的基础上，进行凸台、T 形槽及孔的综合加工的拓展练习，如图 3-2-9 所示。

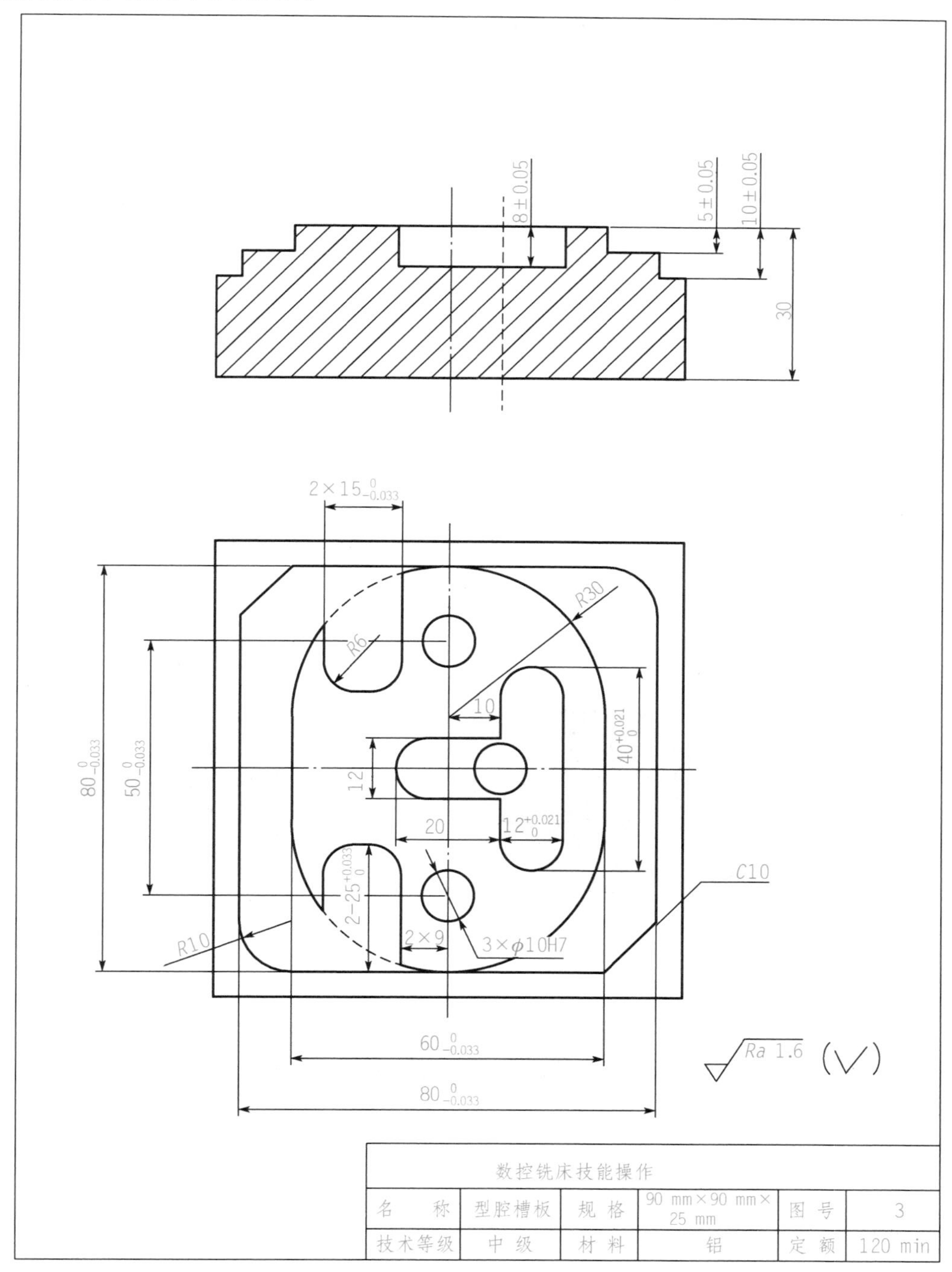

数控铣床技能操作					
名　称	型腔槽板	规 格	90 mm×90 mm×25 mm	图 号	3
技术等级	中 级	材 料	铝	定 额	120 min

图 3-2-9　拓展练习

项目三

车铣综合加工

任务一 空竹模型车铣复合加工

任务目标

• 能独立阅读生产任务单，明确工时、加工数量等要求，说出所加工零件的用途、功能和分类；

• 能识读图样和工艺卡，明确加工技术要求和加工工艺；

• 能根据工艺卡选用合适的量器具；

• 根据零件的加工要求选择合适的刀具；

• 会用螺纹环规、螺纹通止规、游标卡尺、内测千分尺、外径千分尺、深度千分尺等量具；

• 能根据现场条件，查阅相关资料，确定符合加工技术要求的工、量、夹具；

• 会综合使用数控车床、数控铣床完成复杂零件。

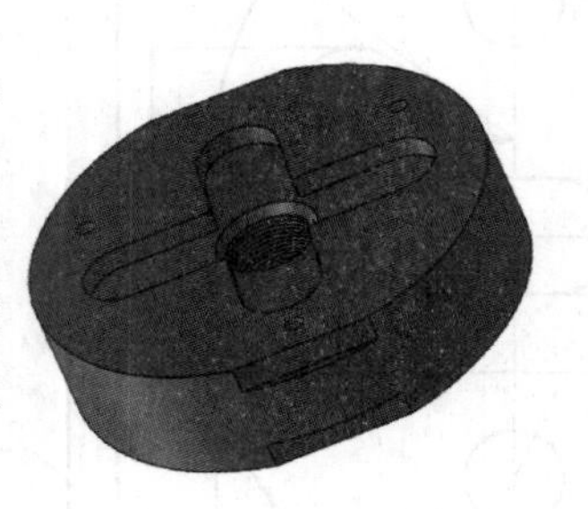

(a)

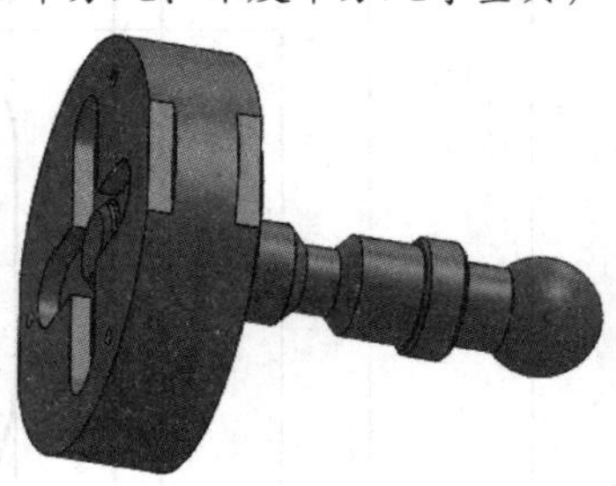

(b)

(c)

图 3-3-1 空竹模型

(a)空竹体；(b)配合件；(c)手柄

任务描述

图 3-3-1 所示工件为我国传统健身玩具空竹的模型零件，毛坯为 ϕ100 mm × 32 mm 及 ϕ30 mm×125 mm 的 45 钢，试编写其数控铣床加工程序并进行加工。加工要求如图 3-2-2 所示。

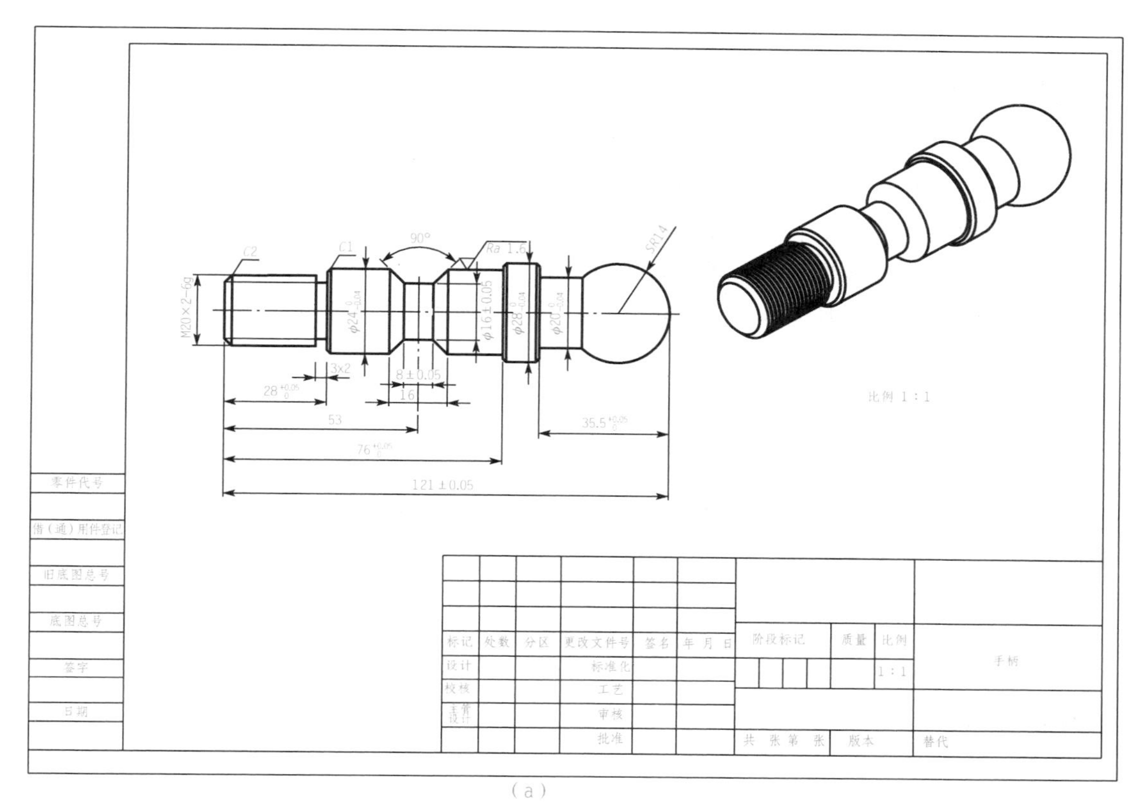
C2
C1
90°
Ra 1.6
SR14
M20×2-6g
3×2
8±0.05
16
53
35.5
121±0.05
比例 1∶1
零件代号
借(通)用件登记
旧底图总号
底图总号
签字
日期
标记
处数
分区
更改文件号
签名
年 月 日
阶段标记
质量
比例
设计
标准化
校核
工艺
主管设计
审核
批准
1∶1
手柄
共 张 第 张
版本
替代

(a)

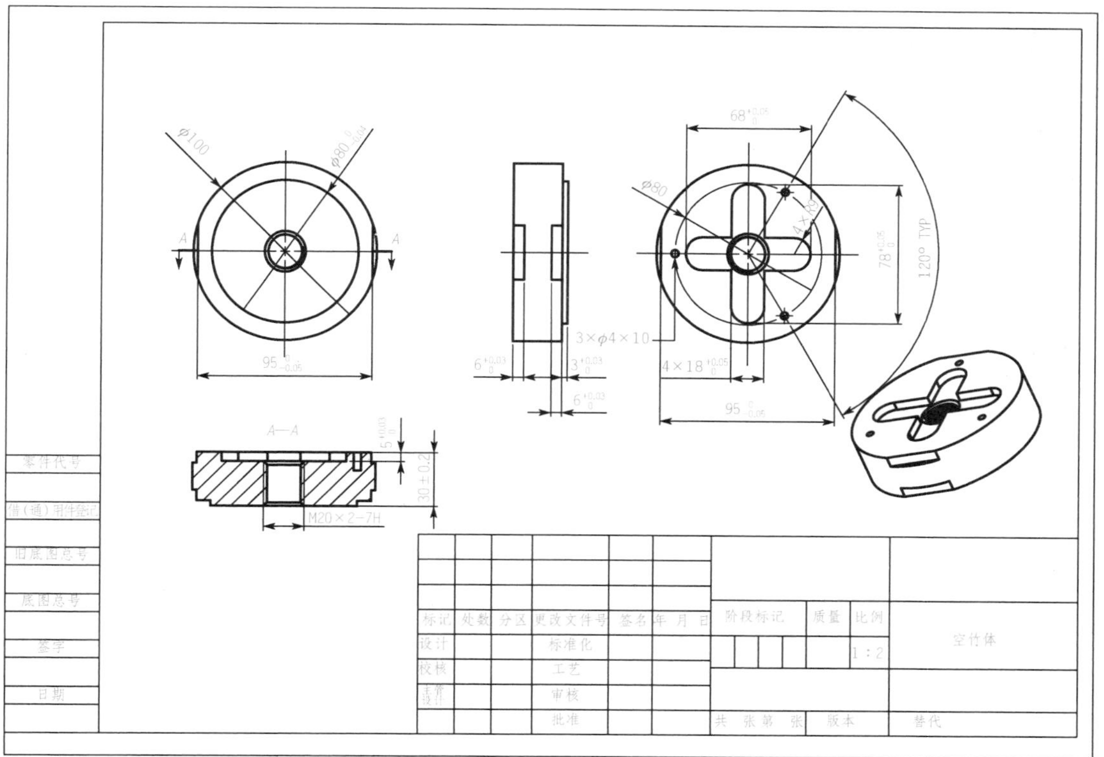
φ100
φ80
A
A—A
M20×2-7H
3×φ4×10
120° TYP
零件代号
借(通)用件登记
旧底图总号
底图总号
签字
日期
标记
处数
分区
更改文件号
签名
年 月 日
阶段标记
质量
比例
设计
标准化
校核
工艺
主管设计
审核
批准
1∶2
空竹体
共 张 第 张
版本
替代

(b)

图 3-3-2 加工要求

知识链接

空竹，是中国传统的非物质文化遗产之一的全民健身器械，深受广大人民群众的喜爱。此零件既有车削特征又有铣削特征，需要用到车床和铣床才能完成其加工。

零件的加工工艺至关重要，直接影响是否能顺利加工，特别是此零件属于车铣复合类加工零件，工艺的编排要更加合理。编制加工工艺之前要熟知图样的加工要求，其工艺性要满足零件的几何公差的要求。对于此零件，不仅要加工出图样形状，还要保证每一个尺寸的精度与位置公差。

量具的使用

所用量具有深度千分尺、内测千分尺、游标卡尺、光滑塞规、千分尺、螺纹环规、螺纹通止规、公法线千分尺等。

查阅书籍，填写表 3-3-1。

表 3-3-1 量具的使用注意事项

安全注意事项	
使用前注意事项	
使用时注意事项	
保管时注意事项	

想一想：

数控车床螺纹加工和数控铣床螺纹加工有什么区别？

提示：

数控车床螺纹加工原理是，数控车床进行螺纹切削时，一般采用光电编码器作为主轴脉冲发生器，与主轴同步旋转，进行螺纹切削数控铣床螺纹加工一般采用多条螺旋线方式进行切削，使其按照估计轨迹加工，形成螺纹。

任务实施

工艺准备和要求

1. 工艺准备

本任务选用的机床为 FANUC 0i MC 系统的数控铣床，加工中使用的工具、刀具、量具、夹具如表 3-3-2 所示。

表 3-3-2 工具、刀具、量具、夹具清单

序号	名 称	规 格	数 量	备 注
1	游标卡尺	0～150 mm(0.02 mm)	1	
2	公法线千分尺	75～100 mm(0.01 mm)	1	
3	深度千分尺	0～25 mm(0.01 mm)	1	
4	内测千分尺	5～30 mm(0.01 mm)	1	
5	光滑塞规	4H8	1	
6	螺纹环规	M20×2－6g	1 付	
7	螺纹通止规	M20×2－7H	1	
8	外径千分尺	0～25 mm、25～50 mm	各 1	
9	磁性表座		1	
10	杠杆百分表	0～10 mm(0.01 mm)		
11	寻边器	CE－420	1	
12	弹性夹簧	ER32，12 mm	1	
13	刀柄	BT40	若干	
14	铣刀	12 mm	1	
15	螺纹铣刀	螺距 $P=2$ mm	1	
16	钻头	$\phi 3.8$ mm	1	
17	铰刀	4H7	1	
18	45°端面车刀	25 mm 方刀柄	1	
19	35°外圆车刀	25 mm 方刀柄	1	
20	外螺纹刀	成形角 60°	1	
21	切槽刀	槽宽 3 mm	1	
22	V 形块	90°		
23	计算机、计算器、编程用书等			

2. 工艺要求

本任务的工时定额(包括编程与程序手动输入)为 5 h，其加工要求如表 3-3-3 和表 3-3-4 所示。

表 3-3-3　加工要求(手柄)

项目与配分		序号	技术要求	配分	评分标准	检测记录	得分
工件加工评分(70%)	外形轮廓	1	$\phi 24_{-0.04}^{0}$ mm	6	超差 0.01 mm 扣 2 分		
		2	$\phi 16$ mm±0.05 mm	6	超差 0.01 mm 扣 2 分		
		3	$\phi 28_{-0.04}^{0}$ mm	6	超差 0.01 mm 扣 2 分		
		4	$\phi 20_{-0.04}^{0}$ mm	6	超差 0.01 mm 扣 2 分		
		5	$Ra1.6\ \mu m$	4	每错一处扣 0.5 分		
		6	$SR14$ mm	4	出错扣 4 分		
		7	3 mm×2 mm	5	超差无分		
		8	M20×2－6g	8	超差无分		
		9	$28_{0}^{+0.05}$	2	超差 0.01 mm 扣 1 分		
		10	16 mm	2	出错扣 2 分		
		11	8 mm±0.05 mm	3	超差 0.01 mm 扣 1 分		
		12	$35.5_{0}^{+0.05}$	2	超差 0.01 mm 扣 1 分		
		13	53 mm	2	出错一处扣 2 分		
		14	$76_{0}^{+0.05}$	2	超差 0.01 mm 扣 2 分		
		15	121±0.05	3	超差 0.01 mm 扣 1 分		
		16	90°	2	超差无分		
		17	锐边倒角	1			
		18	工件按时完成	3	未按时完成全扣		
		19	工件无缺陷	3	缺陷一处扣 3 分		
程序与工艺(20%)		20	程序正确合理	10	每错一处扣 2 分		
		21	加工工序卡	10	不合理每处扣 2 分		
机床操作(10%)		22	机床操作规范	5	出错一次扣 2 分		
		23	工件、刀具装夹	5	出错一次扣 2 分		
安全文明生产(倒扣分)		24	安全操作	倒扣	安全事故、停止操作或扣 5～30 分		
		25	机床整理	倒扣			

表 3-3-4　加工要求(空竹体)

项目与配分		序号	技术要求	配分	评分标准	检测记录	得分
工件加工评分(70%)	外形轮廓	1	$95_{-0.05}^{0}$	5	超差 0.01 mm 扣 2 分		
		2	$80_{-0.05}^{0}$	5	超差 0.01 mm 扣 2 分		
		3	$68_{0}^{+0.05}$	6	超差 0.01 mm 扣 2 分		
		4	$78_{0}^{+0.05}$	6	超差 0.01 mm 扣 2 分		
		5	$4\times 18_{0}^{+0.05}$	6	超差 0.01 mm 扣 2 分		
		6	$95_{-0.05}^{0}$	6	超差 0.01 mm 扣 2 分		
		7	3×120°	2	出错扣 2 分		
		8	3×$\phi 4$ ⊤ 10	9	出错一处扣 3 分		
		9	M20×2－7H	10	超差无分		

续表

项目与配分		序号	技术要求	配分	评分标准	检测记录	得分
工件加工评分（70%）	外形轮廓	10	30±0.2	2	超差 0.01 mm 扣 1 分		
		11	$6^{+0.03}_{0}$	2	超差 0.01 mm 扣 1 分		
		12	$6^{+0.03}_{0}$	2	超差 0.01 mm 扣 1 分		
		13	$5^{+0.03}_{0}$	3	超差 0.01 mm 扣 1 分		
		14	工件按时完成	3	未按时完成全扣		
		15	工件无缺陷	3	缺陷一处扣 3 分		
程序与工艺（20%）		16	程序正确合理	10	每错一处扣 2 分		
		17	加工工序卡	10	不合理每处扣 2 分		
机床操作（10%）		18	机床操作规范	5	出错一次扣 2 分		
		19	工件、刀具装夹	5	出错一次扣 2 分		
安全文明生产（倒扣分）		20	安全操作	倒扣	安全事故、停止操作酌扣 5～30 分		
		21	机床整理	倒扣			

填写工艺卡

填写车铣复合件加工工艺卡，如表 3-3-5 所示。

表 3-3-5　车铣复合件加工工艺卡

单位名称		产品名称		车铣复合件加工		图号	第一页	
		零件名称		车铣复合件综合加工	数量	1		
材料种类		材料牌号		毛坯尺寸				
工序号	工序内容	车间	设备	工具			计划工时	实际工时
				夹具	量具	刀具		
更改号		拟定	校正		审核		批准	
更改者								
日期								

刀具的选择

分析零件图样，根据工艺卡选择刀具，完成表 3-3-6。

表 3-3-6 刀具的选用

序号	刀具名称	规格	数量	需领用

编写加工程序

数控车床以工件右端面中心点为编程原点，数控铣床以圆形的中心位置为编程原点，采用四面分中对刀方法，数控车选择的刀具如下：T1 是 45°端面刀，T2 是 35°外圆刀，T3 为 3 mm 切槽刀，T4 为螺纹车刀。数控铣床选择的刀具如下：T1 是 16 麻花钻，T2 是 ϕ12 mm 键槽铣刀，T3 是螺纹铣刀，T4 是中心钻，T5 是 ϕ3.8 mm 麻花钻，T6 是 ϕ4 mm 铰刀。

其参考程序如表 3-3-7～表 3-3-16 所示。

表 3-3-7 参考程序(数车左侧加工)

程序	说明
O0001;	程序名(手柄左侧加工)
T0202;	采用 2 号刀具，2 号补偿
M03 S600;	主轴正转，转速 600 r/min
M08;	打开切削液
G0 X32 Z2;	快速定位到(X32、Z2)
G73 U7 R7;	采用成形复合循环加工量 7，切削刀数 7
G73 P1 Q2 U0.5 W0.03 F0.2;	精加工开始段号 N1，结束段号 N2，直径余量 0.5 mm，长度余量为 0.03 mm 进给量为 0.2 mm/min
N1 G0 X16;	快速定位到 X16 位置
G01 Z0;	直线切削进给到 Z0
X19.8 W-2;	直线切削进给到(X19.8，W-2)
Z-28;	直线切削进给到 Z-28
X22;	直线切削进给到 X22
X24 W-1;	直线切削进给到(X24，W-1)
Z-45;	直线切削进给到 Z-45

续表

程序	说明
X16 W-4;	直线切削进给到(X16, W-4)
W-8;	直线切削进给到 W-8
X24 W-4;	直线切削进给到(X24, W-4)
Z-76;	直线切削进给到 Z-76
X26;	直线切削进给到 X26
X30 W-2;	直线切削进给到(X30, W-2)
N2 G01 X32;	退刀到 X32 位置
G70 P1 Q2 S1000 F0.1;	精加工 N1～N2 程序，转速 1 000 r/min，进给量 0.1 mm/min
G0 X100 Z100;	快速退刀到(X100, Z100)
T0303;	采用 3 号刀具，3 号刀具补偿
M03 S400;	主轴正转，转速 400 r/min
G0 X25 Z-28;	快速定位到(X25, Z-28)
G01 X16 F0.05;	直线切削进给到 X16，进给量 0.05 mm/min
G01 X25 F0.6;	直线切削进给退刀到 X25，进给量 0.6 mm/min
G0 X100 Z100;	快速定位到(X100, Z100)位置
T0404;	采用 4 号刀具，4 号刀具补偿
M03 S500;	主轴正转，转速 500 r/min
G0 X22 Z3;	快速定位到(X220, Z3)
G92 X19.1 Z-29 F2;	采用螺纹循环加工(X19.1, Z-29)，进给量 2 mm/min
X18.5;	采用螺纹循环加工 X18.5
X18.1;	采用螺纹循环加工 X18.1
X17.8;	采用螺纹循环加工 X17.8
X17.6;	采用螺纹循环加工 X17.6
X17.5;	采用螺纹循环加工 X17.5
X17.4;	采用螺纹循环加工 X17.4
G0 X100 Z100;	快速定位到(X100, Z100)
M05;	主轴停止
M09;	关闭切削液
M30;	程序结束

表 3-3-8　参考程序(数车右侧加工)

程序	说明
O0002;	程序名(手柄左侧加工)
T0202;	采用 2 号刀具，2 号补偿
M03 S600;	主轴正转，转速 600 r/min

续表

程序	说明
M08;	打开切削液
G0 X32 Z2;	快速定位到(X32, Z2)
G73 U15 R10;	采用成形复合循环加工量 15，切削次数 10
G73 P1 Q2 U0. 5 W0. 03 F0. 2;	精加工开始段号 N1，结束段号 N2，直径余量 0. 5 mm，长度余量为 0. 03 mm，进给量 0. 2 mm/min
N1 G0 X0;	快速定位到 X0 位置
G01 Z0;	直线切削进给到 Z0
G03 X20 Z-23. 8R14;	逆时钟圆弧进给(X20, Z-23. 8)，圆弧 R14 mm
Z-35. 5;	直线切削进给到 Z-35. 5
X26;	直线切削进给到 X26
X28 W-1;	直线切削进给到(X28, W-1)
W-11;	直线切削进给到 W-11
N2 G01 X32;	退刀到 X32 位置
G70 P1 Q2 S1000 F0. 1;	精加工 N1～N2 程序，转速 1 000 r/min，进给量 0. 1 mm/min
G0 X100 Z100;	快速退刀到(X100, Z100)
M05;	主轴停止
M09;	关闭切削液
M30;	程序结束

表 3-3-9　参考程序(数控铣床钻孔 ϕ16 mm)

程序	说明
O0001;	程序名(钻孔)
G90 G94 G40 G21 G15 G69 G17 G54;	程序初始化
T01 M06;	换 1 号刀具
M03 S400;	主轴正转，转速 600 r/min
G00 X0 Y0;	快速定位到(X0, Y0)位置
M08;	打开切削液
G43 H01 Z20;	采用 1 号长度正补偿快速定位到 Z20
G98 G83 Z-35 Q5 R5 F80;	钻孔深度 35 mm，每次钻深 5 mm，安全高度 5 mm，进给量 80 mm/min
G0 Z100;	退刀 Z100
G80;	取消固定循环指令
M09;	关闭切削液
M05;	主轴停止
M30;	程序结束

表 3-3-10　参考程序(数控铣床铣 ϕ80 mm 圆)

程序	说明
O0002;	程序名(铣 ϕ80 mm 圆)
G90 G94 G40 G21 G15 G69 G17 G54;	程序初始化
T02 M06;	换 2 号刀
M03 S600;	主轴正转，转速 600 r/min
M08;	打开切削液
G0 X60 Y0;	快速定位到(X60，Y0)
G43 H02 G0 Z20;	采用 2 号长度正补偿快速移动到 Z20 位置
Z2;	快速移动到 Z2
G01 Z-3.01 F30;	直线插补 Z-3.01，进给量 30 mm/min
G41 D01 G01 X40 F150;	建立左刀补，直线插补到 X40，进给量 150 mm/min
G02 I-40;	顺时针整圆加工，半径 40 mm
G40 G01 X60 Y0;	取消刀具补偿(X60，Y0)
G0 Z100;	主轴退刀 Z100
M05;	主轴停止
M09;	关闭切削液
M30;	程序结束

表 3-3-11　参考程序(数控铣床铣 ϕ18 mm 螺纹底孔圆)

程序	说明
O0003;	程序名(铣 ϕ18 mm 圆)
G90 G94 G40 G21 G15 G69 G17 G54;	程序初始化
T02 M06;	换 2 号刀
M03 S600;	主轴正转，转速 600 r/min
M08;	打开切削液
G0X0 Y0;	快速定位到(X0，Y0)
G43 H02 G0 Z20;	采用 2 号长度正补偿快速移动到 Z20 位置
Z2;	快速移动到 Z2
G01 Z-5 F30;	直线插补 Z-5，进给量 30 mm/min
G41 D01 G01 X9 F150;	建立左刀补，直线插补到 X9，进给量 150 mm/min
G03 I-9;	逆时针整圆加工，半径 9 mm
G40 G01 X0 Y0;	取消刀具补偿(X0，Y0)
G0 Z100;	主轴退刀 Z100
M05;	主轴停止
M09;	关闭切削液
M30;	程序结束
注：每次更改切削深度，直到铣通工件	

表 3-3-12 参考程序(数控铣床铣 ϕ95 mm 的工艺槽口)

程序	说明
O0004;	程序名(铣右侧槽口)
G90 G94 G40 G21 G15 G69 G17 G54;	程序初始化
T02 M06;	换 2 号刀
M03 S600;	主轴正转,转速 600 r/min
M08;	打开切削液
G0 X60 Y40;	快速定位到(X60,Y40)
G43 H02 G0 Z20;	采用 2 号长度正补偿快速移动到 Z20 位置
Z2;	快速移动到 Z2
G01 Z-9.01 F30;	直线插补 Z-9.01,进给量 30 mm/min
G41 D01 G01 X47.5 F150;	建立左刀补,直线插补到 X47.5,进给量 150 mm/min
G01 Y-40;	直线进给 Y-40
G40 G01 X60;	取消刀具补偿 X60
G0 Z100;	主轴退刀 Z100
M05;	主轴停止
M09;	关闭切削液
M30;	程序结束
O0005;	程序名(铣左侧槽口)
G90 G94 G40 G21 G15 G69 G17 G54;	程序初始化
T02 M06;	换 2 号刀
G68 X0 Y0 R180;	以原点为中心旋转 180°
M03 S600;	主轴正转,转速 600 r/min
M08;	打开切削液
G0 X60 Y40;	快速定位到(X60,Y40)
G43 H02 G0 Z20;	采用 2 号长度正补偿快速移动到 Z20 位置
Z2;	快速移动到 Z2
G01 Z-9.01 F30;	直线插补 Z-9.01,进给量 30 mm/min
G41 D01 G01 X47.5 F150;	建立左刀,补直线插补到 X47.5,进给量 150 mm/min
G01 Y-40;	直线进给 Y-40
G40 G01 X60;	取消刀具补偿 X60
G0 Z100;	主轴退刀 Z100
M05;	主轴停止
M09;	关闭切削液
M30;	程序结束

表 3-3-13　参考程序(数控铣床铣 M20×2 螺纹)

程序	说明
O0006;	程序名(铣 M20×2 螺纹)
G90 G94 G40 G21 G15 G69 G17 G54;	程序初始化
T03 M06;	换 3 号刀
M03 S800;	主轴正转，转速 800 r/min
G0 X0 Y0;	快速定位到(X0，Y0)
G43 H03 G0 Z20;	采用 3 号刀正补偿快速定位到 Z20
Z2;	快速定位到 Z2
G01 Z-35 F300;	直线切削进给 Z-35，进给量 300 mm/min
G41 D01 G01 X10 F200;	采用左刀补，直线插补到 X10，进给量 200 mm/min
M98 P0007 L18;	调用子程序 O0007，调用次数 18 次
G90 G40 G01 X0 Y0;	取消刀具补偿(X0，Y0)
G0 Z100;	主轴退刀 Z100
M05;	主轴停转
M09;	关闭切削液
M30;	程序结束
O007;	子程序
G91 G03 I-10 Z2;	采用相对量编程，旋转整圆半径为 10，每转一圈上升 2 mm
M99;	子程序结束
O0007;	程序名(宏程序铣 M20×2 螺纹)
G90 G94 G40 G21 G15 G69 G17 G54;	程序初始化
T03 M06;	换 3 号刀
M03 S800;	主轴正转，转速 800 r/min
G0 X0 Y0;	快速定位到(X0，Y0)
G43 H03 G0 Z20;	采用 3 号刀正补偿快速定位到 Z20
Z2;	快速定位到 Z2
G01 Z-35 F300;	直线切削进给 Z-35，进给量 300 mm/min
G41 D01 G01 X10 F200;	采用左刀补，直线插补到 X10，进给量 200 mm/min
#1=-33;	设置深度#1=-33 mm
N10 G03 I-10 Z[#1];	螺旋圆弧半径 10 mm，深度升 2 mm
#1=#1+2;	深度每次增加 2 mm
IF[#1LE2]GOTO10;	当深度小于或等于 2 mm 时返回程序段 N10
G90 G40 G01 X0 Y0;	取消刀具补偿(X0，Y0)
G0 Z100;	主轴退刀 Z100
M05;	主轴停转
M09;	关闭切削液
M30;	程序结束

表 3-3-14 参考程序(十字槽)

程序	说明
O0008;	程序名(铣十字槽)
G90 G94 G40 G21 G15 G69 G17 G54;	程序初始化
T02 M06;	换 2 号刀
M03 S600;	主轴正转，转速 600 r/min
M08;	打开切削液
G0 X0 Y0;	快速定位到(X60, Y0)
G43 H02 G0 Z20;	采用 2 号长度正补偿快速移动到 Z20 位置
Z2;	快速移动到 Z2
G01 Z-5.01 F30;	直线插补 Z-5.01，进给量 30 mm/min
G41 D01 G01 X9 F150;	建立左刀补，直线插补到 X9，进给量 150 mm/min
G01 Y30;	直线插补到 Y30
G03 X-9 R9;	逆时针圆弧插补，R9 mm
G01 Y9;	直线切削进给到 Y9
X-25;	直线切削进给到 X-25
G03 Y-9 R9;	逆时针圆弧 Y-9，圆弧半径 9 mm
G01 X-9;	直线切削进给到 X-9
Y-30;	直线切削进给到 Y-30
G03 X9 R9;	逆时针圆弧 Y9，圆弧半径 9 mm
G01 Y9;	直线切削进给到 Y19
X30;	直线切削进给到 X30
G03 Y9 R9;	逆时针圆弧 Y9，圆弧半径 9 mm
G01 X0;	直线切削进给到 X0
G40 G01 X0 Y0;	取消刀补，退刀(X0, Y0)
G0 Z100;	主轴退刀 Z100
M05;	主轴停止
M09;	关闭切削液
M30;	程序结束

表 3-3-15 参考程序(铣槽口)

程序	说明
O0009;	程序名(铣右侧槽口)
G90 G94 G40 G21 G15 G69 G17 G54;	程序初始化
T02 M06;	换 2 号刀
M03 S600;	主轴正转，转速 600 r/min
M08;	打开切削液
G0 X60 Y40;	快速定位到(X60, Y40)

续表

程序	说明
G43 H02 G0 Z20;	采用 2 号长度正补偿快速移动到 Z20 位置
Z2;	快速移动到 Z2
G01 Z-9.01 F30;	直线插补 Z-9.01，进给量 30 mm/min
G41 D01 G01 X47.5 F150;	建立左刀补，直线插补到 X47.5，进给量 150 mm/min
G01 Y-40;	直线进给 Y-40
G40 G01 X60;	取消刀具补偿 X60
G0 Z100;	主轴退刀 Z100
M05;	主轴停止
M09;	关闭切削液
M30;	程序结束
O0010;	程序名(铣左侧槽口)
G90 G94 G40 G21 G15 G69 G17 G54;	程序初始化
T02 M06;	换 2 号刀
G68 X0 Y0 R180;	以原点为中心旋转 180°
M03 S600;	主轴正转，转速 600 r/min
M08;	打开切削液
G0 X60 Y40;	快速定位到(X60，Y40)
G43 H02 G0 Z20;	采用 2 号长度正补偿快速移动到 Z20 位置
Z2;	快速移动到 Z2
G01 Z- 9.01 F30;	直线插补 Z-9.01，进给量 30 mm/min
G41 D01 G01 X47.5 F150;	建立左刀补，直线插补到 X47.5，进给量 150 mm/min
G01 Y-40;	直线进给 Y-40
G40 G01 X60;	取消刀具补偿 X60
G0 Z100;	主轴退刀 Z100
M05;	主轴停止
M09;	关闭切削液
M30;	程序结束

表 3-3-16　参考程序(3 mm×4 mm 孔)

程序	说明
O0011;	程序名(钻中心钻)
G90 G94 G40 G21 G15 G69 G17 G54;	程序初始化
T04 M06;	换 4 号刀
M03 S1000;	主轴正转，转速 1 000 r/min
M08;	打开切削液
G16 G0 X40 Y60;	极坐标快速定位到极长 X40、角度 60°位置

续表

程序	说明
G43 H04 G0 Z20;	采用4号长度正补偿快速定位到Z20
G98 G81 Z-4 R5 F50;	一般钻孔深度4 mm，安全高度5 mm，进给量50 mm/min
Y180;	角度180°
Y-60;	角度60°
G80 G0 Z100;	取消固定循环主轴退刀Z100
M09 G15;	关闭切削液，取消极坐标
M30;	程序结束
O0012;	程序名(钻ϕ3.8孔)
G90 G94 G40 G21 G15 G69 G17 G54;	程序初始化
T05 M06;	换5号刀
M03 S1800;	主轴正转，转速1 800 r/min
M08;	打开切削液
G16 G0 X40 Y60;	极坐标快速定位到极长X40、角度60°位置
G43 H05 G0 Z20;	采用5号长度正补偿快速定位到Z20
G98 G83 Z-14 R5 Q5 F100;	钻孔深度14 mm，安全高度5 mm，每次钻深5 mm，进给量100 mm/min
Y180;	角度180°
Y-60;	角度60°
G80 G0 Z100;	取消固定循环主轴退刀Z100
M09 G15;	关闭切削液，取消极坐标
M30;	程序结束
O0013;	程序名(钻ϕ4孔)
G90 G94 G40 G21 G15 G69 G17 G54;	程序初始化
T06 M06;	换6号刀
M03 S100;	主轴正转，转速100 r/min
M08;	打开切削液
G0 G16 X40 Y60;	极坐标快速定位到极长X40、角度60°位置
G43 H06 G0 Z20;	采用6号长度正补偿快速定位到Z20
G98 G85 Z-10 R5 F50;	铰孔深度10 mm，安全高度5 mm，进给量50 mm/min
Y180;	角度180°
Y-60;	角度60°
G80 G0 Z100;	取消固定循环主轴退刀Z100
M09 G15;	关闭切削液
M30;	程序结束

注意：精加工和粗加工程序一样，只需改变切削参数即可。提高主轴转速，进给降低。

加工过程

按照下面操作步骤，在数控铣床上加工空竹体，数控车完成手柄。

1)安装刀具。

2)在台虎钳上安装方料。

3)对刀。

4)调用程序 O0001～O0013。

5)切削加工工件。

6)测量工件，去飞边。

7)清理机床。

任务评价

完成上述任务后，认真填写表 3-3-17 所示的“数控铣床复合加工操作评价表”。

表 3-3-17 数控铣床复合加工操作评价表

组别			小组负责人	
成员姓名			班级	
课题名称			实施时间	
评价指标	配分	自评	互评	教师评
会正确编写车铣数控加工程序	15			
能够独立完成工件的加工与尺寸公差的调试	20			
工件的尺寸与表面质量	20			
熟悉工艺卡片的填写	15			
工、量、刀具的规范使用	10			
课堂学习纪律、完全文明生产	10			
着装是否符合安全规程要求	5			
能实现前后知识的迁移，与同伴团结协作	5			
总　计	100			
教师总评 （成绩、不足及注意事项）				
综合评定等级（个人 30%，小组 30%，教师 40%）				

练习与实践

1)试根据图样完成“公章”模型的编程车削加工练习，如图 3-3-3 所示。

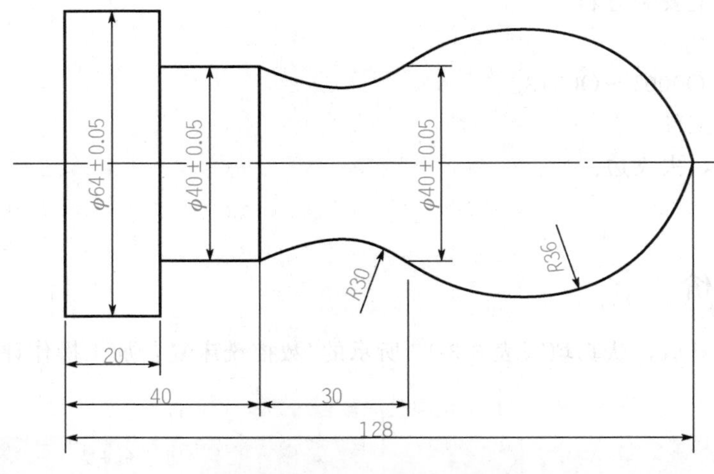

图 3-3-3 公章模型

2)请根据图样完成国际象棋“兵”模型的编程与车削加工练习，如图 3-3-4 所示。

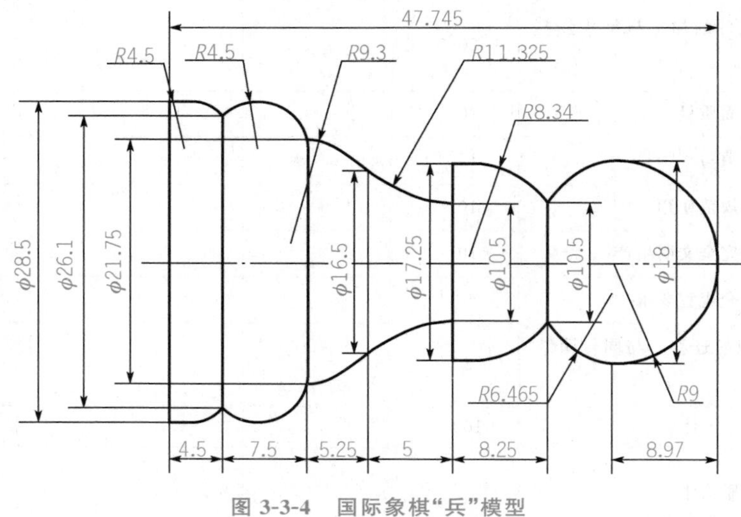

图 3-3-4 国际象棋“兵”模型

3)请根据图样完成国际象棋“国王”模型的编程与车削加工练习，如图 3-3-5 所示。

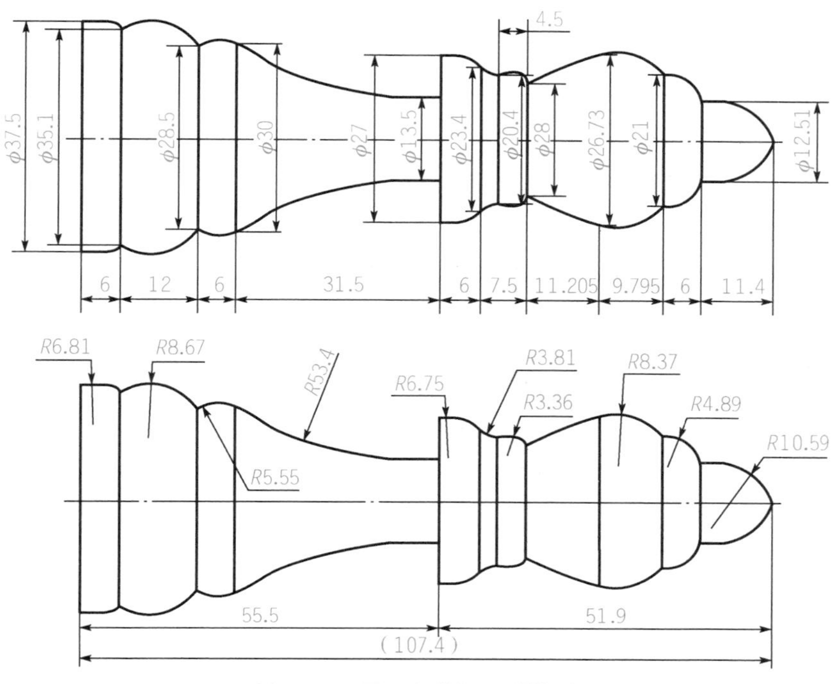

图 3-3-5　国际象棋“国王”模型

任务拓展

请灵活运用所学知识，在完成一般练习任务的基础上，进行综合工件加工的拓展练习，如图 3-3-6 所示。

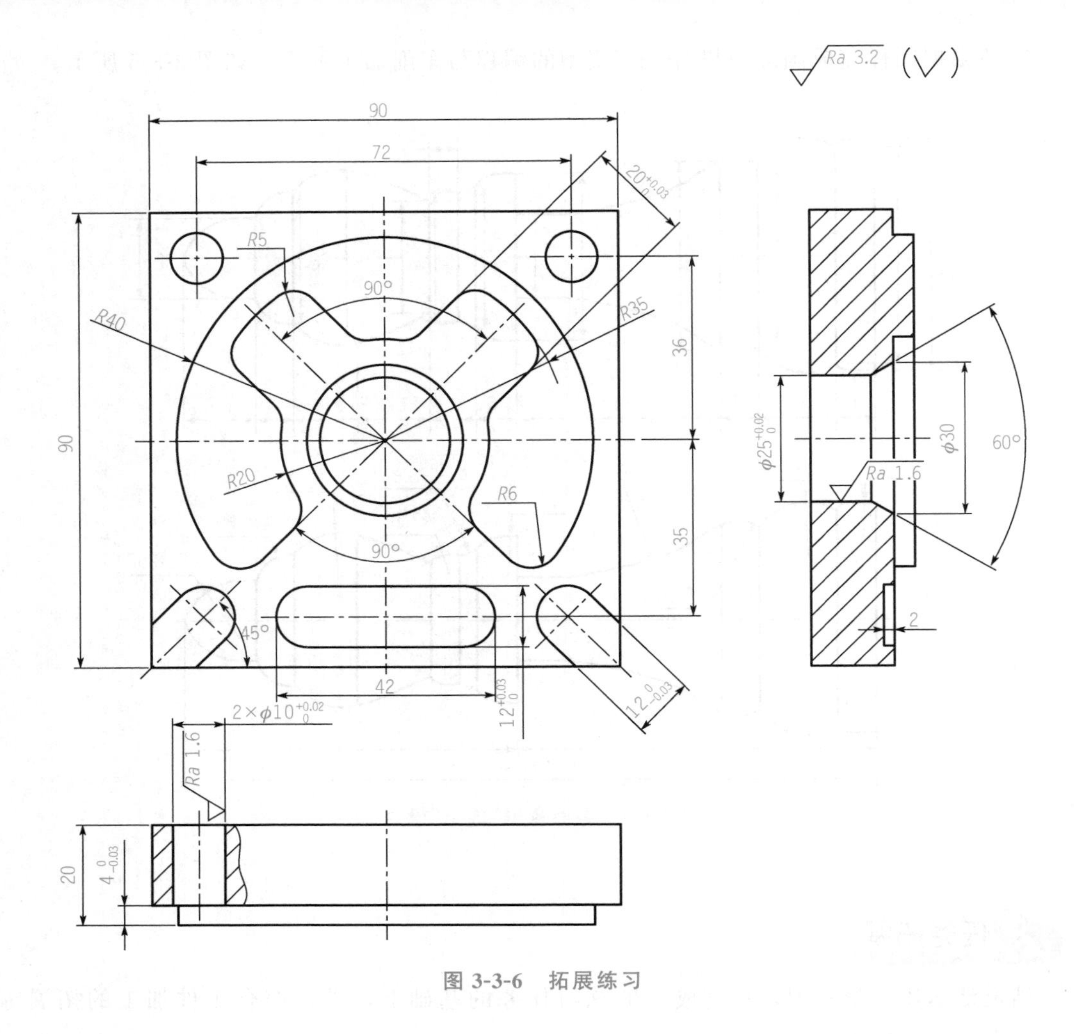

图 3-3-6 拓展练习

任务二 加油胶管接头配件车铣复合加工

任务目标

- 能识读图样和工艺卡，明确加工技术要求和加工工艺；
- 能根据工艺卡选用合适的量具；
- 根据零件的加工要求选用合适的刀具；
- 能根据现场条件，查阅相关资料，确定符合加工技术要求的工、量、夹具；
- 会综合使用数控车床、数控铣床完成复杂零件。

任务描述

如图 3-3-7 所示零件为储运设备企业生产的航空加油管道重要组成部分——加油胶管接头配件的模型零件，是加油管道连接处的重要零件，该零件材料为 6061T6 铝合金，采用车铣复合加工，选用的毛坯为 ϕ110 mm×55 mm 6061 铝管，零件图见图 3-3-8，试编写其数控加工程序并进行零件加工。

图 3-3-7　零件外观图

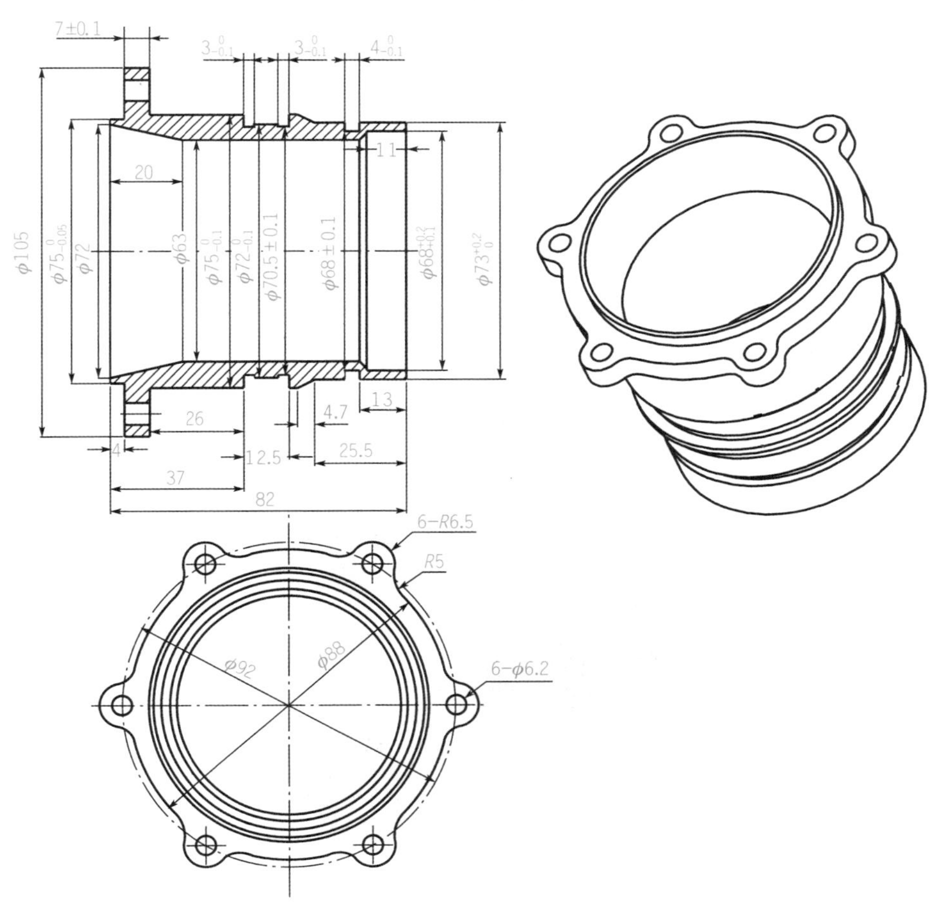

图 3-3-8　零件图

知识链接

图 3-3-8 所示零件为车铣复合加工，教学内容涵盖数控加工的典型工作任务，融入生产实际，进行数控编程加工中各节点数值的计算和编程方法介绍、量具的选用、夹具的设计、工艺的合理安排，将典型零件加工工艺分析融入实际生产项目。

量具的选用

根据工艺卡要求选择合适的量具，所用量具有外径千分尺、内径百分表、叶片千分尺，游标卡尺等。

查阅书籍，填写表 3-3-18。

表 3-3-18 量具的使用方法和注意事项

安全注意事项	
使用前注意事项	
使用时注意事项	
保管时注意事项	

夹具的选用

在已加工表面不希望有夹痕时，应使用软卡爪(如图 3-3-9 所示)，软卡爪通常用低碳钢制造，软卡爪在使用前，为配合被加工工件，要进行镗孔加工。

图 3-3-9 软卡爪

软卡爪装夹的最大特点是工件虽经多次装夹，仍能保持一定的位置精度，大大缩短了工件的装夹校正时间。

在车削软卡爪或每次装卸零件时，应注意固定使用同一扳手方孔，夹紧力也要均匀一致，改用其他扳手方孔或改变夹紧力的大小，都会改变卡盘平面螺纹的移动量，从而影响装夹后的定位精度。

任务实施

工艺准备和要求

1. 工艺准备

本任务选用的机床为FANUC 0i-TD系统的数控车床、FANUC 0i-MC系统的数控铣床，加工中使用的工具、刃具、量具、夹具见表3-3-19。

表3-3-19 工具、刃具、量具、夹具清单

序号	名 称	规 格	数 量	备 注
1	游标卡尺	0～150 mm(0.02)	1	
2	深度千分尺	0～25 mm(0.01)	1	
3	外径千分尺	50～75 mm(0.01)、75～100 mm(0.01)(0.01)(0.01)	各1	
4	内径百分表	50～160 mm	1	
5	叶片千分尺	50～75 mm(0.01)	1	
6	磁性表座		1	
7	杠杆百分表	0～10 mm(0.01)		
8	寻边器	CE-420	1	
9	弹性夹簧	ER32，ϕ10 mm	1	
10	弹性夹簧	ER32，ϕ8 mm	1	
11	刀柄	BT40	若干	
12	钻夹头刀柄	BT40	1	
13	铣刀	ϕ10 mm	1	
14	定心钻	8 * 90°	1	
15	钻头	ϕ6.2	1	
16	外圆刀	25方刀柄		
17	切槽刀	槽宽3 mm	1	
18	内孔刀	S40T-SCLCR12	1	
19	三爪卡盘		1	
20	软卡爪		1	
21	计算机、计算器、编程用书等			

2. 工艺要求

本任务的工时定额(包括编程与程序手动输入)为 5h，其加工要求如表 3-3-20 所示。

表 3-3-20 加工要求

工件编写				总得分			
项目与配分		序号	技术要求	配分	评分标准	检测记录	得分
工件加工评分(70%)	外形轮廓	1	$\phi75_{-0.05}^{0}$	8	超差不得分		
		2	$\phi77.5_{-0.1}^{0}$	6	超差不得分		
		3	$\phi72_{-0.1}^{0}$	6	超差不得分		
		4	$\phi68_{+0.1}^{0.2}$	6	超差不得分		
		5	$\phi73_{0}^{0.2}$	6	超差不得分		
		6	$\phi68_{-0.1}^{+0.1}$	6	超差不得分		
		7	$\phi70.5_{-0.1}^{+0.1}$	6	超差不得分		
		8	$3_{-0.1}^{0}$	2 * 3	超差不得分		
		9	$4_{-0.1}^{0}$	5	超差不得分		
		10	$7_{-0.1}^{+0.1}$	8	超差不得分		
		11	锐边倒角	1			
		12	工件按时完成	3	未按时完成全扣		
		13	工件无缺陷	3	缺陷一处扣 3 分		
程序与工艺(20%)		20	程序正确合理	10	每错一处扣 2 分		
		21	加工工序卡	10	不合理每处扣 2 分		
机床操作(10%)		22	机床操作规范	5	出错一次扣 2 分		
		23	工件、刀具装夹	5	出错一次扣 2 分		
安全文明生产(倒扣分)		24	安全操作	倒扣	安全事故停止操作或扣 5～30 分		
		25	机床整理	倒扣			

填写工艺卡

填写车铣复合件加工工艺卡，如表 3-3-21 所示。

表 3-3-21　车铣复合件加工工艺卡

<table>
<tr><td rowspan="2">单位名称</td><td rowspan="2"></td><td colspan="2">产品名称</td><td colspan="2">车铣复合件加工</td><td>图号</td><td colspan="2" rowspan="2">第一页</td></tr>
<tr><td colspan="2">零件名称</td><td>车铣复合件综合加工</td><td>数量</td><td>1</td></tr>
<tr><td>材料种类</td><td></td><td>材料牌号</td><td></td><td>毛坯尺寸</td><td colspan="2"></td><td colspan="2"></td></tr>
<tr><td rowspan="2">工序号</td><td rowspan="2">工序内容</td><td rowspan="2">车间</td><td rowspan="2">设备</td><td colspan="3">工具</td><td rowspan="2">计划工时</td><td rowspan="2">实际工时</td></tr>
<tr><td>夹具</td><td>量具</td><td>刀具</td></tr>
<tr><td></td><td></td><td></td><td></td><td></td><td></td><td></td><td></td><td></td></tr>
<tr><td></td><td></td><td></td><td></td><td></td><td></td><td></td><td></td><td></td></tr>
<tr><td></td><td></td><td></td><td></td><td></td><td></td><td></td><td></td><td></td></tr>
<tr><td></td><td></td><td></td><td></td><td></td><td></td><td></td><td></td><td></td></tr>
<tr><td></td><td></td><td></td><td></td><td></td><td></td><td></td><td></td><td></td></tr>
<tr><td></td><td></td><td></td><td></td><td></td><td></td><td></td><td></td><td></td></tr>
<tr><td></td><td></td><td></td><td></td><td></td><td></td><td></td><td></td><td></td></tr>
<tr><td></td><td></td><td></td><td></td><td></td><td></td><td></td><td></td><td></td></tr>
<tr><td></td><td></td><td></td><td></td><td></td><td></td><td></td><td></td><td></td></tr>
<tr><td>更改号</td><td></td><td>拟定</td><td colspan="2">校正</td><td colspan="2">审核</td><td colspan="2">批准</td></tr>
<tr><td>更改者</td><td></td><td></td><td colspan="2"></td><td colspan="2"></td><td colspan="2"></td></tr>
<tr><td>日期</td><td></td><td></td><td colspan="2"></td><td colspan="2"></td><td colspan="2"></td></tr>
</table>

刀具的选择

分析零件图，根据工艺卡选择刀具，完成表 3-3-22。

表 3-3-22　刀具的选用

序号	刀具名称	规格	数量	需领用

编写加工程序

数控车床以工件右端面中心点为编程原点，调头装夹，采用软卡爪装夹 $\phi 77.5$ mm 处，以装夹后的工件有端面中心点为编程原点。数控铣床以车床加工后的圆形的中心位置作为编程原点，采用四面分中对刀方法或者打表找正零件的中心点。

数控车选择的刀具为：T1 是 93°外圆刀；T2 是刀宽为 3 mm 的切槽刀；T3 为内孔车刀，均采用机夹刀，硬质合金刀片。数控铣床选择的刀具为：T1 是 $\phi 10$ mm 高速钢键槽铣刀；T2 是 8 * 90°高速钢定心钻；T3 是 $\phi 6.2$ mm 高速钢钻头。

其参考程序如表 3-3-23、表 3-3-24、表 3-3-25 所示。

表 3-3-23 任务参考程序(数车右侧加工)

程序	程序说明
O0001;	程序名(右侧加工)
G99 M03 S800 T0101;	设置没转进给量、主轴转速、调用刀具和刀补
G0 X110 Z50;	设置定位点
Z2 M08;	靠近工件加工处，冷却液打开
G01 Z0 F0.2;	Z 向达到加工位置
X42 F0.15;	平端面
G0 Z1;	Z 向退刀
G0 X111;	设置循环起点
G71 U1.5 R0.5;	设置吃刀量与退刀量
G71 P1 Q2 U0.5 W0.1 F0.25;	加工开始段号 N1，结束段号 N2，直径余量 0.5，长度余量为 0.1 进给量 F0.25
N1 G0 X68.5;	快速定位到 68.5 的位置
G01 Z0;	直线切削进给到 Z0
G03 X73.05 W-2.1 R2.1;	锐边倒圆弧
G01 Z-25.5;	直线切削进给到 Z-25.5
X75.6 W-4.8;	直线切削进给到 X75.6 W-4.8
Z-45;	直线切削进给到 Z-45
X76.2;	直线切削进给到 X76.2
X77.5 W-0.6;	直线切削进给到 X77.5 W-0.6
Z-71;	直线切削进给到 Z-71
X102.5;	直线切削进给到 X102.5
X105.5 W-1.5;	直线切削进给到 X105.5 W-1.5
N2 U0.5;	直线切削进给到 U0.5
G70 P1 Q2 F0.1;	执行精车程序
G0 X150 Z260 M09;	快速退刀到 X150 Z260，关闭切削液
M05;	主轴停转

续表

程序	程序说明
M01;	程序选择暂停
(槽加工)	
G99 M03 S600 T0202;	设置没转进给量、主轴转速、调用刀具和刀补
G0 X79 Z50;	快速定位到 G0 X79 Z50
Z2 M08;	靠近工件加工处，冷却液打开
G01 Z-16 F0.5;	直线切削进给到 Z-16 F0.5
X70 F0.1;	直线切削进给到 X70 F0.1
X73;	直线切削进给到 X73
Z-15.5;	直线切削进给到 Z-15.5
X72 Z-16;	直线切削进给到 X72 Z-16
X68;	直线切削进给到 X68
X73 F0.15;	直线切削进给到 X73 F0.15
Z-17.5;	直线切削进给到 Z-17.5
X72 Z-17;	直线切削进给到 X72 Z-17
X68;	直线切削进给到 X68
W0.5;	直线切削进给到 W0.5
G0 X78;	快速定位到 X78
Z-35.5;	快速定位到 Z-35.5
G75 R0.5;	设置宽槽切削的加工参数
G75 X72.2 Z-45 P20000 Q25000 F0.1;	设置宽槽切削的加工参数
G01 Z-34.7 F0.2;	直线切削进给到 Z-34.7
X75.6 F0.1;	直线切削进给到 X75.6
X74.5 Z-35.5;	直线切削进给到 X74.5 Z-35.5
X70.5;	直线切削进给到 X70.5
X71.2;	直线切削进给到 X71.2
X72 Z-36.1;	直线切削进给到 X72 Z-36.1
X78;	直线切削进给到 X78
Z-45.5 F0.5;	直线切削进给到 Z-45.5 F0.5
X77.5;;	直线切削进给到 X77.5;
X76.5 Z-45 F0.1;	直线切削进给到 X76.5 Z-45
X70.5;	直线切削进给到 X70.5
X71.2;	直线切削进给到 X71.2
X72 Z-44.3;	直线切削进给到 X72 Z-44.3
Z-36;	直线切削进给到 Z-36
X78;	直线切削进给到 X78
G0 Z260 M09;	快速定位到 Z260，关闭切削液

续表

程序	程序说明
M05;	主轴停转
M01;	程序选择停
(内孔切削循环)	
G99 M03 S850 T303;	设置没转进给量、主轴转速、调用刀具和刀补
G0 X55 Z50;	快速定位到 X55 Z50
Z2 M08;	靠近工件加工处,冷却液打开
G71 U1.5 R0.5;	设置吃刀量与退刀量
G71 P10 Q12 U-0.5 W0 F0.25;	加工开始段号 N10,结束段号 N12,直径余量 0.5,进给量 F0.25;
N10 G0 X69.5;	快速定位到 X69.5
G01 Z0;	直线切削进给到 Z0
X68.12 Z-0.5;	直线切削进给到 X68.12 Z-0.5
Z-11;	直线切削进给到 Z-11
X66;	直线切削进给到 X66
X63 Z-13;	直线切削进给到 X63 Z-13
Z-63.5;	直线切削进给到 Z-63.5
N12 U-0.5;	直线切削进给到 U-0.5
G70 P10 Q12 F0.1;	执行精车循环
G0 Z260 M09;	快速定位到 Z260,切削液关闭
M05;	主轴停转
M30;	程序结束

表 3-3-24 任务参考程序(数车左侧加工)

程序	程序说明
O0002;	程序名(左侧加工)
(去除左端面余料,控制零件总长)	
G99 M03 S850 T0101;	设置每转进给量、主轴转速、调用刀具和刀补
G0 X111 Z50;	快速定位到 X111 Z50 处
Z3 M08;	靠近工件加工处,冷却液打开
G72 W1 R0.2;	设置端面切削循环参数
G72 P1 Q2 U0.1 W0 F0.25;	精加工开始段号 N1,结束段号 N2,直径余量 0.1,进给量 0.25
N1 G0 Z0;	快速定位到 Z0 处
N2 G01 X45;	直线切削进给到 X45 处
G71 U1.5 R0.5;	设置粗车循环吃刀量 1.5 和退刀量 0.5
G71 P5 Q6 U0.5 W0.1 F0.25;	精加工开始段号 N5,结束段号 N6,直径余量 0.5,长度余量 0.1,进给量 0.25
N5 G0 X74;	快速定位到 X74 处

续表

程序	程序说明
G01 Z0;	直线切削进给到 Z0
X74.96 W-0.5;	直线切削进给到 X74.96 W-0.5
Z-4;	直线切削进给到 Z-4
X103;	直线切削进给到 X103
X105 W-1;	直线切削进给到 X105 W-1
N6 Z-10.5;	直线切削进给到 Z-10.5
G70 P5 Q6 F0.1;	执行精车程序，进给速度 0.1
G0 X150 Z260 M09;	快速定位到 X150 Z260，切削液关闭
M05;	主轴停转
M01;	程序选择暂停
（左侧内孔加工）	
G99 M03 S850 T0303;	设置没转进给量、主轴转速、调用刀具和刀补
G0 X55 Z50;	快速定位到 X55 Z50
Z2 M08;	靠近工件加工处，冷却液打开
G71 U1.5 R0.5;	设置吃刀量与退刀量
G71 P8 Q9 U-0.3 F0.25;	加工开始段号 N8，结束段号 N9，直径余量 0.3，进给量 F0.25
N8 G0 X73;	快速定位到 X73
G01 Z0;	直线切削进给到 Z0
X72 W-0.5;	直线切削进给到 X72 W-0.5
N9 X63 W-19.5;	直线切削进给到 X63 W-19.5
G70 P8 Q9 F0.1;	执行精车程序
G0 Z260 M09;	快速定位到 Z260 处
M05;	主轴停转
M30;	程序结束

表 3-3-25 任务参考程序(数铣加工)

程序	程序说明
O0003;	程序名(数铣加工)
T1 M06;	换 1 号刀具
G90 G54 G40 G49;	设置绝对坐标系，调用坐标系
M03 S1000;	主轴 1000 转每分钟
G00 X-10 Y-60;	定位到 X-10 Y-60
G43 H1 Z50;	调用 1 号长度补偿
Z5;	Z 轴定位到 5 mm 处
G01 Z-10.00 F300;	下刀至轮廓深度
G41 X0 Y-44 D01 F120;	建立刀具半径补偿

续表

程序	程序说明
G03 X12. 55 Y-42. 17 R44;	轮廓加工
G02 X17. 90 Y-43. 86 R5;	轮廓加工
G03 X29. 04 Y-37. 43 R6. 5;	轮廓加工
G02 X30. 24 Y-31. 95 R5;	轮廓加工
G03 X42. 80 Y-10. 21 R44;	轮廓加工
G02 X46. 94 Y-6. 43 R5;	轮廓加工
G03 X46. 94 Y6. 43 R6. 5;	轮廓加工
G02 X42. 80 Y10. 21 R5;	轮廓加工
G03 X30. 25 Y31. 95 R44;	轮廓加工
G02 X29. 04 Y37. 43 R5;	轮廓加工
G03 X17. 90 Y43. 86 R6. 5;	轮廓加工
G02 X12. 55 Y42. 17 R5;	轮廓加工
G03 X-12. 55 Y42. 17 R44;	轮廓加工
G02 X-17. 90 Y43. 86 R5;	轮廓加工
G03 X-29. 04 Y37. 43 R6. 5;	轮廓加工
G02 X-30. 25 Y31. 95 R5;	轮廓加工
G03 X-42. 80 Y10. 21 R44;	轮廓加工
G02 X-46. 94 Y6. 43 R5;	轮廓加工
G03 X-46. 94 Y-6. 43 R6. 5;	轮廓加工
G02 X-42. 80 Y-10. 21 R5;	轮廓加工
G03 X-30. 24 Y-31. 95 R44;	轮廓加工
G02 X-29. 04 Y-37. 43 R5;	轮廓加工
G03 X-17. 90 Y-43. 86 R6. 5;	轮廓加工
G02 X-12. 55 Y-42. 17 R5;	轮廓加工
G03 X12. 55 Y-42. 17 R44;	轮廓加工
G40 G01 X-10 Y-60;	取消刀具半径补偿
G0 Z50;	抬刀至 Z50 mm 处
G91 G28 Z0;	Z 轴回零
M5;	主轴停转
M9;	切削液关
(轮廓加工)	
T2 M06;	换 2 号刀具
G90 G54 G80 G49;	设置绝对坐标系，调用坐标系
M03 S1500;	主轴 1000 转每分钟
G0 X46. 00 Y0;	定位到 X-10 Y-60

续表

程序	程序说明
G43 H2 Z50. 00;	调用 1 号长度补偿
G81 X23. 00 Y39. 83 Z-2. 8 R1 F100;	设置点定心孔循环
X-23. 00 Y39. 83;	点定心孔
X-46. 00 Y-0. 00;	点定心孔
X-23. 00 Y-39. 83;	点定心孔
X23. 00 Y-39. 83;	点定心孔
G80;	取消钻孔循环
G0 Z100;	Z 轴抬高至 100 mm 处
G91 G28 Z0;	Z 轴回零
M5;	主轴停转
M9;	切削液关
(轮廓加工)	
T3 M06;	换 3 号刀具
G90 G54 G80 G49;	设置绝对坐标系，调用坐标系
M03 S1000;	主轴 1000 转每分钟
G0 X46. 00 Y0;	定位到 X-10　Y-60
G43 H3 Z50. 00 M8;	调用 1 号长度补偿
G81 X23. 00 Y39. 83 Z-10 R1 F100;	设置钻孔循环
X-23. 00 Y39. 83;	钻孔
X-46. 00 Y0. 00;	钻孔
X-23. 00 Y-39. 83;	钻孔
X23. 00 Y-39. 83;	钻孔
G80;	取消钻孔循环
G0 Z100;	Z 轴抬高至 100 mm 处
M5;	主轴停转
M9;	切削液关
G91 G28 Y0;	Y 轴回零
M30;	程序结束
注：精加工和粗加工程序一样，只需改变切削参数即可。提高主轴转速进给降低。	

加工过程

按照下面操作步骤，在数控车床上先加工零件的右端，完成后拆下零件，采用软卡爪保证二次装夹后的同轴度和定位基准，装夹 ϕ77.5 mm 处加工零件的左端，完成后拆下；最后将零件安装在数控铣床的卡盘上，同样采用软卡爪进行装夹，保证装夹后的同轴度和定位基准，完成六个孔及孔周边轮廓的加工。

1)安装刀具。

2)在卡盘上安装毛坯，对刀。

3)调用程序 O0001 程序完成零件右端的加工。

4)调头采用软卡爪装夹。

5)调用程序 O0002 程序完成零件左端的加工。

6)将零件装夹在数控铣床上的三爪卡盘上，同样采用软卡爪装夹，完成孔和孔周边轮廓的加工。

7)测量工件，去毛刺。

8)清理机床。

任务评价

完成上述任务后，认真填写表 3-3-25 所示的“数控加工操作评价表”。

表 3-3-25 数控加工操作评价表

组别			小组负责人	
成员姓名			班级	
课题名称			实施时间	
评价指标	配分	自评	互评	教师评
会正确编写车铣数控加工程序	15			
能够独立完成工件的加工与尺寸公差的调试	20			
工件的尺寸与表面质量	20			
熟悉工艺卡片的填写	15			
工量刀具的规范操作	10			
课堂学习纪律、安全文明生产	10			
着装是否符合安全规程要求	5			
能实现前后知识的迁移，与同伴团结协作	5			
合计	100			
教师总评（成绩、不足及注意事项）				
综合评定等级(个人 30%，小组 30%，教师 40%)				

参考文献

[1]张春良，何彬等. 数控加工技术[M]. 科学出版社，2018.
[2]廖玉松、王晓明，数控加工技术(第 2 版) [M]. 北京：清华大学出版社，2018.
[3]洪慧良，数控加工技术(第二版)[M]. 北京：中国劳动社会保障出版社，2019.
[4]沈建峰. 数控加工技术手册[M]. 中国劳动社会保障出版社，2015.
[5]宋力春. 五轴数控加工技术实例解析[M]. 北京：机械工业出版社，2018.
[6]卢文澈. 数控加工技术基础(中职)[M]. 西安电子科技大学出版社，2016.
[7]李东君. 数控加工技术项目教程[M]. 北京大学出版社，2010.
[8]王彦宏. 数控加工技术及应用(中职)[M]. 西安电子科技大学出版社，2016.
[9]吴光明. 数控加工技术与实训[M]. 北京：机械工业出版社，2016.
[10]朱明松. 数控加工技术[M]. 北京：机械工业出版社，2016.
[11]赵连花，葛晓阳，王静巍. 数控加工实训[M]. 中国石化出版社有限公司，2016.
[12]钱袁萍. 数控加工实训与考工技能培训[M]. 北京：机械工业出版社，2017.
[13]陈洁训. 模具零件数控加工与实训[M]. 北京：机械工业出版社，2019.
[14]相付阳，王淑霞. 数控车削加工实训[M]. 北京：机械工业出版社，2019.
[15]蔡卫民. 数控铣床加工实训(高级模块)[M]. 中国劳动社会保障出版社，2015.
[16]江书勇，宋鸣，罗彬. 数控编程与加工实训教程[M]. 成都：西南交通大学出版社，2017.